1. 国家自然科学基金项目：天然有机质及生物碳对寒旱区石油污染黄土中典型有机污染物环境行为的影响的研究 (No. 41363008)
2. 国家自然科学基金项目：西部地区石油污染物的土–水–气界面迁移转化及风险评价 (No. 21067005)
3. 国家自然科学基金面上项目：严重生物降解稠油油源关系精细对比新方法研究（No.41772147）
4. 甘肃省"飞天学者"特聘计划
5. 兰州交通大学百名青年优秀人才培养计划基金

黄土中典型有机污染物的吸附行为

蒋煜峰　吴应琴　展惠英◎著

中国水利水电出版社
www.waterpub.com.cn

·北京·

内 容 提 要

黄土覆盖了我国国土面积的 6.6%，是我国广泛分布的土壤之一。本书以甘肃省的黄土环境为切入点，概括地介绍了研究的背景及意义，而后又详细讨论了土壤的吸附行为、吸附机理等，最后对研究结果进行了总结，并对未来的研究方向进行了展望性的表述。

本书适合土壤学相关人员阅读使用。

图书在版编目（ＣＩＰ）数据

黄土中典型有机污染物的吸附行为 / 蒋煜峰，吴应琴，展惠英著. -- 北京 ： 中国水利水电出版社，2018.7 （2024.8重印）
ISBN 978-7-5170-6574-6

Ⅰ．①黄… Ⅱ．①蒋… ②吴… ③展… Ⅲ．①有机污染物－吸附－应用－污染土壤－污染防治－研究 Ⅳ. ①X53

中国版本图书馆CIP数据核字(2018)第140565号

责任编辑：陈 洁		封面设计：王 伟
书　　名	黄土中典型有机污染物的吸附行为 HUANGTU ZHONG DIANXING YOUJI WURANWU DE XIFU XINGWEI	
作　　者	蒋煜峰　吴应琴　展惠英　著	
出版发行	中国水利水电出版社 （北京市海淀区玉渊潭南路 1 号 D 座　100038） 网址：www. waterpub. com. cn E - mail：mchannel@ 263. net（万水） sales@ waterpub. com. cn 电话：(010)68367658(营销中心)、82562819(万水)	
经　　售	全国各地新华书店和相关出版物销售网点	
排　　版	北京万水电子信息有限公司	
印　　刷	三河市同力彩印有限公司	
规　　格	185mm×260mm　16 开本　13 印张　326 千字	
版　　次	2018 年 9 月第 1 版　2024 年 8 月第 3 次印刷	
印　　数	0001—2000 册	
定　　价	52.00 元	

前　言

　　土壤处于大气圈、岩石圈、水圈和生物圈的交叉部位,是固-液-气-生物构成的多介质复杂体系,是人类赖以生存的主要自然资源,也是生态环境的重要组成部分。近年来,人类活动及对资源的不合理利用已经加速了土壤的退化,从而导致土壤肥力和土地生产力下降,反过来又进一步引发土地的沙漠化、盐渍化等环境生态问题。土壤环境化学是以化学理论为基础,阐明土壤环境的性质、环境功能、基本特点及其中所发生的化学过程。土壤环境化学考察土壤环境质量及演变规律、土壤污染物的迁移转化与生物及人类健康的关系;探索不同污染物在土壤中的吸附、解吸、化学降解及残留等问题;并寻求土壤环境保护与修复的科学原理及技术途径,为环境保护及治理服务提供技术支持。此外,污染物在土壤中的迁移和归属直接影响农业生产的质量和陆地生态系统的健康。黄土覆盖了我国国土面积的 6.6%,是我国广泛分布的土壤之一。我国黄土多分于北纬 $30°$ 以北,而这些地区又大多属于干旱、半干旱的季节性冻土区。我国西部地区的经济发展相对滞后,生态系统也较为脆弱,寒旱区黄土结构疏松,孔隙度大,透水性强,团聚能力差,有机质含量普遍低。因而造成污染物较易通过外界进入黄土中,使得土壤正常的生产功能和生态功能失调,导致耕地减少,粮食减产,降低了耕地的生产力,制约着土壤资源的可持续利用。

　　生物炭(Biochar)是生物质(如秸秆、草、木屑、畜禽粪便等农林废弃物)的不完全燃烧或在缺氧条件下热解所产生的富含碳的颗粒。生物炭在减少温室气体排放、土壤改良等应用中潜力巨大,已引起国际环境界和土壤界的极大关注。近期,Nature等刊物先后发表文章指出,生物质转化为生物炭不仅可生产再生能源(合成气和生物油),同时能够有效降低大气中的 CO_2,可望成为人类应对气候变化的一条重要途径,呼吁加强生物炭人为输入土壤后的环境行为和环境效应研究,关于生物炭对污染物质在土壤环境中的迁移、归趋以及生物有效性影响的研究一直都是热点。但由于碳质本身的异质性导致获得的生物炭在吸附过程、效果和机理上都存在差异,因此还有很大的深入研究的潜力。研究发现,生物炭具有吸附有机微污染物,改变其在土壤中的迁移性、毒性及生物有效性的性能。向土壤中添加生物炭可减弱有机污染物的迁移性,降低有机污染物在植物体内的累积水平,有望成为土壤有机物污染的固定化修复途径之一。同时,一些农业行为如施加天然有机肥、秸秆焚烧等都会改变污染物在黄土中的环境行为,因此,对西北黄土中有机污染物的环境行为及外源性物质的影响研究对于控制和修复此类污染物有着重要的科学意义和社会价值。

本书共分 8 章。第 1 章介绍本研究的背景及意义;第 2 章介绍土壤对有机污染物吸附的基本理论及机制;第 3 章介绍西北黄土,特别是甘肃省广泛分布的灰钙土对典型有机污染物的吸附行为及影响因素;第 4 章介绍天然腐植酸对黄土吸附典型污染物的影响机制及因素;第 5 章对不同来源生物炭的制备及表征,以及不同来源生物炭对黄土吸附典型污染物的影响机制及因素进行了分析;第 6 章秸秆焚烧物对黄土吸附典型污染物的影响机制及因素进行了分析;第 7 章介绍石油污染黄土对其他有机污染物吸附行为的影响;第 8 章对研究结果进行了总结,并对未来的研究方向进行了总结阐述。

本书是在国家自然科学基金(No. 21067005,No. 41363008 和 No. 41772147)研究项目、甘肃省高校"飞天学者"特聘计划及兰州交通大学"百名青年优秀人才培养计划"资助下编写完成的。写作过程中,得到了兰州交通大学朱琨教授和兰州文理学院化工学院展惠英教授的悉心指导;兰州文理学院化工学院展惠英教授、中国科学院地质与地球物理研究所兰州油气资源研究中心吴应琴高级工程师参与了本书的撰写,刘兰兰、原陇苗、胡雪菲、孙航、王树伦及张彩霞等研究生为本书编写及基础实验工作提供了大量的支持和帮助。兰州交通大学环境与市政工程学院环境工程系的老师对本书的出版也给予了大力支持,在此谨向他们表示衷心的感谢!

在本书中,蒋煜峰(兰州交通大学)负责第三章、第四章、第五章、第七章的撰写工作;吴应琴(中国科学院地质与地球物理研究所兰州油气资源研究中心)负责第六章、第八章的撰写工作;展慧英(兰州文理学院化工学院)负责第一章、第二章的撰写工作。

由于本人知识面和能力有限,书中疏漏在所难免,恳请各位读者和专家指正、批评。

作　者

2018 年 3 月于兰州

目　　录

第 1 章　绪论

　　污染物在土壤中的迁移和归属直接影响农业生产的质量和陆地生态系统的健康。而我国西部寒旱地区的经济发展相对滞后,生态系统也较为脆弱,寒旱地区黄土结构疏松,孔隙度大,透水性强,团聚能力差,有机质含量普遍低。因而造成污染物较易通过外界进入黄土中,使得土壤正常的生产功能和生态功能失调,导致耕地减少,粮食减产,降低了耕地的生产力,制约着土壤资源的可持续利用。因此,对寒旱地区黄土中有机污染物的环境行为影响研究对于修复和控制此类污染物有着重要的科学意义和社会价值。本章主要对当前的土壤污染及相关研究进展、本书的内容及意义作一概述。

1.1 土壤污染概述

　　通常所说的土壤主要是指陆地上面那层比较疏松的、具有营养价值且作为植物生长场所的物质,厚度大约为 2m。土壤可以说是植物得以正常生长的能量来源,几乎包含着植物所需的所有营养成分。只不过近些年来土壤也在承受着巨大的考验,人口增长、工业发展都使对土壤的各种污染接踵而来。这些污染包括:被随意倾倒在土壤表面的固体废弃物、未经处理便任意排放的污水、随雨水降落渗入土壤中的污染气体等。

1.1.1 土壤污染概念

　　关于土壤污染的定义有很多,容易被大家理解和普遍接受的是如下定义。所谓土壤污染就是指人为将生活或劳动过程中产生的污染物投入到土壤中,当土壤可以承受的能力达到顶值时就发生了质变,从而形成了污染。关于土壤污染还有一个重要的概念,那就是土壤污染物。到底什么样的物质可以称为土壤污染物呢?影响植物产量、妨碍土壤正常功能以及通过食物间接对人体造成伤害的物质都属于污染物的范畴。还有就是污染物进入土壤的途径也会因自身的性质而呈现出各种各样的方式:随工业废水排入的会慢慢渗透进土壤、大气废物会在重力的作用下降入土壤、固体废物甚至可以直接进入土壤进行污染。另外,在现代化农业生产过程中农药和化肥的使用也对土壤质量造成了一定的影响,成为污染的又一重要来源。

　　污染物对土壤造成的伤害远比我们想到的要严重得多,轻者使作物产量下降,重者会由于具有富集作用的污染物的存在而使作物果实遭受侵害,人类或动物食用后可能会引发中毒等严重后果。其中具有代表性的就是在我国的辽宁省沈阳市张士灌区,曾因在很长的一段时间内用工业废水灌溉土壤,导致土壤和生产出的稻米中重金属镉含量严重超标。于是就导致了米不能吃、地不能种的后果,只能改作其他用途。

1.1.2 土壤污染的危害

　　土壤在陆地生态系统中扮演着非常重要的角色,可以说是处于无机界和生物界的中心位置。当有毒污染物进入土壤使土壤变质甚至影响到植物的正常生长时,不仅会阻碍本系统内的能量和物质的循环,而且与之有密切关系的水源和空气都会受到牵连。也就是说,三者之间只要有一方遭受污染物侵害,污染就会开始传递,其他两个方面将无一幸免。而处于食物链顶端的人类也会因为食用了遭受污染的食物而使身体造成伤害。

1.1.3　土壤污染物分类

土壤污染物可分为 4 类:

(1)化学污染物。包括无机污染物和有机污染物。无机污染物通常指的是一些重金属元素,包括汞、镉、铅、砷和过量的氮、磷植物营养元素以及氧化物和硫化物等。有机污染物则指的是含有化学成分的农药、石油及其裂解产物和其他各类有机合成产物等。

(2)物理污染物。指来自工厂、矿山的固体废弃物,如尾矿、废石、粉煤灰和工业垃圾等。

(3)生物污染物。指带有各种病菌的城市垃圾和由卫生设施(包括医院)排出的废水、废物以及厩肥等。

(4)放射性污染物。主要存在于核原料开采和大气层核爆炸地区,以锶和铯等在土壤中存留期长的放射性元素为主。

1.2　土壤中石油污染物的来源、危害及环境行为

1.2.1　土壤中石油污染物的来源

土壤资源作为环境体系的一个重要组成部分,是在固-液-气-生物的共同作用下发挥功能。土壤资源虽然很重要但却是不可再生的,这也确立了它在自然界的重要地位,充当着连接有机界和无机界的桥梁,同时也是生物和农作物赖以生存的基础场所。

土壤中的石油类污染物主要包括原油、原油的初加工产品(包括汽油、柴油、煤油、润滑油等)及其各类油的分解产物,主要来源于以下几个方面[1,2]:

(1)落地原油的污染。落地原油是对土壤造成污染的重要来源,有数据显示,一口油井每年就可生产高达 2t 的落地原油。由于原油具有黏度大、黏滞性强的特性,所以即使是在很短的时间内也会对附近的土壤造成很严重的污染。原油从被发现到最后运输的整个过程中,操作失误、事故等原因,均可能会使石油类物质进入土壤并造成污染。

(2)含油固体废弃物的污染。含油固体废弃物包含的范围很广,主要有废弃钻井泥浆、含油岩屑、油泥以及含油残渣等。如果将这些废弃物堆放在没有经过特殊处理的地面,就会由于雨水的冲刷等作用使油逐渐向土壤中渗透并进行结合,最后使土壤遭受严重污染。

(3)含油污水灌溉。含油污水灌溉可以说是对农田土壤造成污染的又一重要来源。含油污水中以乳化形态分散的原油浓度可高达 7000 mg/L。如果将这些处理不完全的高含量含油污水直接排入水源中或地面,就会快速地发生下渗现象,再加上水的流动

性,污染程度一般较深。另外,如果水源已经被石油类污染物所污染,然后再对农田进行灌溉会使大面积土壤受到侵害。

(4)大气中石油类物质的沉降。石油在开采和加工等一系列过程中,会由于各种各样的原因一不小心就会使部分石油污染物进入大气。还有就是油田、工厂或车船等排放的气体也会随挥发作用进入大气中,而这些污染物在重力作用、吸附或降雨的促使下落入土壤,从而形成污染。

1.2.2　土壤中石油污染物的危害

石油类物质是一种特殊的污染物,因其固有的理化性质,一旦进入土壤,所造成的污染就会持续很长的时间。石油污染物的含碳量很高,进入土壤后的直接影响就是打破了原有环境内的 C/N 平衡,使土壤结构遭到破坏,酸碱度不再适合作物生长。这一系列的影响都给被污染区带来了严重的损失。其具体危害主要体现在以下几个方面[3]:

(1)对土壤的破坏作用。石油污染物给土壤生态系统造成的破坏不仅影响了其结构,也使其功能遭受了重创。其造成污染的影响机理是由于自身的密度很小且乳化能力低,但是却有着很强的黏着力,所以很容易和土粒进行融合,这就影响了土壤的呼吸能力,导致了物理性质的改变,从而使土壤肥力严重下降。另外,由于石油类物质中存在的许多基团可以和土壤中的无机氮、磷等进行结合,使这些营养物质减少,这在一定程度上阻碍了硝化作用和脱磷酸作用的进行,减弱了土壤肥力。

(2)对人体和动物的危害。石油污染物中含有三环和多环的芳香烃类物质,这些物质有很强的毒性,如果进入人或动物体内伤害是非常大的。多环芳烃类物质进入人或动物体内的方式有饮食、皮肤接触、呼吸等,进入体内主要影响的是肝、肾等器官,严重的还会有癌变的危险。另外,如果经常接触到含有苯、甲苯、酚类的石油物质,也会给身体带来某些不适。

(3)对植物的危害。石油污染物给土壤带来的危害主要体现在它可以影响植物正常的生理机能,而这一过程是通过穿透到植物组织内部来实现的。但是有些烃类物质分子比较大,不容易穿透到植物内部,所以就大量聚集在植物表面形成一层膜状物,这就使植物的气孔受到阻塞,最终影响蒸腾作用和呼吸作用的正常进行。然而不同的植物在经过石油污染的土壤上的反应也是有所差异的,一般,水稻对石油类物质的污染具有较强的忍受力,但是地衣、苔藓类植物就相对敏感一些,耐受力不强。

(4)对地下水的影响。土壤经过石油污染后,可以通过地下水补给过程达到浅层地下水的位置,从而造成地下水环境污染。

1.2.3　石油类污染物在土壤中的迁移转化

石油类物质组分和性质十分复杂,而且土壤也是一个多相体系,这就决定了其物理、化学性质以及其在土壤环境中迁移转化规律是复杂多变的。表 1.1 是一些石油组分的物理、化学性质。

表 1.1　一些石油组分的物理、化学性质

化学物质	分子量 g/mol	熔点 ℃	沸点 ℃	密度 g/cm³	溶解度 g/m³	蒸气压 Pa	$\mathrm{Log}K_{ow}$
正戊烷	72.15	-129.7	36.1	0.614	38.5	68400	3.62
正辛烷	114.2	-56.2	125.7	0.700	0.66	1880	5.18
环戊烷	70.14	-93.9	49.3	0.799	156	42400	3.00
甲基环己烷	98.19	-126.6	100.9	0.770	14	6180	2.82
苯	78.1	5.53	80.0	0.879	1780	12700	2.13
甲苯	92.1	-95.0	111.0	0.867	515	3800	2.69
三甲基苯	120.2	-44.7	164.7	0.865	48	325	3.58
萘	128.2	80.2	218.0	1.025	31.7	10.4	3.35
蒽	178.2	216.2	340.0	1.283	0.041	0.0008	4.63
菲	178.2	101.0	339.0	0.980	1.29	0.0161	4.57
苯并[a]芘	252.3	175.0	496.0	1.35	0.0038	7.3×10^{-7}	6.04

石油类污染物进入土壤后,在土壤中存在的有机胶体、微生物和土壤动物的帮助下经过物理、化学和生物等过程而发生吸附、分解、迁移和转化作用。石油类污染物在土壤中的迁移转化,主要有以下几个方面:

(1)吸附与解吸。吸附与解吸对石油类污染物在土壤环境中的迁移与归趋过程起着十分重要的作用,同时石油类污染物在土壤上吸附和解吸能力的大小直接影响到其在环境中的移动性、挥发性、生物降解和对生物的毒性效应。因为石油类物质的疏水性比较高,所以土壤中的大部分石油类物质都是吸附在固体表面的,且其在土壤环境条件下的吸附是干态或亚饱和态的吸附[4]。通常在这种情况下,土壤的湿度会严重影响石油类污染物的平衡吸附量,而且湿度越大吸附量也就越大。另外,有机污染物的溶解度、辛醇-水分配系数 K_{ow} 以及环境温度、pH 值、土壤粒径等都是对吸附与解吸能力产生重要影响的因素。李文森等[5]研究了海水中矿物颗粒对石油烃吸附过程中的影响因素,认为水温是影响石油烃的吸附量的最重要因素,其次才是盐度和 pH 值。

(2)渗滤作用。由于土壤中向着四面八方的空隙的存在,使得石油污染物可以随着空隙进行扩散和迁移。但是由于受到重力作用的影响比较明显,这就使得污染物在土壤中呈现出沉降的状态。黄廷林等[6]也对黄土地区石油污染物在土壤中的竖向迁移进行了研究,结果显示黄土可在一定程度上对石油类物质实施有效拦截,这就使得可检测到的石油类污染物在土壤中的最大迁移深度为 30cm。不过随着土壤受石油污染程度的加深,污染物的渗滤也在增加。另外,石油类污染物在土壤中存留时间的长短对其迁移的影响也很大,新受到污染的土壤中石油类污染物的迁移程度最大,而且还会随着周围环境温度的升高而使迁移程度逐渐加强。

(3)挥发作用。挥发是石油类污染物的一个重要性质,因此在原油的开采、炼制到储运等各个环节中都会通过挥发作用向空气中迁移转化,而且轻质烃的挥发性是最强的。研究显示,影响石油类污染物在环境中挥发迁移的最重要因素分别是温度和风速。而且这两个因素是与挥发性成正相关的,温度的升高和风速的增大可以促使石油类污染物的挥发性提高 0.5～5 倍。这一过程可以借助一级反应动力学方程进行很好的描述。

(4)微生物降解。微生物降解是去除土壤中石油类污染物最主要的途径,石油污染物在微生物的综合作用下借助新陈代谢的过程得到相对彻底的转化和降解。石油类物质的主要成分是碳氢化合物,人们已经普遍开始重视可以降解碳氢化合物的微生物研究。但是,温度、土壤含水量、pH 值等环境因素等都可以影响石油类污染物的降解速率。且不同的原油由于其组成和炼制产品不同,微生物对它的降解效率也会有所差异。Jobson 等[7]通过比较两种原油、两种燃料油被海港混合菌降解的情况发现,微生物降解低硫、高饱和烃的速率最快,而降解高硫、高芳香烃的燃料油则是最慢的。

(5)非生物降解。非生物降解主要有两种途径,分别是化学降解和光化学降解。

1)化学降解。化学降解是指自然界产生的各种氧化剂和还原剂以及其他一些官能团破坏或取代有机化合物上的分子键或基团,主要取决于可能反应位的类型和数量,取代官能团的存在及其数量、酸碱性以及加入催化剂的条件,溶液的离子强度等影响反应活性的因素。

2)光化学降解。光化学降解是指土壤表面接受太阳辐射能和紫外线等而引起的有机污染物直接或间接的分解作用。石油类污染物进入土壤后,在土壤-气相界面富集,为石油类污染物的光化学降解途径提供了有利的条件。

1.3 土壤中农药的危害及环境行为

1.3.1 农药危害

农药的使用大大提高了农产品的产量,在市场需求和经济利益的驱使下,农药的种类和使用量越来越多。目前,人工合成的化学农药 500 余种,这些农药的广泛使用,不仅对环境造成了严重污染,同时对人体健康造成了危害。农药主要通过误食、接触和食物残留三种途径对人体造成伤害。

绝大多数人食用被污染蔬菜后并不马上表现出症状,毒物在人体中富集,时间长了便会酿成严重后果。农药慢性危害虽不能直接危及人体生命,但可降低人体免疫力,从而影响人体健康,致使各类疾病的患病率及死亡率上升[14]。

西维因是一种氨基甲酸酯类杀虫剂,在碱性条件下不稳定,容易水解,理化性质见表 1.1。但是这类农药年产量在万吨以上,容易在土壤中累积,且水溶性较高,是污染地下水的潜在污染物。探索能够经济、有效地改善土壤环境质量的途径已经成为保障农产品质量与安全的必然选择。

1.3.2 农药在环境中的环境行为研究

由于土壤圈处于大气圈、水圈、岩石圈和生物圈五大圈的交换地带,起着连接无机界和有机界的枢纽作用。有机农药进入环境后将在水、土壤和大气中分配,并且进入生物体中。农药在这些介质中分配能力的大小,决定了其在环境中的最终归宿[15]。

　　一般情况下,有机污染物进入土壤中,主要经历吸附、淋溶、径流、生物降解、非生物降解、挥发蒸散和植物吸收等过程,其中吸收和淋溶是两个非常重要的迁移转化过程。农药进入土壤后,可在物理、化学、生物等综合作用下进行降解,或通过淋滤、扩散、蒸发、动植物吸收富集等进一步迁移污染水体、大气和农产品,成为新的污染源(见图1.1),在这一过程中土壤吸附便成为锁定农药污染物,控制其迁移的关键步骤[18]。

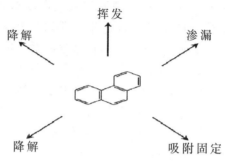

图 1.1　农药在土壤环境中的转归

1.3.3 影响农药在土壤中吸附解吸的主要因素

　　(1)农药自身的结构和理化性质。1997 年,Gonzalez 等[20]研究发现,农药的化学特性、形状和构造、分子的酸度(pKa)或碱度(pKb)、水溶性、阳离子上的电荷分布、极性、分子大小等均能影响其在土壤中的迁移性。大多数有机农药呈弱酸性,在土壤中能以阴离子形式存在。1994 年,Gopal 等[21]以实验证明了质子化的亚氨基和腐植酸的羧基和酚羟基之间可以形成离子键,并提出离子交换在腐植酸吸附阳离子除草剂百草枯和敌草隆中起了主要作用。1979 年,Chiou 等[22]研究发现有机质含量对非离子型除草剂的吸附起决定作用,而矿物组分影响不大,离子型除草剂则反之。

　　(2)土壤的组成和理化性质。土壤是由地球表面的岩石经过长期的分化作用而逐渐形成的,其主要由固体、液体和气体三类物质组成。土壤中这三类物质构成了一个矛盾体系,为作物提供必需的生活条件,是土壤肥力的物质基础。一般可大致将土壤分为三层:腐殖质层(地表最上端)、淀积层和母质层(最底部)。表 1.2 为表层土壤的主要化学组成。

表 1.2　表层土壤的主要化学组成

化合物	质量分数%	中国八种土壤平均值%	化合物	质量分数%	中国八种土壤平均值%
SiO_2	35～90	64.17	Na_2O	0.15～2.15	0.58
Al_2O_3	5～30	12.86	P_2O_5	0.02～0.40	0.11
Fe_2O_3	1－20	6.58	SO_3	0.02～0.50	
CaO	0.10～5.00	1.17	TiO_2	0.02～2.00	0.25
MgO	0.20～2.50	0.91	N	0.02～0.80	
K_2O	0.20～4.00	0.95	微量元素	痕量	<0.005(B、Cu、Zn 等)

　　农药在土壤中的吸附过程主要是在土壤有机质、表面矿物及土壤溶液等介质中的分配过程(见图 1.2)。农药可以通过疏水性分配作用与土壤有机质结合,通过共价键作用与土壤表面活性基团结合,通过氢键、配体交换以及螯合作用等与表面矿物结合[22]。研究发现用黏土矿物和活性炭等固体吸附阿特拉津等除草剂时,与土壤有机质相比,沉积物中的矿物组分对有机污染物的吸附是次要的,是因为土壤有机质不仅对有机农药有增溶作用,而且土壤有机质的腐植酸结构中具有能够与除草剂结合的特殊位点,其对除草剂还具有表面吸附作用[23]。但是不同土壤中有机质含量组成不同,对有机污染物的吸附行为是不同的。

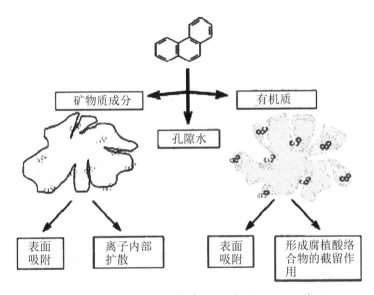

图 1.2　土壤对农药等有机污染物的吸附作用

　　(3)其他影响因素。有机农药在吸附剂上的吸附行为不仅会受到农药自身结构、性质以及土壤理化性质的影响,同时也会受外在环境因素,如 pH 值、离子强度、环境温度、共存物质、时间等的影响[16]。

　　1)土壤环境的 pH 值。pH 值对除草剂在土壤中的吸附作用的影响是很明显的,大部分除草剂在强酸、强碱的条件下都不是很稳定。一般来说,pH 值和农药的 pKa 值很接近时,吸附能力是最强的。而对于那些非离子型农药,其氧键吸附机理使其与 pH 值的联系也非常密切[24]。Chiou 等[26]曾指出 pH 值均对有些三类除草剂在蒙脱土表面上的吸附作用有较大的影响。

　　此外,可离子化的农药分子通过土壤溶液中的酸碱平衡而带有电荷,与土壤表面通过静电吸引或交换结合。目前,已发现的土壤对农药的吸附机理主要包括离子交换、氧键、电荷转移、共价键、范德华力、配体交换、疏水吸附和螯合作用等机理[16,22]。

　　2)表面活性剂。表面活性剂主要包括生活中使用的洗涤剂等,这些物质进入农田的水—土体系,在浓度较低时,表面活性剂可以在一定程度上对土壤的物理和化学性质进行改变,从而进一步影响有机农药在土壤中的吸附行为[24]。有研究发现,十二烷基苯磺酸钠能够促进乙草胺和丁草胺在土壤中进行移动,而十六烷基三甲基溴化铵能够促进乙草胺和丁草胺在土壤中的吸附能力,从而阻止农药在土壤中的迁移转化行为[27]。

3)离子强度。离子强度也会对有机污染物在土壤/沉积物上的吸附产生一定的影响。在土壤吸附体系中,土壤矿物质会吸附离子型物质,因此土壤表面作用力减弱。这个时候如果相应提高离子强度,则会使吸附量得到明显增加。

1.4 土壤中兽药抗生素的危害及环境行为

1.4.1 抗生素的种类、用途及危害

(1)抗生素的种类。

抗生素是由微生物在生活过程中产生的,具有抑制或者杀灭病原微生物作用的一类化学物质。抗生素目前主要有十四大类,几千个种类,在临床上应用的也至少有几百种,其主要是从微生物的培养液中提取或者用合成或者半合成方法制造。青霉素的分类主要有以下几种:

1)β-内酰胺类:主要是通过抑制胞壁粘钛合成酶,从而可以阻碍细胞壁粘肽合成,使得细胞壁残损,菌体膨胀裂解,常见的包括β-内酰胺类药有青霉素,阿莫西林。

2)氨基糖苷类:通过影响细菌蛋白质合成的全过程,从而妨碍初始复合物的合成,诱导细菌合成不正确的蛋白质,或者是抑制已经合成的蛋白质的释放,从而导致细菌的死亡,对于革兰氏阴性菌有很好的抑制作用,但是容易与其他抗生素产生交叉抗性,常见的有庆大霉素和卡那霉素等。

3)酰胺醇类:包括氯霉素等。

4)大环内酯类:医学上常用的有红霉素和白霉素、泰乐菌素等。

5)作用于G-菌的其他抗生素:包括多粘菌素、磷霉素等。

6)抗真菌抗生素:包括多烯类、嘧啶类等。

7)抗结核菌类:利福平、异烟肼。

8)多肽类抗生素:包括万古霉素和去甲万古霉素。

9)具有免疫抑制作用的抗生素:如环孢霉素等。

10)四环素类:常见的四环素类抗生素有金霉素、土霉素。

(2)抗生素的用途。

抗生素通过干扰病原微生物的代谢过程的途径,起到抑菌或杀菌的作用。抗生素的用途大致分为以下四种:①治疗细菌感染。②治疗真菌感染。③是抗肿瘤。④是抗免疫。

(3)抗生素的危害。

首先,抗生素的大量使用会带来较强毒副作用,可能会直接伤害身体,尤其是儿童听力。抗生素最严重的毒副作用是过敏反应,经常使用抗生素有可能产生耐药性,会导致抗生素效果变差或者无效。另外抗生素在作用时不仅杀死病菌,也会杀死正常的细菌,有可能会为致病菌乘虚而入提供机会,最严重的情况是可能导致人体死亡。

1.4.2 磺胺类兽药抗生素的性质

（1）磺胺类兽药抗生素的来源及制备。

磺酰胺是人类和动物用的抗生素中较常见的,主要用于预防和治疗细菌感染性疾病。磺酰胺在过去 15~20 年比任何其他兽药残留更严重[31],磺酰胺的残留物目前存在于城市废水、土壤、动物粪便和植物污水中。

（2）磺胺类兽药抗生素的性质。

磺胺类兽药一般为黄色或微黄色结晶性粉末,遇光颜色会逐渐变深,可溶解于酸性和碱性溶液中,因而呈现酸碱两性,因为其中含有芳伯氨基和磺肽氨基导致其有酸碱两性的特点[32]。大多数的磺胺类兽药在水中的溶解度极低,而磺酰胺是一类水溶性强,挥发性差的化合物。磺酰胺主要通过范德华力,氢键,疏水键力,配体交换等被黄土表面的有机物或有机物吸收,而后被黄土吸附,这种吸附行为分为物理吸附和化学吸附两种。磺胺类药物对黄土中的细菌有一定的激活作用。

（3）磺胺类兽药抗生素的应用及对环境的影响。

磺胺类药物性质稳定、使用简单并且便宜,也可以长期保存,所以被广泛运用于兽医临床以及动物饲料添加剂等研究领域。磺胺类兽药抗生素不能被动物全部吸收,以动物代谢产物形式排出体外的高达 50%~90%,后随着动物排出的粪便排到土壤中从而造成环境的污染。磺胺类药物脱离机体后会和黄土中的有机质和矿物质以及黄土中的微生物共同作用产生物化变化,从而影响黄土吸附的环境行为,磺酰胺的分析和降解。土壤中抗生素的吸附直接影响其迁移、消化和生物利用度。土壤对兽药抗生素的吸附与土壤有机质,pH 值和阳离子交换能力有关。抗生素不同于其他农药等有机污染物,环境浓度低,但是它对环境土壤以及人类的身体健康的危害是很大的。近年来,我国对该类抗生素药物的研究较少,结果导致对于此类药物的控制力以及运用力度不够,甚至是处于空白状态。由此可以看出,此类抗生素污染黄土的问题亟待研究。

1.4.3 抗生素在土壤中的环境行为

（1）抗生素在土壤中的吸附与解吸。

对于一定的吸附介质来说,抗生素本身的极性、憎水性和空间构型与抗生素的吸附有关,而这些性质是建立在其结构基础之上的[28]。几种常用的抗生素的结构不同导致它们吸附能力存在很大的差异,抗生素在土壤中的吸附能力一般用土壤水分配系数 K_d 值表示,K_d 值是用吸附平衡时间固相与液相中抗生素的浓度的比值表示,有研究表明,四环素类、喹诺酮类、黄胺类和大环内醋类抗生素的值分别为 $290-1620$、$310-631$、$0.6-4.9L/kg$ 和 $8-128L/kg$。有研究表明,土壤对氯唉诺类抗生素金霉素有强烈的吸附作用[30],如果土壤中较低含量的金霉素被吸附在固体颗粒上,就不容易发生解吸和迁移现象,但是却能在一定程度上刺激微生物活性,增加土壤有机碳的矿化[31,32]。

磺胺类药物兽药进入环境后主要吸收在土壤和沉积物中,一般来说包括物理吸附和化学吸附两种,主要通过范德华力、分散力、诱导力和氢键等分子间力和土壤有机物或颗粒物吸附点吸附,或官能团如羧酸、醛、胺和化学物质在环境或有机物中发生化学反应形成复合物或螯合物[33]。磺胺类抗生素比其他抗生素更易吸附较弱,影响其吸附性能的因素包括土壤物理和化学性质、吸附系数与有机质含量、pH 值以及土壤阳离子强度成反比[34]。结果表明,磺胺类药物在土壤中的吸附和解吸受物理和化学因素的影响相互作用使土壤吸附较少,它还表明,磺胺类兽药可能对流动性水甚至地下水构成威胁[35]。

(2)抗生素在土壤中的降解。

抗生素在土壤中的半衰期时间不会持续太久,一般在几天到几十天之间,且大部分抗生素在遇到强光刺激后会发生分解。同时,抗生素的降解还与温度关系密切。一般说来,在一定的温度范围内,温度越高,微生物的活性越高,这时的抗生素的降解速率也是最快的。

1.5 土壤中环境激素的危害及环境行为

1.5.1 环境内分泌干扰物质的来源及危害

环境内分泌干扰物(Environmental Endocrine Disruptors,EEDs)又称环境激素或环境荷尔蒙,是一种外源化合物或混合物,它一般是由人类生活或生产活动而被释放到环境中,并且会对生物体的正常分泌产生影响。其中农药(杀虫剂、除草剂)化学物品和塑料制品(合成洗涤剂、消毒剂、防腐剂、涂料、塑料制品等)、工农业产品及排放的废弃物(溶剂、增塑剂、稀释剂)和某些药物(类固醇类、乙烯雌酚、避孕药)等是 EEDs 的主要来源[36]。

根据目前的研究报道,环境激素对人及动物体的作用机理如下:

当环境激素进入人体或动物体后,由于其生理特征相似于生物体内的正常生理激素,因此它会对靶细胞识别产生一种误导,靶细胞上的受体对其进行识别,进而与雌激素受体结合。当环境激素与某些重要雌激素受体结合时,雌激素的作用功能会受到影响,并且还会阻碍雌激素的分泌。其机理主要是影响信号传导途经来影响内分泌系统与其他系统互动作用,从而造成不良影响。

环境激素形象地说就是从环境中进入生物体内与生物体自然生理产生的激素具有相似的特征和功能,由于某些受体识别的缺陷,导致了环境激素的冒名顶替,进而会使自然生理激素的分泌量下降,对人体正常生理系统产生影响,进而影响人体的正常生理生活。

相比于其他化学毒物,环境激素与其最大的不同就是量小而毒害作用大,也就是说,微量的环境激素就可以引起巨大的毒害作用。化学毒物则是量越大毒性越强。所以,对环境激素的防治和研究变得尤为重要,环境激素的危害不容忽视。

1.5.2 双酚 A 的性质及危害

双酚 A(BPA,结构式见图 1.3)相对分子质量是 228.29,常温下呈白色针状晶体,溶于多种有机溶剂,微溶于四氯化碳,难溶于水。由于 BPA 广泛应用于人们生活当中,一般包括皮肤、呼吸、消化道等途径,它可导致人类内分泌失调,甚至可引发癌症和肥胖等疾病。Fromme 等对德国 116 个地表水样品中双酚 A 的调查显示,双酚 A 的浓度在0.5

～ 410 mg/L,在饮用水消毒过程中产生的双酚 A 消毒副产物具有比双酚 A 更强的内分泌干扰作用[40]。因此,环境中的双酚 A 对生态环境和人类健康的潜在危害是不容忽视的。

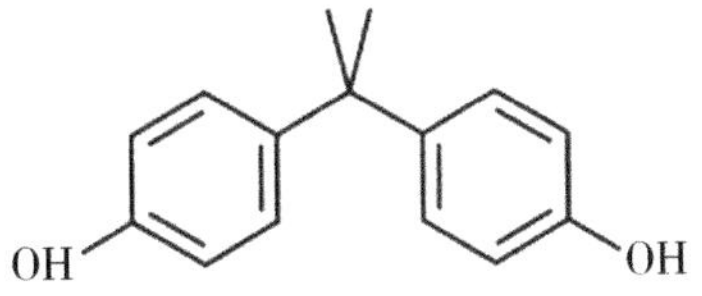

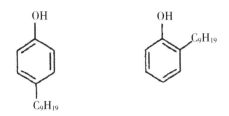

图 1.3 双酚 A 结构式

1.5.3 壬基酚的性质及危害

壬基酚简称 NP,其分子式为 $C_9H_{19}C_6H_4OH$,相对分子质量 220.3。常温下为无色黏稠液体,不溶于水,易溶于有机溶剂[38]。由于官能团烷基和羟基的位置不同,壬基酚有三种同分异构体,其中大部分以对位存在,少部分以邻位存在。其结构简式如图 1.4 所示。

图 1.4 壬基酚结构式

NP 属于拟雌性激素类物质;早在 20 世纪 70 年代,研究人员就经过试验发现 NP 跟人体自然生理雌性激素会产生竞争关系,并且能与雌性受体结合从而引起后续的雌激素效应。到 90 年代初期,在研究雌激素致癌效应时意外发现,空白对照组中的癌细胞也出现扩增现象[37]。NP 能影响生物体的免疫系统;低浓度的壬基酚对巨噬细胞增殖具有促进作用,而高浓度的壬基酚又能抑制巨噬细胞的增殖,此结果印证了壬基酚对鲫鱼免疫功能具有潜在的毒性作用。NP 能影响生物体的神经系统;现今 NP 对神经系统的影响的主要研究领域集中在神经元分化方向。研究发现,NP 对中脑的影响比较大。其机理主要是通过对细胞离子通道的干扰,阻碍细胞间正常的离子交换,然后影响细胞间物质与能量的交换。它还能减少神经递质合成与释放,对递质受体的功能产生影响,从而阻碍神经元的发育,对生物体的神经系统造成破坏。NP 最大的危害体现在对生物体的生殖能力产生影响;郭金莲等[40]通过成年雌性大鼠壬基酚暴露实验发现,NP 能够干扰神经内分泌调节来抑制卵巢正常排卵功能,从而抑制雌性大鼠的生殖能力。

1.5.4 环境激素在土壤中的迁移转化-以双酚 A 为例

(1)挥发。挥发作用(volatilization)是一种气相和液相两相之间相互迁移和转化的过程。亨利定律常数可表示在水中有机肥的挥发指标,因为它考虑了水中溶解度的物理性质和蒸汽压的影响,但它不能单独来测定有机化合物的挥发性,因为挥发过程还要受到风速、水的搅动和温度等变量的影响。环境雌激素的挥发性较差,如双酚 A 的亨利定律常数为 1.0×10^{-10} atm·m^3/mol[41]。

(2)光化学降解。光化学降解是指某种物质通过吸收足够的光能产生自由基的化学反应。BPA 进行光化学降解的是那些留存在土壤表面,且没有被土壤所结合固定的 BPA。不论是什么样的光降解,要想使 BPA 化学键断裂而分解,必须要其有效地吸收光能。实际上一种有机物,它的真实光解程度要受多方面因素影响(气候和气象条件),如太阳强度、云朵量、日照时间、季节、纬度甚至臭氧层的厚度。

(3)生物富集。双酚 A 可通过食物链在生态系统内进行生物富集(bioconcentration)。双酚 A 为脂溶性的,不易降解,之所以易在人体内蓄积(脂肪组织),是因为人体内没有特定的代谢系统。

(4)微生物降解。环境污染物质的生物降解(biodegradation),主要是指有机污染物质的生物降解,是最重要的环境自净过程。有机物被微生物作为营养来源的食物,微生物可把它们分解成为简单的化合物,从中取得构成本身细胞的材料和活动所需要的能量,借以进行生长和繁殖等生命活动。双酚 A 的亲脂性导致它想在水生生物体内富集并不难。

(5)分配与吸附作用。分配作用(partition)是在液相和固相体系中,双酚 A 被固相物质吸附的一种主要机理,土壤中的有机质以有机相的形式溶解水中的双酚 A(溶解性较小),并且起重要的作用,其功能与有机溶剂从水中萃取双酚 A 类似。

吸附作用(adsorptio)是控制有机污染物在土壤中的生物可利用性、毒性、迁移和归趋性的关键过程。BPA 在土壤中的分配系数是不同的,主要影响的因素是有机碳含量、溶解性有机碳含量(Dissolved Organic Carbon,DOC)和矿物质,等等。

研究表明,矿物质的表面吸附是双酚 A 在非极性的有机溶剂或干土壤的条件下被土壤或沉积物吸附的机制[42]。因而,双酚 A 在土壤或沉积物中迁移转化的主要机制一般是分配和吸附作用。全燮等[42]指出范德华力、疏水键力、配位基交换、直接或间接诱导偶极-偶极作用力、氢键力和化学键力等是有机吸附质和吸附剂之间的相互作用力。Staples[43]等研究发现存在于环境中的双酚 A 不仅会与水体进行混合,将还可能经过生物降解、水中悬浮和沉积物的吸附作用以及光降解等一系列过程,此外双酚 A 迁移转化主要是通过吸附作用,并且对其生物降解和光降解都将会产生重要的影响。

1.6 生物炭

生物炭是指植物残体在氧气不足和高温的情况下,经过慢慢热解然后产生的一种稳定的、高度芳香化的、富含碳素的固高熔点固态物质。Glaser 等对亚马孙流域黑土的研究中就指出生物炭可改良土壤[44]。生物炭具有化学稳定性高、含碳量高和在土壤环境中停留时间长的潜能,其在农田应用方面的价值逐渐被人们所重视[45]。Lehmann[46]等的研究表明生物质材料通过高温热解转化成生物炭输入土壤有近 50% 的原始碳得到封存,极大地增加了碳的土壤停留时间(见图 1.5)。

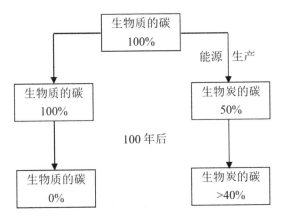

图 1.5 100 年后传统生物质添加和生物炭施加到土壤中的碳保留对比

1.6.1 生物炭的环境效应

利用生物废弃物作为原料制备生物炭的过程是一个废弃物资源化的过程。我国每年产秸秆 7 亿～8 亿 t,利用率却不足 50%,有超过 30%秸秆被丢弃或焚烧,造成资源浪费及环境污染等问题。特别是农耕秸秆的随意焚烧,释放大量 CO_2 气体,加重温室效应[46];另外,农耕废弃物的随意堆放,废弃物中含有的污染物会随降水冲刷污染土壤和地下水,这些也都是农业可造成的主要污染源。生物炭的制备成为处理农耕废弃物的一条新途径,因为生物炭本身具有的物理、化学性质,决定了其利用价值。

生物炭添加到土壤中,可以在一定程度上使土壤质地、结构、孔隙分布等得到明显改善,从而影响土壤的实用性。

1.6.2 生物炭对有机污染物环境行为的影响

近些年来,我国土地随着经济的发展和人类活动范围的增大而逐渐污染退化,并且这种现象还在呈上升趋势[52]。这种点面污染物结合并夹杂着工业污染的混合式污染方式,正严重威胁着我国的生态环境质量、食品安全和社会经济持续发展[53]。近些年,我国也逐步将农业、生态修复和环境保护领域的研究重点向生物炭方面靠拢。一般来说,生物炭的作用是促进土壤质量的改善以及对污染的环境进行及时修复[55]。

除此之外,生物炭作为一种强吸附材料,具有吸附能力强、实用的特点,是目前环境保护领域的重点研究项目[58]。由于生物炭的这种强的吸附性,当大量的生物炭进入土壤环境后势必会对周围环境造成一定影响,从而改变这些污染物在土壤中的环境行为[60]。图1.6所示为生物炭吸附有机污染物的作用机理。

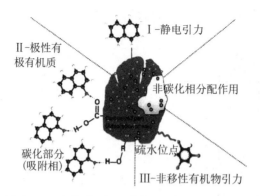

图 1.6 生物炭吸附有机污染物的作用机理

生物炭是高度稳定的富碳颗粒,其对区域气候的调节能力,体现在降低了光合作用所固定的碳返回大气的速率。另外有学者认为,土壤有机碳物质的矿化是土壤释放二氧化碳的主要途径,而生物炭的添加降低了土壤有机碳的矿化作用强度。Kuhlbusch 等发现由于土壤有机碳以生物炭形式存在,以矿化的 CO_2 形式释放的碳素仅为 $0.7\% \sim 2.0\%$,生物炭的热解过程本身避免了这部分气体的温室排放,这在减少 CO_2 总体排放过程中起到关键性的作用。图 1.7 表示土壤施入生物炭以后的多碳平衡关系,利用生物质热解得到的生物炭是碳的高效利用途径之一,所以生物炭的生产和储存本身就可以为减缓温室效应带来巨大的效益。

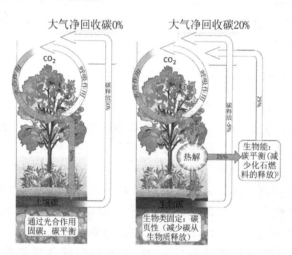

图 1.7 生物炭对碳循环系统碳平衡的影响

生物炭因为具有强的疏水性和高度的芳香化结构,所以就导致了自身的稳定性[49]。从生物炭的微观结构角度进行分析,生物炭的吸附能力是与制备温度有关的。温度升高,生物炭的孔径变形程度增大,在表面吸附和孔径填充作用的帮助下对有机污染物质进行吸附[50]。研究表明,生物炭表面含有的羧基、酚羟基、酸酐等官能团是吸附中的决定性因素[51]。

Chiou 等认为土壤中存在的某些低组分的黑碳类物质,这些物质可对低浓度溶质的非线性吸附起到积极的促进作用。Xia 和 Ball[54]提出了孔隙填充机制,他们认为孔隙填充对高比表面积的碳素物质的强吸附能力具有决定性意义。

　　由于生物炭本身高度不一致性的特点,所以表现出来的吸附能力也是有很大区别的。有研究报道[49,50]:生物炭网络状结构在样品的内外表面形成不规则孔隙,只要有机物一进入这些空隙就会促使孔结构发生轻微的变形。但是,当浓度降低时,这些孔隙又会发生闭合现象,这就导致了有机物无法从孔隙中解脱出来,从而使有机污染物的生物有效性得到降低(见图 1.8)。还有就是,土壤体系水解反应在一定程度上也会相应降低有机污染。例如,某些农药容易发生碱催化水解反应,生物炭的存在就为这种反应提供了相应的条件(见图 1.9)。

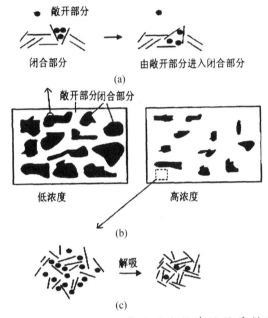

图 1.8　不可逆孔形变导致的生物有效性降低现象

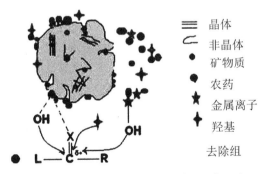

图 1.9　生物炭吸附和催化水解的作用机理

　　Yang[52]等研究表明小麦或水稻秸秆生物炭对土壤有机物有很强的吸附能力,当土壤中黑碳量超过其质量的 0.05%,吸附过程主要被黑碳类物质所控制。总之,生物炭芳香性及比表面积和孔结构对土壤中有机污染物影响显著。

　　研究添加生物炭土壤对有机污染物的吸附/解吸规律对了解生物炭对土壤中有机污染物迁移归趋影响具有现实意义。

1.6.3　其他土壤改良方式对有机污染物环境效应的影响

　　农业废弃物焚烧后翻耕可以为微生物生长提供矿物元素的同时还可以对农药有很强的吸附作用。例如,经过焚烧的秸秆固定住的农药是很难被微生物利用的。Yuen 和 Hilton[53] 发现秸秆燃烧后产生的残渣对土壤中有机氯农药的吸附过程具有显著影响。Huang 和 Chen[52] 研究稻草秸秆焚烧物对硝基苯和萘的吸附行为,发现稻草秸秆焚烧物对极性或非极性物质的吸附表现出程度很高的非线性趋势。另外,在含有西维因的土壤中加入草木灰后,研究其吸附行为[53,54] 时发现:土壤中添加草木灰以后,对西维因的饱和吸附量明显增大的同时吸附过程也变得比以前复杂了。对草木灰吸附敌草隆的机理探究[60-61] 也表明:完全燃烧的草木灰对敌草隆的吸附是一个吸热过程,随着温度的升高弗兰德里希模型拟合 n 值急剧减小,饱和吸附量受温度的影响比较明显。

　　农业废弃物焚烧后翻耕能为微生物提供矿物元素,刺激其生长。同时,此类焚烧物有一定的孔容和孔体积,对农药有很强的吸附作用,如农业秸秆焚烧物,被秸秆焚烧物固定的农药很难直接为微生物利用。Yuen 和 Hilton 发现秸秆燃烧产生的残渣显著影响土壤中有机氯农药的吸附过程。Huang 和 Chen 研究稻草秸秆焚烧物对硝基苯和萘的吸附行为,发现稻草秸秆焚烧物对极性或非极性物质的吸附为非线性,且程度很高,表明稻草秸秆焚烧物的吸附行为由多种机理控制。研究草木灰影响下西维因在土壤上的吸附行为[53,54] 发现:土壤中添加草木灰以后,对西维因的饱和吸附量明显增大,吸附过程也变得更复杂;对草木灰吸附敌草隆的机理探究[55] 也表明:完全燃烧的草木灰为灰色絮状结构颗粒团聚体;草木灰对敌草隆的吸附是一个吸热过程,随着温度的升高弗兰德里希模型拟合 n 值急剧减小,饱和吸附量随温度波动较大。

1.7 研究的目的及意义

1.7.1 研究目的

　　有机污染物一旦进入环境,一般都会向四周进行扩散而不是只在特定位置不动,这是一个吸附、挥发、降解和迁移转化的过程。其中,表现最明显的就是在土壤/沉积物上的吸附行为,这决定了它们在环境中的迁移、归宿、生物活性、降解、生物毒性特征以及污染土壤治理修复技术的成功[50]。而一些环境行为及农业行为将改变环境中已有污染物的吸附行为,针对上述情况,本次研究工作分以下 6 部分:

　　(1)了解西北黄土对典型有机污染物的吸附特性、机理及影响因素。

　　(2)不同原材料、温度下制备的生物炭结构表征与吸附性能。

　　(3)对生物炭吸附有机污染物进行吸附性能测试,探究其结构和吸附性能之间的关系。

　　(4)探讨添加外源性物质(秸秆焚烧物、生物炭、天然有机肥)后土壤对有机污染物的吸附特性、机理是否产生重要影响。

　　(5)分析秸秆焚烧物对环境中典型污染物吸附行为作用机理。

　　(6)研究探讨有机污染物在经过石油污染的黄土上的吸附特性、机理及影响因素。

1.7.2 研究意义

我国西北地区的黄土土质结构大部分都比较松散,吸水能力很强,但是有机质含量与其他地区相比普遍偏低。基于这些因素,一旦有机污染物进入黄土中或通过食物链传递,都会对周围的地下水、生态环境甚至是人类的健康造成严重威胁。如果土壤中长期存在大量有机污染物,在造成土壤酸化板结、营养成分流失的同时,对土壤中的微生物和生长作物的影响都是巨大的。所以,掌握有机污染物在黄土中的迁移转化行为,在一定程度上了解污染物的构成及提前预防都具有战略意义,从而为西北寒旱区防止和修复该类污染物提供重要的理论依据和参考价值。

本书是国家自然科学基金(No. 21067005,No. 41363008 和 No. 41772147)研究内容的一部分,课题组其他成员前期研究工作表明,源于黄土中提取天然腐植酸及小麦秸秆不完全燃烧制得的生物炭对土壤/水体系中有机污染物的吸附能力远远高于黄土。西北地区土壤贫瘠,有机质含量较低,施用有机肥(农用有机肥、秸秆堆肥等)及农业废弃物焚烧翻耕(生物炭)以提高土壤肥力、改良土壤的行为也较为普遍。

只是就目前来说,针对不同种类生物炭对石油类污染物及共存有机污染物环境行为和环境效应的影响研究还很少,所以研究不同组成和结构的生物炭对有机污染物的吸附规律、机理、竞争吸附作用及其影响因素就显得尤为重要了。

综上所述,农业秸秆之所以是生物炭的重要制备来源,一方面是因为经过焚烧秸秆获得的生物炭的吸附能力较强,另一方面还因为农业秸秆在存储量和利用空间上都具有很大的优势。还有就是,采用这种方式制得生物炭避免了直接燃烧秸秆对环境造成的污染,这在一定程度上是和节能减排的理念相一致的,为环保事业做出了积极贡献。

参考文献

[1] 陈虹. 石油烃在土壤上的吸附行为及对其他有机污染物吸附的影响[D]. 大连:大连理工大学,2009.

[2] 解岳. 延河流域石油类污染物非点源污染特征及其在河流沉积物中的吸附与释放[D]. 西安:西安建筑科技大学,1999.

[3] 赵晓秀. 重金属铜复合污染土壤中石油的微生物降解[D]. 大连:大连理工大学,2008.

[4] Wu SC,Gschwend PM. Sorption kinetics of hydrophobic organic compounds to natural sediments and soil[J]. Environmental Science & Technology,1986,7:717-725.

[5] 李文森,杨庆霄,徐俊英. 影响海水中矿物颗粒对石油烃吸附过程的因素研究[J]. 海洋环境科学,1991,2:42-45.

[6] 黄廷林,史红星,任磊. 石油类污染物在黄土地区土壤中竖向迁移特性试验研究[J]. 西安建筑科技大学学报,2001,2:108-111.

[7] Jobson A,Cook FD,Westlake DWS. Microbial utilization of crude oil[J]. Applied Microbiology,1972,23:1082-1089.

[8] 邓南圣,吴峰. 环境光化学[M]. 北京:化学工业出版社,2003.

[9] 刘桂宁,陶雪琴,杨琛,等. 土壤中有机农药的自然降解行为[J]. 土壤,2006,38(2):130-135.

[10] Woolf D,Amonette JE,Street-Perrott FA,et al. Sustainable biochar to mitigate global climate change

[J]. Nature communications,2010,5：56.

[11] 刘维屏. 农药环境化学[M]. 北京：化学工业出版社,2006.

[12] 檀德宏. 胆碱酯酶抑制剂类农药的神经毒性及机制研究[D]. 沈阳：沈阳药科大学,2009.

[13] 滕玉洁,王幸丹,崔崇威. 环境激素的种类及危害分析[J]. 环境科学与管理,2008,6：20－24.

[14] 华小梅,江希流. 我国农药环境污染与危害的特点及控制对策[J]. 环境科学研究,2000,3：40－43.

[15] 莫汉宏. 农药环境化学行为论文集[M]. 北京：中国科学技术出版社,1994,7－14.

[16] Ibrahim A T A,Harabawy A S A. Sublethal toxicity of carbofuran on the African catfish Clariasgariepinus：Hormonal, enzymatic and antioxidant responses[J]. Ecotoxicology & Environmental Safety,2014,106：33－39.

[17] 赵晓丽,毕二平. 水溶性有机质对土壤吸附有机污染物的影响[J]. 环境化学,2014,2：256－261.

[18] Gebremariam S Y,Beutel M W,Yonge D R,et al. Adsorption and desorption of chlorpyrifos to soils and sediments[J]. Reviews of Environmental Contamination and Toxicology. 2012,215：123－175.

[19] KODEŠOVÁR, KO ĆAREKM, KODEŠV, et al. Pesticide adsorption in relation to soil properties and soil type distribution in regional scale[J]. Journal of Hazardous Materials,2011,1：540－550.

[20] Gonzalez PE,Villafranea SM, Gallege CA. SorPtion of diuron,atrazine,MCPA and Paraquat on bentonite,humic acid and peat[J]. Fresenius Environmental Bulletin,1996,3－4：1288－1294.

[21] Gopal M,Mukherjee I,Prasad D,et al. Interaction of pestieides with soil environment[J]. Soil Envirn. Pestic. ,1994：157－199.

[22] Chiou CT, Peters LJ,Freed VH. A physical concept of soil－water equilibria for nonionic organic compounds[J]. Science, 1979, 206(16)：831－832.

[23] Fine P,Graber ER,Yaron B. Soil interactions with petroleum hydrocarbons：abiotic processes[J]. Soil Technology,1997,2：133－153.

[24] 孙素霞. 农药敌草隆在土壤及炭质吸附剂上的吸附机理研究[D]. 北京：北京交通大学,2010.

[25] Xie GH,Wang BL,Yan H S,et al. Study on the adsorption thermodynamics of carbofuran in soil[J]. Journal of Anhui Agricultural Science,2006,18：4695－4696.

[26] Chiou C T,Kile D E,Rutherford D W,et al. Sorption of selected organic compounds from water to a peat soil and its humic－acid and humin fractions：potential sources of the sorption nonlinearity[J]. Environmental Science & Technology, 2000, 34(7)：1254－1258.

[27] 黎卫亮. 2,4－二氯苯酚在黄土性土壤中的吸附及迁移转化研究[D]. 西安：长安大学, 2009.

[28] Weber JWJ, Huang WL,Leboeuf EJ. Geosorbent organic matter and its relationship to the binding and sequestration of organic contaminants [J]. Colloids and Surfaces A：Physicochemical and Engineering Aspects,1999,1：167－179.

[29] 唐非凡. 金霉素、磺胺嘧啶在土壤中的降解特征及其对土壤微生物的影响[D]. 浙江：浙江大学, 2012：1－53.

[30] 谢又予,等. 水文地质工程地质,1980,第六期,19—200.

[31] 刘东生,等. 黄土的物质成分和结构[M]. 北京：科学出版社,1996.

[32] Haller MY, Müller S, Michel R. Quantification of veterinary antibi－otics（sulfonamides and trimethoprim）in animal manure by liquid chromatography－mass spectrometry[J]. Journal of Chromatography（A）,2002,952：111－120.

[33] Thiele－Bruhn S. Pharmaceutical antibiotic compounds in soils－a review[J]. Journal of Plant Nutri-

tion and Soil Science,2003,166:145‐167.

[34] 王冉,刘铁铮,耿志明,等.兽药磺胺二甲嘧啶在土壤中的生态行为[J].土壤学报,2007,2:307‐311.

[35] Biak‐Bielinska A,Maszkowska J,Mrozik W.Sulfadimethoxine and sulfaguanidine:Their sorption potential on natural soils[J]. Chemosphere,2012,86:1059‐1065.

[36] 任甜甜,吴银宝.磺胺类兽药的环境行为研究进展[J].畜牧与兽医,2013,45:97‐101.

[37] 滕玉洁,王幸丹,崔崇威.环境激素的种类及危害分析[J].环境科学与管理,2008,06:20‐23+36.

[38] 李美.水中壬基酚的吸附去除实验研究[D].阜新:辽宁工程技术大学,2015.

[39] 陈慰双.我国水环境中壬基酚的污染现状及生态风险评估[D].青岛:中国海洋大学,2013.

[40] 许洁,范奇元,周远忠,胡斌丽,申旭波.壬基酚对雄性仔鼠生殖毒性的研究[J].毒理学杂志,2008,01:23‐25.

[41] 郭金莲,任慕兰.壬基酚对成年雌性 SD 大鼠生殖功能的影响[J].东南大学学报(医学版),2007,04:287‐290.

[42] 刘昕宇,张曙光,渠康,宋华力,王霞,徐建.黄河上游重点河段特征有机污染物现状调查分析[J].人民黄河,2006,3:49‐51.

[43] 吴芳芳.好氧生物降解壬基酚及其动力学研究[D].福州:福州大学,2011.

[44] 夏茵茵,詹平,张渝.壬基酚对大鼠腺垂体细胞增殖的影响[J].预防医学情报杂志,2005,03:261‐263.

[45] Glaser B,Haumaier L,Guggenberger G,et al. The′Terra Preta′phenomenon:a model for sustainable. agriculture in the humid tropics[J]. Naturwissenschaften,2001,88(1):37‐41.

[46] Quilliam RS,MarJYGen KA,Gertler C,et al. ,Nutrient dynamics,microbial growth and weed emergence in biochar amended soil are influenced by time since application and reapplication rate[J]. Agr Ecosys Environ 2012,158:192‐199.

[47] Lehmann J,Gaunt J,Rondon M. Bio‐char sequestration in terrestrial ecosystems‐a review[J]. Mitigation and Adaptation Strategies for Global Change,2006,11(2):395‐419.

[48] Verheijen F,Jeffery S,Bastos A C,et al. Biochar application to soils‐A critical scientific review of effects on soil properties,processes and functions[J]. EUR,2010,24099.

[49] 胡雪菲.生物炭对寒旱区石油污染黄土中多环芳烃吸附行为影响的研究[D].兰州:兰州交通大学,2015.

[50] Gustafsson Ö,Bucheli TD,Kukulska Z,et al. Evaluation of a protocol for the quantification of black carbon in sediments[J]. Global Biogeochemical Cycles,2001,4:881‐890.

[51] Zhang P,Sun H,Yu L,et al. Adsorption and catalytic hydrolysis of carbaryl and atrazine on pig manure‐derived biochars:impact of structural properties of biochars[J]. Journal of Hazardous Materials,2013,244:217‐224.

[52] Yuen QH,Hilton HW. Soil adsorption of herbicides,the adsorption of monuron and diuron by Hawaiian sugarcane soils[J]. Journal of Agricultural and Food Chemistry,1962,10(5):386‐392.

[53] 吴敏渭.草木灰影响下西维因在土壤中的吸附/解吸行为及生物有效性[D].杭州:浙江工业大学,2012.

[54] 张琼,周岩梅,孙素霞,等.农药西维因及敌草隆在草木灰上的吸附行为研究[J].中国环境科学,2012,3:529‐534.

[55] 邱宇平,程海燕,龚兵丽,等.草木灰对土壤中敌草隆吸附及微生物降解行为的影响[J].华东师范大学学报(自然科学版),2006,6:125‐130.

第2章 有机污染物在土壤中的吸附 及迁移转化的基本理论

进入土壤中的有机污染物,会与土壤中的矿物质及有机质等相互反应,据目前实践调查研究可知,这种反应主要有物理反应、化学反应以及生物反应等。土壤对有机污染物的吸附行为是环境污染物在土壤环境降解中最为普遍的一种现象。这种现象是有必要深入了解和观察的,了解其反应的机理、发生各种反应的速度以及所发生的程度等,更加重要的是要了解有机污染物与土壤中的元素发生作用的分子结构是什么,理化性质是什么,所发生的反应是土壤中的什么元素,具有什么关系,典型的有机污染物在土壤吸附中以及所转移的过程中的规律是什么等。为了探讨这些内容,本章主要讲解的是土壤的结构与性质、黄土的特性、有机污染物在土壤中的吸附及迁移转化的基本理论等。

2.1 对土壤的结构和理化性质的研究

土壤作为植物生长发育的营养地,是位于陆地表面肥力丰富的疏松土质。土壤不仅是植物生长发育所需的物质的提供者,还是自然环境循环的重要参与者,土壤和大气、水、生物等环境要素之间相互作用、互相影响,是再生资源中不可缺少的一部分。

2.1.1 土壤的结构和组成

1. 土壤的结构

土壤是地球表面的岩石经过长期的分化而形成的疏松地带。土壤大致可分为三层:腐殖质层、淀积层和母质层。如果将土壤从表面到内里划分的话,首先是腐殖质层,是位于地表的最上端,多为土层疏松和多孔的现状,也是植物生长的地方,这些疏松和多孔地带方便植物呼吸,吸收地表的养分,腐殖质层的干湿交替也很频繁,透气性很好。其次是淀积层,仅在腐殖质层的下方,该层主要是阻止水分、有机质以及无机盐的扩散。土质紧密,通气能力和透水能力较差。最后是母质层,这是土壤中的最下层,该层受外部环境、尤其是气候条件影响是较小的,土质坚实,营养含量是极少的。

2. 土壤的组成

组成土壤的化学元素有很多种,其中,占比最多的属氧和硅元素,氧和硅所占的比例分别为49.0%和33.0%,其次就是铝、铁、碳等;所占比重最少的元素有硫、锰、磷等,所占的比重分别为0.085%、0.085%和0.08%。

组成土壤的化合物大体可以分为:有机物、无机物和微生物。有机物主要是有机磷化合物、含氮化合物、糖及脂肪等;无机物主要有氧化物、碳酸盐、硅酸盐、硝酸盐、磷酸盐、硫酸盐、硫化物以及卤化物等；微生物主要有细菌、真菌、放线菌、原生动物及藻类等。表层土壤的主要化学组成见表 2.1。

表 2.1　表层土壤的主要化学组成

化合物	质量分数/%	中国八种土壤平均值/%	化合物	质量分数/%	中国八种土壤平均值/%
SiO_2	35～90	64.17	Na_2O	0.15～2.15	0.58
Al_2O_3	5～30	12.86	P_2O_5	0.02～0.40	0.11
Fe_2O_3	1～20	6.58	SO_3	0.02～0.50	
CaO	0.10～5.00	1.17	TiO_2	0.02～2.00	1.25
MgO	0.20～2.50	0.91	N	0.02～0.80	
K_2O	0.20～4.00	0.95	微量元素	痕量	< 0.005(B、Cu、Zn 等)

从物质的角度，将土壤划分为三类：固、气、液。固态物质有矿物质、有机物质等；气体主要有空气以及土壤中微生物的代谢物；液体是土壤水溶液组成的。图 2.1 为土壤结构及组成的比例关系。

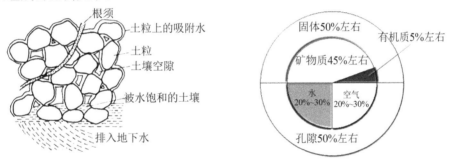

图 2.1　土壤的结构及组成

2.1.2 土壤的理化性质简述

1. 土壤的物理性质

土壤的物理性质可以从三个方面理解：导热性、电性以及吸附性。

（1）土壤的导热性。土壤在吸收太阳光热的同时，也吸收太阳的辐射能，并将其传到邻近土层，这就是土壤的导热性质。根据研究表明，土壤部分固体导热性能要比空气的导热性能好。

（2）土壤的电性。由于土壤中含有丰富的矿物质，所以电性物理性质是比较好的。土壤矿物质中的硅铝酸盐等将会交错叠合最终形成一种黏土物质，这也是通常可见的现象。在黏土形成的过程中，通常伴有阳离子的异价类质同晶替代作用发生。发生这种作用的原因可以理解为：组成黏土的矿物质的离子随时会被附近电性相同、大小几乎相同的离子所代替，但是最终晶格构造是不会变化的；根据深入的研究，这种替代是低价态的离子被高价态的离子所替换,这种现象的缺点是将负电荷停留在晶体结构上,所以,黏土矿就需要吸附带有阳离子的物质。比较典型的吸附的阳离子中有钠、钾、钙、锰等。

异价类在替代的过程中,所产生的负电荷大部分粘在矿物的表面上,这样就相对稳定且带有永久的负电荷。水分子可以将该负电荷与矿物质所吸附的阳离子相隔开,由于距离较远,它们之间相结合就较少,因此,被吸附的阳离子可以被其他相邻的相同介质的因子所置换,所以硅铝酸盐黏土矿物具有阳离子交换性能,常用阳离子交换容量(CEC)来表示其交换能力。

(3)土壤的吸附性。由于土壤胶体带有负电荷且其表面积较大,因而土壤内部分子可以吸附土壤外部带正电荷的粒子。

2. 土壤的化学性质

从化学的角度研究土壤,其具有酸碱性、氧化还原性、生化性质等。

(1)土壤的酸碱性。土壤酸性的主要原因是降雨使得土壤溶液中的氢离子将土壤所吸附的离子取代,与土壤中的有机质发生反应,将氢离子和土壤中被吸附的铝离子水解可使土壤呈酸性。如果土壤呈碱性,是由于降雨同土壤中的溶液相互替代,再和土壤中的铝离子相互反应,主要是碱性物质相互反应,可将土壤变成碱性。

(2)土壤中进行的氧化还原作用:氧气充当了土壤中的主要氧化剂,当它进入土壤之后就被土壤里的还原性物质还原为 O^{2-};土壤中的还原性物质主要为有机质,它们在适宜的条件下拥有很强的还原性。

(3)土壤的生化性质。在土壤的表层处有细菌的生长,当残骸进入土壤后,其中的有机物会和微生物发生作用,具有两种转化方向。一种是有机物和矿物质可转化为无机物,主要有二氧化碳、氮气等产生;另一种是腐化作用。矿物质在发生反应的过程中,有部分会产生中间的物质,经过缩合作用,就会产生新的有机化合物。腐殖质是最为典型的。土壤有机质的矿化和腐殖化作用,是相对独立但又相互联系的。

2.2 黄土概述

2.2.1 黄土的特性

"黄土"在我国分布在西北部,土壤呈黄色。本节主要对黄土的形成原因、分布的特征、物理性质以及微观结构等进行研究和表述。

1. 黄土的成因

对于黄土形成的原因,早在 19 世纪中期就有相关的人员进行研究,但由于技术的原因,最终没有得到统一的认识。经历了百余年,有人开始对我国西北的黄土进行研究,最终认为,黄土是由湖泊的沉淀物所形成;随后也有人提出黄土是由于风的作用形成的;到了 20 世纪中期,有西方专家开始走访我国东北地区,对黄土展开了深入的研究。根据考察,对我国的黄土高原、地质、地貌等形态进行全面的研究,最终得出,我国的黄土中存在着古土壤层,形成这种情况的另外一个原因是洪积,并且黄土是区域分布的。

2. 黄土的特点

黄土形成的主要特点有三个:①色黄。在颜色上进行区分,具有差异较大的特点。我国的西北区北部的黄土多为淡黄色;而西北部南部的土壤则多为深黄色。②粉土或粉砂粒组含量占黄土颗粒总成分的 50%～60%。③黄土之中含有大量的碳酸盐,其含量接近 10%。

3. 黄土的微观结构特征

黄土通常归属于粉黏土质堆积物,其主要特征就是松散,从其微观结构看,它具有疏松的粒间及聚粒组架形式和多孔的性状。一般认为,黄土主要由结构单元、胶结物和孔隙三方面构成。

黄土骨架颗粒的联结形式中最主要的是点接触和面接触。西北地区的黄土多为点接触,即黄土颗粒的直接接触,其特点是接触面积较小;而中部和东南地区的黄土则主要为面接触,其特点是接触面积比较大。

黄土的孔隙系统主要是由颗粒间的孔隙、结构孔隙和胶结物孔隙构成的。其中颗粒间的孔隙是由于骨架颗粒接触胶结的间夹空隙而形成的,其孔隙尺度与粒径相当;结构性孔隙是由颗粒集合体或聚粒相互搭架而形成的,其尺度要比粒间孔隙的大很多;胶结物孔隙为存在于黄土单元颗粒或聚粒胶结物内的更小的空隙,这些胶结物主要是黏土矿物和碳酸钙。

4. 黄土的物理性质

黄土的物理性质主要包括:天然容重、干容重、比重、孔隙度、孔隙比、湿度和饱和度等。

如前文所述,黄土的天然容重是单位体积的黄土重量;干容重是体积黄土烘干后的重量。黄土的天然容重和天然的含水量有关系,而天然的含水量是和黄土中的物质成分以及气候、降水量、地质地貌紧密相关的。干容量主要和黄土的结构、孔隙度有关系。西北黄土的天然容重变幅及干容重变幅分别为 $1.13 \sim 2.21$ g/cm^3 和 $1.02 \sim 1.57$ g/cm^3。黄土的比重与组成黄土的矿物有关,西北地区黄土的比重变幅在 $2.60 \sim 2.78$ g/cm$^{3[6]}$。

2.2.2 黄土分布

1. 世界黄土分布

黄土在世界上的分布极其广泛,主要是东西方向的分布,主要集中在南北半球中纬度的森林草原、草原和荒漠草原地带。从分布最集中的欧洲和北美以及亚洲来讲:欧洲和北美,主要分布在美国、加拿大、德国等;亚洲主要分布在沙漠和戈壁相邻的区域,分布的国家主要有中国、伊朗、阿根廷等。在非洲的北部和南半球的新西兰都有分布,但是不集中,是比较零星散点的分布。

　　黄土分布最广、厚度最大的国家是中国,其范围从背面的阴山山麓,东北至松辽平原和大、小兴安岭山前,西北至天山、昆仑山山麓,南达长江中、下游流域,面积约 63 万平方公里。在我国分布最为集中的地方就是黄土高原上,是世界上最典型的黄土地貌。我国西北的黄土高原是世界上规模最大的黄土高原,华北的黄土平原是世界上规模最大的黄土平原。

2. 我国黄土分布

　　从整个地理位置来划分,中国黄土主要集中在北纬 40°以南的地区,位于大陆的内部、西北戈壁沙漠的地带。从中国的省份区域来看,我国的黄土主要集中在青海、甘肃、宁夏、内蒙古等省(自治区)。在黄土高原区域的黄土面积占我国黄土总面积的 70%以上,其中厚度最深的在 200 米,主要是在我国的甘肃省。华北平原的黄土则多被埋藏在较深的冲积层的下部。

2.2.3 黄土的组成

1. 粒度成分

　　黄土是以 0.050～0.005 mm 的粉砂为主(一般在 50%以上),细砂和黏粒的含量都小于粉砂;在粉砂成分中,又以 0.05～0.01 mm 的粗粉砂为主,分选极好。粒度成分表明,黄土粒度与风积粉尘的粒度基本一致。

2. 矿物成分

　　黄土矿物成分复杂,种类繁多。在中国黄土中,已发现的矿物达 60 多种。黄土的碎屑矿物以石英为主,占 50%以上;长石次之,占 20%左右;云母占第三位;重矿物以辉石、角闪石、磁铁矿、褐铁矿和绿帘石为常见;黄土中还有 10%的黏土矿物,主要为伊利石、蒙脱石和高岭石。黄土中的碎屑矿物一般有明显的棱角,表面新鲜,表明黄土沉积后没有受到强烈风化。

3. 化学成分

　　黄土的化学成分以 SiO_2(一般占 50%以上)、Al_2O_3(占 8%～15%)和 CaO(占 10%～20%)为主,其次是 Fe_2O_3、MgO 和 K_2O。黄土的化学成分和矿物是一致的。

2.2.4 黄土分类[7]

1. 墣土

　　墣土是黄土高原人为培育的古老耕种土壤之一。主要分布在渭河、汾河两岸各级阶地上,以陕西关中平原最为集中。此外在河南西部也有零星分布。

　　墣土是褐土经人为长期耕种,特别是大量施加黄土为垫料的土粪,逐渐堆垫形成的一种特殊农业土壤。在暖温带森林褐土带,自然土壤为深厚的黄土母质上发育的褐土,地形平坦,农业发达,历史悠久,素有大量施加黄土作垫料的土粪的习惯等,是塿土产生的特定的自然地理和社会历史条件。

塿土分布区年平均气温 13～16℃,年平均降水量为 450～700 mm,塿土的基本成土过程是塿化过程,也即堆垫过程,此外还有黏化过程和碳酸盐的淋浴淀积过程,特别是复石灰作用。耕种褐土在长期耕种、灌溉淤积、黄土的沉积,特别是大量施加土粪的综合作用下,土表逐渐被堆垫抬高,随着垫土层的加厚,耕层和犁底层也相应上移,在其下逐渐转变形成一个固定的、明显打上了人为耕种熟化烙印的新土层,称为老熟化层。

由于塿土与褐土所处地带相同,所以同具黏化过程,而且随着塿化土层加厚,黏化作用强烈的层段也随之上移。耕作、灌溉对黏化作用有一定的促进。由于耕作的搅拌与促移作用,往往在犁底层附近形成黏粒相对聚积现象。但与原黏化层比较,由于成土年龄短,加之堆积土粪的阻缓作用,黏化作用较弱。由于不断堆垫黄土质的土粪,为表土源源补充丰富的碳酸钙,这些碳酸钙被下淋,并在下伏古耕层和黏化层淀积,导致了这些原有淋镕土层的复石灰作用。形成塿土剖面中碳酸盐分布的特殊性和复杂性。

塿土最突出的特点是具有重叠剖面,即剖面构造大体可分为上下两大部分。上部为塿化土层(人为堆垫层),薄厚不等,一般 50 cm。下部为堆垫埋藏的褐土剖面,由灰棕褐色的古耕腐殖层、棕褐色的黏化层、淡灰棕色的钙积层和黄棕色的母质层组成。黏化层质地重壤-黏土,棱柱状结构,土体紧实。由于复石灰作用,土体表面常复有菌丝状和霜粉状碳酸盐淀积。钙积层常含粒状石灰结核。塿土剖面中有机质含量虽不高,但土层深厚,且剖面中往往出现两个腐殖质层,构成特殊的腐殖质剖面分布。腐殖质组成中胡敏酸与富里酸之比堆垫层略大于 1,其下各层为 1.2～1.5。堆垫层的黏土矿物与黄土母质相似,主要为伊利石,埋藏褐土剖面则以伊利石和蛭石为主。整个剖面黏粒的硅铁铝率为 2.4～3.0,心土较其上下土层为低。剖面中石灰含量相差悬殊,变化在 0.2%～26%。

2. 黑垆土

黑垆土分布在暖温带半干旱、半湿润森林草原北缘至干旱草原的宽阔的生物气候带。年平均气温 8～10 ℃,大于 10 ℃积温约 3000 ℃,年降水量 300～600 mm,夏季温暖湿润,冬季寒冷干燥,植被以草木为主。成土母质主要为黄土,而且多发育在新黄土母质上。这些黄土中粗粉粒(0.05～0.01 mm)含量在 60% 以上,黏粒缺少。由于黄土物质是由风从西北大沙漠搬运而来,具有明显的分选性,表现出由北而南,由西而东质地逐渐变细的趋势。这些条件对黑垆土的形成和性状都有明显的影响。

黑垆土的成土过程主要是腐殖质积累和碳酸盐的淋溶淀积过程,也有弱度黏化过程。春发冬枯的草本植物,每年向土表残留大量残体,疏松深厚的黄土母质和相当发达的草本根系,使植物地下部分伸展到土壤深层,赋予黑垆土深厚的腐殖质层。

富含碳酸钙的黄土母质,在夏秋多雨季节,发生较弱的季节性淋溶,钾、钠的盐类大部分迁移出土体,碳酸钙虽淋溶下移,却以不稳定的假菌丝状或霜粉状聚积在土体内,形成钙积层。由于水热条件较差,黏化作用不明显,无淀积黏化,没有形成独立的黏化层。黑垆土是一种古老的耕种土壤,现有的黑垆土主要位于较平坦的塬面等处,在人为耕作施肥下堆垫作用大大超过侵蚀作用,也发生"塿化"现象,在原腐殖质层之上形成了薄厚不等的堆垫土层。

黑垆土最明显的特征是具有疏松深厚的腐殖质层,厚度常达 80～100 cm,甚至更厚。但含量不高,一般在 1％上下,自然状况下可达 2％～3％。胡敏酸与富里酸之比为1.5～2。腐殖质的总储量与质量均较高。腐殖质层的下部有较强的隐黏化作用。钙积层浅棕色,由于腐殖质层深厚,一般位深 1.5 m 以下,较深厚,碳酸钙含量变化在 1％～17％,有少量石灰结核和大量菌丝状石灰淀积物,与母质层的过渡不明显。堆垫层厚薄不等,一般 20～40 cm,可细分为耕作层、犁底层和熟化层。黑垆土全剖面有石灰反应,pH 值为 7.5～8.5,呈微碱性。具有堆垫土层的黑垆土腐殖层的下部也有复石灰作用。腐殖质与碳酸钙的含量也呈双层剖面结构特征。

3. 黄绵土

黄绵土是黄土高原特有的非地带土壤,也是面积最大的耕种土壤之一。它主要分布在水土流失比较强烈的黄土丘陵沟壑区,陕北最为集中,其次是陇中、陇东、晋西北与晋西南;青海东部、宁夏南部和河南西部也有分布。

黄绵土是黄土高原这个特殊的自然地理单元内特有的具有标志性的土壤。是特殊的自然条件和特有的社会历史条件综合作用的产物。作为一种非地带性土壤,它跨越暖温带半湿润森林带—暖温带半湿润半干旱森林草原带—中温带半干旱草原带—中温带干旱荒漠草原带。年均降水量为 200～700 mm,年均温 7～12 ℃,但主要还是分布在年平均降水量 300～500 mm、年均温 7～10 ℃的中温带半干旱草原带。黄土高原是黄土沉积物堆积而成,颗粒直径多在 0.01～0.001 mm。黄土土层深厚,疏松多孔,质地均一,颗粒适小、孔隙度达 50％～60％,化学成分复杂,是一种十分优良的成土母质,所以被人们广泛开垦。由于冬季少雨,夏旱也常发生,生长期又短,植被低矮稀疏,加之,垦殖历史悠久,随着人口的超载,带来了滥垦滥牧滥伐,植被人为破坏普遍而深重。集中、多暴雨的降雨条件、稀疏的植被条件、破碎起伏的地貌条件、深厚疏松的母质和强烈不合理的人为活动条件等综合作用,引起了严重的土壤侵蚀。这是黄绵土发生、形成和演变的基本条件。

黄绵土的形成过程中,主要有两大基本过程:一是以耕种熟化为主的成土过程;二是以侵蚀为主的地质过程。黄绵土实质上是成土过程和地质过程对立统一的产物,也就是熟化过程和生土化过程矛盾统一的结果。当成土条件处于稳定的情况下,耕种熟化过程占主导时,成土作用增强,黄绵土则向着肥力提高、熟土层加厚的方向发展。侵蚀作用占主导时,黄绵土的形成只能在耕种-侵蚀、再耕种-再侵蚀,周而复始的低级状态下重复,熟土层不能增厚,肥力不能提高,始终保持半生土状态。

此外,黄绵土在生长自然植被的情况下,有机质的累积过程将表现为一个主要成土过程,尤其是梢林下的黑壮土,有机质的积累比较强烈,若这种成土条件能长期稳定下去,它将向所处地带的相应的地带性土壤方向发展。

黄绵土疏松绵软,总孔隙度 50％～60％,通透性好,田间持水量 20％～26％,储水的有效性高。腐殖质的组成以富里酸占优势,胡敏酸与富里酸之比小于 1,活性胡敏酸未检出。阳离子代换量 5～20mg 当量/100g 土。

黄绵土的矿物组成以石英、长石为主,占 65％～90％;其次为云母和碳酸盐矿物,占

$5\%\sim10\%$；其他不稳定矿物和重矿物占 $0.1\%\sim0.5\%$。化学组成，SiO_2 占 $58\%\sim68\%$，Al_2O_3 占 $10\%\sim13\%$，Fe_2O_3 占 $3.3\%\sim4.2\%$，CaO 占 $2.6\%\sim7.7\%$，MgO 占 $1.8\%\sim2.0\%$。各种元素在剖面层次分布上差异不大，在水平分布上，SiO_2，Na_2O 含量由北向南递减，Fe_2O_3、Al_2O_3、CaO 和 MgO 等由北向南递增。

4. 灰钙土

灰钙土是黄土高原西北部荒漠草原植被下发育的一类地带性土壤。主要分布于甘肃永靖、兰州、会宁以及宁夏海原、同心、盐池一线西北的黄土丘陵及残塬地区。灰钙土南界黑垆土，东北与栗钙土、棕钙土带的西南端相接，向西北则过渡到漠土。此外在青海境内西宁以东的湟水河谷，尖扎以东的黄河河谷两岸低山丘陵区也有分布。

灰钙土形成在中温带半干旱-干旱的荒漠草原生物气候条件，大陆性气候特点更加显著，冷暖变化剧烈，日夜温差大，夏季炎热，冬季严寒，秋季凉爽雨量较丰，春季干旱多风。年平均气温 $7\sim8\ ℃$，比棕钙土区高 $3\sim4\ ℃$，大于 $10\ ℃$ 的积温 $19\sim31\ ℃$。年降水量 $200\sim350\ mm$，比棕钙土略高，蒸发量为 $2000\sim2500\ mm$，为降水量的 $7\sim10$ 倍。

植被由多年生丛生禾草及旱生灌木、半灌木组成，以蒿属及猫头刺、长芒草、早熟禾、地椒、紫菀为主，东南部因雨量较多以丛生禾草占优势。总的看来，植被种类相对贫乏，生长较差，覆盖度低。灰钙土分布区主要地貌类型为黄土丘陵，但割切程度相对较东南部丘陵为轻，相对高差较小，地形较完整。此外还有山前洪积扇及河谷高阶地。母质主要为黄土及黄土状沉积物，前者分布于黄土丘陵梁峁坡地及黄土残塬的塬面，后者分布在山前倾斜平原或河谷阶地。

灰钙土的主要特征是弱腐殖质化、土壤钙化。其成土过程和草原土壤成土过程一样，但是比黑垆土腐殖质的积累较弱。干热为突出特点的特殊的水热条件，一方面限制了绿色植物的生长，生物积累量很低，绿色植物地上和地下部分产量仅有栗钙土的 25%。另一方面有利于好气性微生物的强烈活动，加速了土壤有机质的矿化过程，因此土壤有机质积累很少。由于有限的降雨量，虽然也发生季节性淋溶现象，但不足以明显淋洗土壤中的钙、镁盐类，加之死亡的植物灰分中又含有大量的钙归还土壤，所以土壤胶体为 Ca^{2+} 所饱和，全剖面强石灰反应。同时碳酸钙有淋溶下移现象，下层有石膏和碳酸钙的明显积累，表现出钙积化过程的特征。

灰钙土形成于上述生物气候条件和土层较薄、质地较粗的砂黄土母质上，无论腐殖质的积累或碳酸钙的淋溶过程均较黑垆土微弱，因此土壤腐殖质层较薄，颜色较淡，有机质含量较低，剖面通体有石灰反应。一般在 30cm 以下，即出现碳酸钙的淀积，可溶盐的淋溶程度远较黑垆土差，剖面下部盐分含量较高，有时底土有积盐现象，同时在盐分较高的底土层，石膏的积累现象也较普遍，有的灰钙土在钙积层下还出现石膏淀积层。灰钙土的剖面层次可划分为腐殖质层、钙积层、母质层等层段。

灰钙土的质地组成一般较粗，粗粉砂与细砂占 $60\%\sim80\%$，黏粒含量一般小于 15%。质地一般为沙壤和轻壤土。土壤的风化程度较低，黏土矿物一般以水云母为主，蛭石等含量很少。按照灰钙土的发育程度及剖面构造与发生层的特征，黄土高原的灰钙土可划分为普通灰钙土和淡灰钙土、灌淤灰钙土三个亚类。

5. 灰褐土

灰褐土又名灰褐色森林土,是我国北方干旱与半干旱地区山地垂直带中的主要建谱土壤之一,也是黄土高原主要森林土壤之一。主要分布在兴隆山、六盘山、吕梁山、恒山等山地,海拔 1200～2500 m,其下为黑垆土或灰钙土,其上为山地草甸土。

灰褐土分布在温带和暖温带干旱、半干旱地区山地的中上部,与基带环境相比,表现出截然不同的山地气候特点。气温低而降雨多。年平均气温 4～7 ℃,年降水量 400 mm 上下,温凉而湿润,适宜森林生长。成土母质常见的有黄土及花岗片麻岩、石灰岩和页岩等残积—坡积物。从垂直分布看,海拔越低,黄土母质越多;从水平方向看,越趋向东南部,黄土质越多。

灰褐土的形成过程类似于褐土,包括腐殖质累积过程、钙的淋溶淀积过程和黏化过程,但由于灰褐土是一种山地森林土壤。分布的纬度和海拔较褐土高,气温偏低,所以黏化作用和淋溶过程相对较褐土弱,腐殖质的累积作用较褐土强,而类似灰色森林土,因此被认为是褐土与灰色森林土之间的过渡类型。

灰褐土形成于森林植被下,每年有大量的枯枝落叶归还土表,因气温低,分解缓慢,累积较多,所以土壤表层有机质含量较高。但表层以下有机质含量急剧降低。根据淋溶和淀积程度,灰褐土可分为典型灰褐土、淋溶灰褐土和碳酸盐灰褐土三个亚类。

2.2.5 黄土研究的意义

黄土的覆盖面积占全球的 10% 左右,集中分布在温带和沙漠前缘的半干旱地带,亦即分布于现今的北纬 30°～55°和南纬 30°～40°。黄土分布的是世界工农业发展和人口较为密集的地带,次生黄土也是集中分布在这些地带。因此,黄土和社会以及生产发展有着密切的关系。这就不难理解,近 150 年来世界上许多地质、地理、土壤、农业、水利、交通、工程建筑等方面的专家乃至动物、植物、考古、历史学家,都对黄土的研究有着浓厚的兴趣。

在我国,黄河中游地区覆盖面积 27.3 万 km² 左右,为世界所罕见的。次生黄土分布面积约为 20 万 km²,如果按照全国次生黄土面积计算,总合计便超过一百万 km²。这些黄土和次生黄土地区居住着 2 亿多人口,他们的吃穿住行,和这黄土息息相关。

我国的黄土层厚肥沃,地质疏松,是有利于农业耕作的,但是也有不利的一面。例如,黄土的性质是十分的松散,但是容易被侵蚀,会产生大量的水土流失。目前,据调查显示,我国的黄土高原区域,不合理的耕作,过渡的开垦,将会加速黄土的水土流失,将会造成生态不平衡发展的局面,更加严重到黄河下游地区的人们生活以及耕作发展。

在我国西北干旱、半干旱地区,由于其生态系统的脆弱性,土壤环境退化现象尤为突出,单一的耕作、施肥模式及化肥的滥用,导致土壤质量恶化加剧,使土壤的结构遭到破坏,导致土壤营养元素受损,土地肥力下降,对我国西北地区生态环境质量、食品安全和社会经济持续发展构成严重威胁[8,9]。因此,维持和提高我国西北地区土壤质量对提高和改善农业生产力和环境质量变得至关重要[10,11]。

黄土覆盖了我国国土面积的 6.6%,是我国广泛分布的土壤之一。甘肃省面积为 45.37万 km²,黄土面积为 12 万 km²,约占总面积的 27%。我国黄土多分布于北纬 30°

以北,而这些地区又大多属于干旱、半干旱的季节性冻土区。区域内生态环境非常脆弱,土壤质量及其稳定性都受到环境及人为活动的作用与影响[12,13]。而土壤质量直接影响农业生产的质量和生态系统的健康。而我国西北部地区经济发展相对滞后,生态系统也较为脆弱,区域内黄土结构疏松,孔隙度大,透水性强,团聚力差,有机质含量偏低,使得土壤正常生产功能和生态功能失调,降低了耕地的生产力,制约着土壤资源的可持续利用。因此,本研究主要以甘肃省内黄绵土和灰钙土为研究对象,开展相关研究。

2.3 有机污染物吸附理论与模型

2.3.1 概述

近几十年来,人们对环境中化学污染物的环境行为及归趋准确估计的过程已经有所认识。有机污染物持续存在于表层土中,会作为二次污染源迁移到地下水及其他环境介质中,评估调查其可能产生和存在的环境及健康危害需要了解污染物的吸附特性以及土壤类型及其特征的知识[14]。此外,吸附过程也会影响有机污染物的挥发性及其生物利用度和生物活性,植物毒性和化学或微生物的转化[15]。

有机化学物质在天然固体上的吸附是一个非常复杂的过程,其除了化学本身的理化性质,还涉及许多吸附剂的性能,尤其是土壤/沉积物中矿物和有机物质的相对量及其各自的组成与相关的物理特性。另外,甚至在粒子尺度上,不同区域的土壤或沉积物基质都可能含有不同类型、不同数量,表面分布不同的土壤有机物质。

有机污染物所处的环境因素以及来源都是当今环境科学事业中必要研究的主旋律,研究出的成果,从大的方面来讲,可为我国的系统分析和规划环境奠定基础,从小的方面来讲,对我国农业的污染控制、防止和治理都有很好的理论基础,可让相关的部门做好有效的措施。从有机污染物的吸附性质来讲,不仅影响到了其他水体环境的迁移、转化,还对光解、水解以及微生物的生长有着紧密的关系。因此,对有机污染物的研究具有非常重要的理论和现实意义。

2.3.2 典型有机污染物吸附机理

有机污染物的吸附机理很多,不同的环境条件或不同的有机分子吸附机理是各不相同的。一般来说,某种有机污染物分子在胶体表面的吸附是几种机理共同作用的结果。下面介绍有机污染物在水中典型的吸附作用机理。

1. 疏水吸附作用

有机化合物含有疏水性基团,疏水性化合物在水中趋势于离开水相而进入到有机相。当有机污染物碰到疏水性的吸附固体时,就会在固体表面发生聚集。这种现象称为疏水吸附作用。

一般来说,疏水吸附作用只与固体含有的有机成分有关,即均蜡、脂肪、树脂、腐殖质等的脂肪链以及极性基团较少的木质素衍生物等成分有关。这些组分都具有较强的疏水性。

　　环境中各类非离子型有机污染物在固体表面的吸附主要就是疏水作用吸附。疏水作用吸附可以看作有机污染物分子在水和固体中的有机质之间的分配过程,因此,疏水作用吸附也称为分配吸附。实验结果证明,在沉积物中所含颗粒物粒径大小一致的情况下,分配系数与沉积物中有机碳的含量呈正相关。由于这种吸附过程只和有机分子的极性有关,故吸附强度不随 pH 值发生变化。

2. 分子间作用力吸附

　　分子间作用力吸附是指固体表面与吸附质之间通过分子间作用力所引起的吸附,也称为表面吸附。分子间作用力包括永久偶极、诱导偶极和色散力引起的各种分子间的相互作用,它存在于所有的吸附过程中。因此分子间作用力吸附是吸附的最基本的类型。但在大多数情况下,它们相当微弱,与其他吸附机理相比往往是微不足道的。只有在其他吸附机理都不起作用的条件下,分子间作用力吸附才有可能起到主要作用。例如,蒙脱石和高岭石对异草定的吸附以及腐殖质对毒莠定的吸附主要就是靠分子间作用力吸附。

3. 离子交换吸附

　　绝大多数水中的胶体带负电荷,而强碱性有机污染物分子在水中以阳离子形式存在,弱碱性有机污染物分子在偏酸性条件下能质子化而带正电荷,因此,这两种污染物分子可通过阳离子交换作用被吸附。对于阳离子型有机物来说,它们特别容易与蒙脱石发生离子交换吸附,且吸附后也不易被无机阳离子所取代。

　　而弱碱性有机物能否发生离子交换吸附,主要取决于体系的 pH 值。当 pH 值高于弱碱性有机物的共轭酸的 pKa 时,质子化程度低,交换作用很弱;当 pH 值与 pKa 相等时,有 50% 的弱碱性有机物被质子化而带正电荷,此时交换作用最强;如果 pH 值进一步降低,体系中游离 H^+ 和从黏土矿物中释放出来的 Al^{3+} 浓度会增加,而 H^+ 和 Al^{3+} 会和有机分子发生竞争吸附,从而削弱了有机分子在固体表面的吸附。

　　同样,由于大多数胶体带负电荷,使得阴离子交换作用要比阳离子交换作用微弱得多。但对于酸性有机污染物分子而言,它们在水体中常常会以阴离子形式存在,因此阴离子交换作用对酸性有机污染物的吸附具有重要意义。土壤环境中能吸附这些阴离子的胶体主要是一些两性胶体,如含水铁铝氧化物等。

4. 配位交换吸附

　　有些有机污染物可以通过与水中胶体一起共同作为某种金属离子的配位体而形成配合物,从而达到被水中胶体所吸附的目的。

5. 氢键作用

　　氢键是一种特殊的偶极-偶极间的相互作用,因此,氢原子充当了两个电负性原子之间的桥梁。水体悬浮物和沉积物的主要成分是有机胶体和黏土矿物,前者含有丰富的碳基、羟基和氨基等官能团,后者表面含有氧原子,二者均能与有机分子以氢键相结合,如:

$$R\!-\!\overset{\displaystyle O}{\underset{}{C}}\!-\!OH \cdots O\!-\!黏土矿物$$

$$R\!-\!\overset{\displaystyle O}{\underset{R}{C}}\!-\!O \cdots HO\!-\!有机胶体$$

但在水体中,由于水分子的竞争,会抑制有机分子与胶体直接形成氢键,于是,有机分子往往利用羰基与水分子形成氢键,而这个水分子则与胶体表面的可交换性阳离子以离子-偶极键相连。在这种特殊形式的氢键中,水分子起到了"水桥"的作用。

$$\overset{R_1}{\underset{R_2}{>}}C\!=\!O\!<\!\overset{H}{\underset{H}{>}}O \cdots M^{2+}\!-\!液体$$

被 Na^+、Ca^{2+}、Fe^{3+} 和 Al^{3+} 等金属离子饱和吸附的水化蒙脱石对马拉琉磷分子的吸附,就是通过此种方式进行的。此外,弱碱性有机分子也可以通过氢键作用与固体表面结合。在空间构型许可的条件下,黏土矿物或有机胶体上的羰基可以与有机分子中的氨基或羟基通过"水桥"相连。

2.3.3 吸附等温线与吸附系数

1. 吸附等温线

一般,通过绘制吸附剂中化合物的平衡浓度,作为其在气相中或在给定温度下的溶液中的平衡浓度的函数来研究吸附过程。吸附等温线通常是非线性的。关于等温线的分类已经有报道,并且对每个等温线的模型都进行了解释。然而,只有 Freundlich 和线性模型似乎更适合吸附数据。例如 Langmuir、BET 和 Gibbs 模型通常无法充分描述水相中的吸附数据[16],而所有模型都在低吸附质浓度下才能接近于线性模型。根据吸附等温线的形状,一般将其分为 S 型、L 型、C 型三种,如下图 2.2 所示。

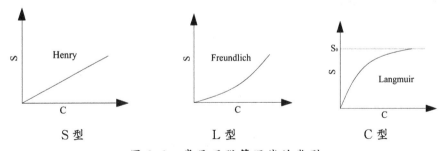

图 2.2 常见吸附等温线的类型

从图 2.2 中,可以得出三种吸附等温线各自的适用条件。以下为针对每一张图的形状所做的不同的阐述。

(1)S 型吸附等温线。该图形表示协同吸附与被吸附之间相互作用的原理图。具体是在溶液浓度较低时,土壤固相对溶质的亲和力较低,随着溶液浓度的逐渐升高,其亲和力逐渐增大。表现在等温线上的吸附物始终倾斜,随着浓度的增大而逐渐增大,到达某个临界点时,就会逐渐地缩小。S型吸附等温线的典型例子包括疏水性有机物在疏水性位点上的吸附、疏水性表面的吸附及亲水性溶质在亲水性表面的吸附等,在这些研究中均可观察到S型吸附等温线。

(2)L型吸附等温线。吸附剂和吸附质之间的作用力强度较强。当液相浓度较低时,土壤固体颗粒对吸附剂具有较高的亲和力,随着溶液浓度升高,亲和力逐渐降低。L型吸附等温线可见于疏水性溶剂在疏水性表面的吸附、可电子化的溶质在亲水性表面的吸附过程以及较低亲水性吸附质在亲水性表面的吸附过程中。

(3)C型吸附等温线。被吸附物分子对吸附亲和力为一个常数,一般多发生在浓度较低的情况下。C型吸附等温线对疏水性有机物在土壤/沉积物上的吸附较为普遍。

吸附等温线不仅对理解吸附机理有推动作用,还有助于吸附质分子在吸附表面的行为以及吸附面积的确定,对于吸附等温线的理解要注意,有机污染物在土壤/沉积物吸附数据可以同时满足两个或者更多的等温线。

2. 吸附系数

Chiou等[17]的研究表明化学物质在吸附剂的有机部分与水相之间的作用称为"分配",而化学物质与吸附剂矿物组分之间的相互作用称为"吸附"。然而,在文献中通常使用诸如"吸附"或"分配"这些术语来表征吸附过程,而不考虑所涉及的机理,同样,吸附系数也是如此,也表示为"吸附系数"或"分配系数"。

一般而言,吸附系数是随着温度的升高而降低的。然而,也发现一些平衡吸附量随温度升高而升高的例子。Chiou等[17]发现有机化合物的吸附系数和溶解度之间存在相反关系。发现在较高温度下,对于大多数随温度升高溶解度增加的有机化合物来说,其平衡吸附常数 K_d 值较小。然而,我们可以预知的是溶解度随温度变化而降低的有机化合物在较高温度时反而会使吸附量增大。因此,由于吸附系数与溶解度之间的相互关系,实质上温度对吸附平衡的影响,是吸附与溶解度共同作用的结果。

2.3.4 吸附动力学及模型

模型的使用,可以预测化学物质的运输,分配,积累以及其归宿,吸附模型的使用一般需要一些化学药品平衡参数,如基本的水溶性,蒸气压,亨利定律常数,辛醇/水分配系数,吸附系数和生物浓缩因子等。

1. 吸附动力学

据报道,吸附过程随时间变化,通常吸附平衡在数小时至1天的时间足以达到,但有时需要在几天、几个月或几十天的时间内才能达到平衡。因此,有机污染物在天然吸附剂的吸附动力学通常显示出初始阶段的快速吸附,然后缓慢地达到平衡[18]。

Wu和Gschwend[19]为了精准描述疏水化合物的运输,在已知的物理和化学过程,分子扩散和相分配的基础上,提出了吸附动力学模型("径向扩散"模型)。研究了疏水性吸附质,吸附剂粒度和体系温度对固溶体交换的影响,结果表明,较大的聚集体吸收率反而较低,具有较高辛醇/水分配系数(K_{ow})值的化合物吸附较慢。

2. 动力学模型

分析模拟的模型表明，可以用复合溶液扩散系数，辛醇—水分配系数和吸附剂有机物含量，密度和孔隙度预测的单一有效扩散系数参数来量化吸附动力学。

（1）准一级动力学模型。

准一级吸附动力学模型是最早基于吸附容量研究吸附速率的动力学模型。方程形式如下：

$$\frac{\mathrm{d}q_t}{\mathrm{d}t} = k_1(q_1 - q_t) \qquad (2-1)$$

式中，q_t——t 时刻吸附量，mg/g；

　　　　k_1——一级速率常数，1/min；

　　　　q_1——为平衡吸附量，mg/g。

（2）准二级动力学模型。

准二级吸附动力学模型表示多种作用共同控制整个吸附过程，方程形式如下：

$$\frac{t}{q_t} = \frac{1}{k_2 \times q_2^2} + \frac{t}{q_2} \qquad (2-2)$$

式中，q_t——t 时刻的吸附容量，mg/g；

　　　　q_2——平衡吸附容量，mg/g；

　　　　t　——吸附时间，min；

　　　　k_2——速率常数，g/(mg·min)。

（3）颗粒内部扩散模型。

颗粒内部扩散模型由 Fick 第一定律和物质平衡原理导出，该模型是处理吸附质在吸着剂内扩散的经典方法。其吸附方程的线性表达式为：

$$q_t = k_p \times t^{1/2} + C \qquad (2-3)$$

式中，q_t　——t 时刻的吸附容量，mg/g；

　　　　t　　——吸附时间，min；

　　　　k_p　——颗粒内部扩散速率常数，mg(g·min$^{1/2}$)；

　　　　C　——与吸附相关的常数。

（4）Elovich 方程。

Elovich 动力学方程描述的是包括一系列作用机制的过程，目前在土壤化学动力学研究中应用较多，用来描述有机污染物在土壤颗粒上的慢反应过程。方程表达式如下：

$$q_t = b\ln t + a \qquad (2-4)$$

式中，q_t——t 时刻的吸附容量，mg/g；

　　　　a, b——常数，b 的大小可表示污染物吸附速率的大小。

（5）BET 方程。

BET 模型是指由布朗诺尔（Brunauer）、埃米特（Emmett）、泰勒（Teller）提出了多分子层吸附模型，并且建立了相应的吸附等温方程，通常称为 BET 等温方程。方程表达式如下：

$$\frac{p}{v(p_0 - p)} = \frac{1}{v_m C} + \frac{C-1}{v_m C} \cdot \frac{P}{P_0} \qquad (2-5)$$

式中，p_0——吸附温度下吸附质的饱和蒸汽压；

v_m——单分子层饱和吸附量；

C——BET 方程 C 常数，其值为 $\exp\{(E_1-E_2)/RT\}$；

E_1——为第一吸附层的吸附热。

3. 热力学模型

有机物吸附平衡具有统计学的特征，随着吸附质浓度的增加，吸附质分子之间占据着吸附位的竞争就会愈加激烈；当所有的吸附位均被占据，系统的有机污染物的浓度将不再发生变化，吸附作用此时将会达到平衡的状态。此种规律的数据常用以下三种吸附模式表示：

（1）线性吸附模式。

线性吸附模式或称亨利（Henry）吸附模式，其表达式为：

$$\frac{\partial S}{\partial t} = K_1 C - K_2 S \tag{2-6}$$

式中，S——单位孔隙介质体积上被吸附的污染物质的质量或称固相浓度；

K_1——吸附速率；

K_2——解吸速率；

C——污染物质的液相浓度。

此模型一般用于污染物液相浓度较低的情况效果较好。其吸附等温模型的示意曲线如图 2.3 所示。

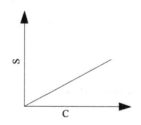

图 2.3　Henry 吸附等温模型的示意曲线

线性模型常表示吸附作用与固相介质的有机碳含量（f_{oc}）关系的大小，用来描述吸附剂对溶质的部分吸收。其不足在于线性模型认为吸附剂的组成和分子结构上都是均匀的，因此无法解释实验中常常观察到的非线性吸附现象。

（2）指数性吸附模式。

指数性吸附模式或称费洛因德利希（Freundlich）吸附模式，其表达式为：

$$\frac{\partial S}{\partial t} = K_1 C^m - K_2 S \tag{2-7}$$

式中，S——单位孔隙介质体积上被吸附的污染物质的质量或称固相浓度；

K_1——吸附速率；

K_2——解吸速率；

C——污染物质的液相浓度。

m——经验常数。

上述模式是在试验的基础上提出的经验性模式。它可适用于一般的情况,但不太适合于污染物液相浓度过高的情况,因为这样就会导致理论上出现无穷大的吸附结果。当然它亦不大适用于污染物液相浓度过低的情况。其吸附等温模型的示意曲线如图2.4所示。

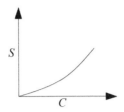

图 2.4　Freundlich 吸附等温模型的示意曲线

Freundlich 方程是经验公式,低浓度时测得的中性分子吸附量几乎完全符合;高浓度时,平衡浓度 C_e 与吸附量 C_s 增大,不是趋于一个高限值,与实际不吻合。

所以,Freundlich 方程适合于低浓度范围。线性吸附等温式是 Freundlich 方程的特例,在浓度跨度很大时不太适用。

(3)渐近线性吸附模式。

渐近线性吸附模式或称朗缪尔(Langmuir)吸附模式:

$$\frac{\partial S}{\partial t} = K_0(S_0 - S)C - K_2 S \qquad (2-8)$$

式中,K_0——吸附速率;

　　K_2——解吸速率;

　　S_0——极限平衡时的固相浓度;其他符号同上。

上式表明吸附速率的变化 $\dfrac{\partial S}{\partial t}$ 与污染物的液相浓度 C 以及还没有被占据吸附位置 $(S_0 - S)$ 成正比;而解吸的变化率是与被吸附的污染物质的固相浓度 S 成正比。

上述吸附模式原是针对气相物质的吸附过程而建立的,但目前已推广应用于非气相物质的吸附过程。

建立上述模式的假定条件:

(1)所有可占据的吸附位置在能量上是等值的。

(2)吸附作用生物一直进行到吸附表面上形成单分子覆盖为止。

(3)被吸附物质的解吸概率与邻近位置的占据情况无关。

其吸附等温公式的示意曲线如图 2.5 所示。

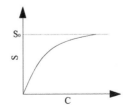

图 2.5　吸附等温模型的示意曲线

上述三式都是表示可逆的非平衡吸附过程的一般情况,如果 K_2 值为零,则表示无解吸过程,吸附是不可逆的。

为了解得关于 S 的表示式,可将上述三式中 C 值取为定值,则吸附模式分别变为下列形式:

亨利(Henry)模式:

$$S = \frac{K_1}{K_2}C(1 - e^{-K_2 t}) \qquad (2-9)$$

费洛因德利希(Freundlich)模型:

$$S = \frac{K_1}{K_2}C^m(1 - e^{-K_2 t}) \qquad (2-10)$$

朗缪尔(Langmuir)模型:

$$S = \frac{\frac{K_0}{K_2}S_0 C}{1 + \frac{K_0}{K_2}C}(1 - e^{-K_2 t}) \qquad (2-11)$$

当吸附达到平衡时,即 $t = 0$ 或 $t = \infty$ 时,导出吸附等温公式:

亨利模式:

$$S = KC \qquad (2-12)$$

费洛因德利希模式:

$$S = KC^m \qquad (2-13)$$

朗缪尔模式:

$$S = \frac{aC}{1 + bC} \qquad (2-14)$$

式中,$K = \dfrac{K_1}{K_2}$;$b = \dfrac{K_0}{K_2}$;$a = bS_0$;$m > 1$;K_0、K、K_2 为常数。

2.3.5 有机污染物吸附影响因素[20]

在自然环境中有机污染物在土壤/沉积物(固相)-液相-气相这个复杂体系中的吸附过程非常复杂,进而影响其吸附的因素就更为复杂。据多年研究工作发现,影响有机污染物吸附的因素主要分为固相介质本身、污染物以及固相介质与污染物所处的环境三大部分。

(1)固相介质:组成、微观结构、有机碳含量(f_{oc})、含水量、极性指数。

(2)污染物:理化性质、浓度、共存污染物。

(3)环境条件:温度、pH 值、离子强度等。

1. 极性与非极性化合物

有机污染物的极性与非极性特性通常通过影响有机污染物在溶剂中的溶解度,从而实现对其吸附的影响。研究表明极性越强,其亲水性越强,在水中的溶解度也越高,从而使得有机污染物的吸附越强。反之,非极性有机污染物其疏水性相对较高,水中溶解度较低,吸附则较弱。

Sun 等[21]在研究邻二甲酸酯在植物来源生物炭上的吸附也发现,极性更强的邻苯二甲酸二乙酯在 200 ℃ 生物炭上的吸附要强于邻苯二甲酸二丁酯和邻苯二甲酸丁苄酯,也证明了极性越强,越促进吸附过程。弱极性的对硫基分子与非极性己烷分子有效竞争吸附位点。由于土壤矿物分数的作用减小,一般随着土壤含水量的增加,对硫磷吸附量减小,表明其竞争力不如水强。特别是当化合物的非极性或极性不明确时,有机污染物的吸附有时可以用两种或更多种机理同时来解释。

2. 温度

温度影响着污染物的水溶性和表面吸附活性,同时也影响着污染物的吸附特性。在污染物吸附反应时,是多重反应机理叠加的,不同的吸附机理热效应也是不同的,所以不同高低的温度,对污染物的吸附反应,也有不同的效果作用。

有研究表明,当温度升高时,1,3 -二氯苯,2,4 -二氯酚在自然土和聚氯乙烯上的吸附等温线线性增强,同时吸附系数下降。这是由于温度对改变土壤有机质中玻璃态向橡胶态转变,橡胶态对物质的吸附作用明显的是直线型,而玻璃态对物质的吸附作用成非线性吸附,吸附通常是一个放热的过程,低温有利于物质的吸附。Podoll 等[22]认为,当温度由 15 ℃ 升高到 50 ℃ 时,萘在土壤中解吸过程的解吸平衡系数是降低的,解吸过程中的热力学焓变显示是一个放热过程。

一般吸附系数随温度的升高而降低。然而,还发现了平衡吸附随着温度升高而升高或温度对吸附平衡没有影响的例子。正常吸附等温线是放热的,但当考虑到对溶解度的温度影响时,吸附反应随着可交换阳离子的电负性增加而变为吸热,趋于越来越不依赖温度。用几种阳离子(Al^{3+},Cu^{2+},Ca^{2+},Mg^{2+},NH_4^+,Na^+,Li^+,Rb^+ 和 Cs^+)饱和的蒙脱石进行甲草胺吸附研究,在 5 ℃ 和 22 ℃ 下,温度从 22 ℃ 降低到 5 ℃ 除了 Al-,Rb-和 Cs-蒙脱石之外,其他吸附量是增加的,则其吸附过程是吸热的[23]。研究发现温度对敌草快和百草枯与腐植酸的结合影响也很小,在 0 ℃ 和 50 ℃ 下,膨润土上的敌草快被完全吸附[24]。

总之,吸附过程通常是放热的,吸附系数随着温度的升高而降低。而这种效应与水溶性成反比,因此,吸附系数随测量温度的变化是吸附效应和溶解度影响的结果。

3. pH 值

pH 值对有机污染物吸附的影响随着有机污染物极性的增强而增大,对于弱极性的污染物的吸附影响不大。水相中 pH 值主要通过影响溶解腐殖质甚至颗粒物的构型以及有机物的存在状态,从而影响有机物的吸附。有机物在溶液中一般是以分子态或离子态形式存在的,而 pH 值的高低可以影响有机化合物在溶液中的存在形式。

Weber 等[25]的研究表明,苯胺在土壤或沉积物上的吸附是由于苯系分子与有机胶体上的官能团的络合或通过离子交换力吸附苯系阳离子。吸附量随着 pH 值的降低而增加,且 pH 值接近化合物 pKa 值时,吸附量最大,表明 pH 值在中性条件下有机物是分子态,在酸性条件下被离子化。Hance[26]的实验研究也表明,每种化合物的吸附量随着溶液 pH 值升高而降低,直到达到最大吸附。降低 pH 值会使一部分化合物释放到溶液中。在高于 pKa 的 pH 值下,化合物主要以分子形式存在,并由 H 键或通过极性吸附力吸附。pH 值的降低导致质子化的增加;所得的一价阳离子的吸附是通过从黏土表面置

换 Na^+ 离子而发生的。在 pH 值低于 pKa 的情况下,增加的 H^+ 浓度可能与阳离子竞争黏土上的位置。

4. 离子强度

离子强度减小,有机物在水中溶解度将增大。由于离子强度的减小,沉积物中腐殖质向水中释放,导致沉积物的吸附能力降低,因而分配系数减小。此外,离子强度的升高,有机污染物的溶解度降低而被土壤胶体的吸附则增加。离子的种类以及不同价态对吸附也有很大影响。

Bowman 和 Sans[27] 研究了在蒙脱石悬浮液中,饱和阳离子对磷类有机农药的吸附影响,研究显示,饱和阳离子明显影响费洛因德利希型的吸附,吸附量按以下顺序依次降低:Fe^{3+},Ca^{2+},Na^+,其原因羰基 O 原子与饱和阳离子的水合壳之间的 H 键相互作用,与在脱水体系中羰基 O 原子和饱和阳离子之间的离子-偶极相互作用的强度均随着阳离子价态的增加而增加,即吸附作用随阳离子价态的升高而增加。

5. 溶解性有机质(DOM)

天然水中作为溶解有机物(DOM)或有机碳(DOC)的高分子量有机质(腐植酸、富里酸及胡敏素)可能会与有机化学物质相结合。DOM 的芳香性和疏水性在有机污染物的吸附过程发挥重要作用,溶解的腐殖质的芳香度增加可以增加聚合物的极化率并增加 PAH 结合的强度。除了数量差异外,不同来源的有机质对其结合亲脂性有机物质的亲和力影响很大。

DOM 对有机污染物(如 POPs)有明显的增溶作用,可以影响有机污染物在土壤溶液中的浓度,并对有机污染物在土壤中的吸附/解吸行为有明显影响,而且 DOM 也是土壤微生物可直接利用的有机物质,为有机污染物的代谢或共代谢提供碳源。Pierce 等[28] 报道,DOM 可以增加 PCP 在 pH 为 5.4 和 6.1 下对土壤的吸附。DOM 可能在 PCP 的吸附中起着越来越重要的作用,因为随着 PCP 浓度的增加,游离"位点"的数量减少。据发现,天然水和污水衍生的 DOM 可以减少由河流和污水颗粒物质引起的疏水性有机化合物的吸附。水溶液中的 DOM 还减少结合土壤或沉积物的非极性化合物的量。因此,DOM 在天然系统中的存在可以通过增加其向地下水的转移而显著影响有机污染物的流动性。Landrum 等[29] 发现,一些 PAHs 和 PCBs 的 K_{doc} 不依赖于污染物浓度,而与溶液中 DOC 的浓度成反比。然而,随 HA 浓度增加而分配系数降低的趋势相对较小;这可能是由于 HA 的构象差异改变了其他腐殖质上结合位点的腐殖质与污染物结合或竞争。DOM 与颗粒竞争结合溶解的污染物并减少与颗粒结合的量。在大多数情况下,只有非常疏水的污染物会受到与 DOM 结合的显著影响。

参考文献

[1] Ahmad M, Rajapaksha AU, Lim JE, et al. Biochar as a sorbent for contaminant management in soil and water: A review[J]. Chemosphere, 2014, 99: 19 - 33.

[2] Yuan JH, Xu RK. The amelioration effects of low temperature biochar generated from nine crop resi-

dues on an acidic Ultisol[J]. Soil Use and Management, 2011, 27 :110 - 115.

[3] 田均良, 彭祥林, 等. 黄土高原土壤地球化学[M]. 北京:科学出版社, 1994.

[4] 胡栩豪, 高乃云, 归谈纯, 等. 多壁碳纳米管对水中敌草隆的吸附性能研究[J]. 水处理技术, 2012, 12: 25 - 29.

[5] Shamik C, Papita D, Saha B. Kinetics, thermodynamics and isosteric heat of sorption of Cu(II) onto Tamarindus indica seed powder[J]. Colloids and Surfaces B: Biointerfaces , 2011, 88: 697 - 705.

[6] Pignatello JJ, Xing BS. Mechanism of slow sorption of organic chemicals to natural particles[J]. Environmental Science & Technology, 1996, 1: 1 - 11.

[7] 刘东生, 等。黄土与环境[M]. 北京:科学出版社, 1985.

[8] 周华坤, 赵新全, 温军, 等. 黄河源区高寒草原的植被退化与土壤退化特征[J]. 草业学报, 2012, 21: 1 - 11.

[9] 曹靖, 常雅君, 苗晶晶, 等. 黄土高原半干旱区植被重建对不同坡位土壤肥力质量的影响[J]. 干旱区资源与环境, 2009, 23: 169 - 173.

[10] Montanarella L. Govern our soils[J]. Nature, 2015, 528: 32 - 33.

[11] Noel, S. et al. Reaping economic and environmental benefits from sustainable land management (ELD Initiative, 2015; http://go. nature. com/aft1f3.

[12] 李昂, 高天鹏, 张鸣, 等. 西北风蚀区植被覆盖对土壤风蚀动态的影响[J]. 水土保持学报, 2014, 28: 120 - 123.

[13] 李昂. 西北风蚀区植被覆盖防治土壤退化的机理及研究进展[J]. 甘肃高师学报, 2015, 20: 32 - 35.

[14] Weber WJ, McGinley PM, Katz LE, Sorption phenomena in subsurface systems: Concepts, models and effects on contaminant fate and transport[J]. Water Research, 1991, 25: 499 - 528.

[15] Gaston LA, Locke MA. Bentazon mobility through intact columns of conventional and no - till Dundee soil[J]. Journal Environmental Quality, 1996, 6: 1350 - 1356.

[16] Jr. Weber WJ, Voice TC, Pirbazari M, et al. Sorption of hydrophobic compounds by sediments, soils and suspended solids - II[J]. Water Research, 1983, 17:1443 - 1452.

[17] Chiou CT, Peters LJ, Freed VH. A physical concept of soil - water equilibrium for nonionic organic compounds[J]. Science, 1979, 206: 831 - 832.

[18] Stevenson FJ. Organic matter reactions involving herbicides in soil[J]. Journal Environmental Quality, 1972, 1: 333 - 343.

[19] Wu SC, Gschwend P. Sorption Kinetics of organic compounds to natural sediments and soils[J]. Environmental Science & Technology, 1986, 20: 717 - 725.

[20] Delle Site A, Factors affecting sorption of organic compounds in natural sorbent/water systems and sorption coefficients for selected pollutants, a review[J]. American Institute of Physics. 2001, 30: 187 - 251.

[21] Sun K, Jin J, Keiluweit M, et al. Polar and aliphatic domains regulate sorption of phthalic acid esters (PAEs)to biochars[J]. Bioresource Technology, 2012, 118: 120 - 127.

[22] Podoll RT, Irwin KC, Brendlinger S. Sorption of water - solubleoligomers on sediments[J]. Environmental Science & Technology, 1987, 21: 562 - 568.

[23] Bosetto M, Arfaioli P, Fusi P. Interactions of alachlor with homoionic montmorillonites[J]. Soil Science, 1993, 155:105 - 113.

[24] Narine DR, Guy RD. Binding of diquat and paraquat to humicacid in aquatic environments[J]. Soil Science, 1982, 133:356 - 363.

[25] Weber JB, Weed SB, Ward TM. Adsorption of s - triazines by soil organic matter17[J]. Weed Science, 1969, 17: 417 - 21.

[26] Hance RJ. Interactions Between Herbicides and the Soil. Academic Press, New York, NY, 1980.

[27] Bowman BT, Sans WW. Partitioning behavior of insecticides in soil - water systems: 1. Adsorbent concentration effects[J]. Journal Environmental Quality, 1985, 14: 265 - 269.

[28] Pierce R, Olney C, Felbeck G. p, p - DDT adsorption to suspended particulate matter in sea water[J]. Geochim Cosmochim Acta 1974, 38: 1061 - 1073.

[29] Watkin EM, Sagar GR. Residual activity of paraquat in soils. II. Adsorption and desorption[J]. Weed Research, 1971, 11: 247 - 256.

第 3 章　黄土对典型有机污染物的吸附行为及机理

如前文所说中国西北地区的黄土,具有孔隙大、土质疏松的特点,这些虽然在一定程度上方便农耕,但是团聚能力差,土壤有机质含量普遍贫乏,会造成大片黄土的土壤贫瘠。然而,不同的土壤机理,对污染物的吸附作用也是不同的,所以这就是土壤之间吸附能力差别的原因。对于我国的西北部土壤环境保护、地下水保护、动植物的生命安全及人类自身的健康都具有重要价值。

3.1 西北黄土中萘吸附行为的研究

本节主要是以萘为研究对象,从石油污染物中提取,采用批量平衡法,主要是研究不同区域采集的黄土的吸附性能以及影响的主要因素,主要是从土壤理化性质、物质之间所吸附的时间、吸附的温度等方面考虑。根据专业方面的知识,采用不同的动力方程拟合吸附的过程来解释相关机理。本次理论研究以期为多环芳烃在黄土-水界面之间的环境化学行为提供理论依据。

3.1.1 实验器材与方法

1. **实验材料和仪器**

(1)土壤样品的采集。实验室里所有使用的土壤都是从具有代表性的甘肃省兰州市和嘉峪关市农田里挖出,土壤的类型是黄土的灰钙土。土壤样品均采自表层(0～10 cm),去除杂物后,经自然干燥,并用研钵研磨,过 100 目筛,棕色瓶分装,避光储存,备用。

(2)实验试剂:萘,分析纯,Aldrich 化学试剂公司;甲醇,分析纯。

(3)实验仪器:UV-2100 紫外分光光度计(尤尼柯上海仪器有限公司);TDL-40B 型离心机(上海安亭科学仪器厂)(4000 r/min)。

2. **实验方法**

(1)土壤理化参数的分析:测量土壤 pH 值多数采用电位法测定,土壤中的含水量测定一般采用重量法进行,土壤中的有机质测定通常使用稀释法,激光粒度分布仪用来测定土壤粒径分布状况。主要是因为土壤的颗粒在沉降过程中,会发生颗粒分级的现象,沉降液的黏滞性对土壤的沉降颗粒有着摩擦阻力的作用。

(2)动力学吸附试验:称取 0.5000 g 土壤样品分别加入 50 mL 的离心管中,再依次加入 50 mL 质量浓度为 25 mg/L 的萘溶液,在 25 ℃条件下恒温振荡(200 r/min),控制振荡时间依次为 0.5、2、6、10、20、24、48、72 h。为确保实验数据客观准确,隔段时间重复三次实验。在实验过程中 CaCl$_2$ 和 NaN$_3$ 混合溶液作为实验稀释溶液,用来控制土壤环境中的微生物作用,并且控制着离子强度,保证有机物处于离子的状态。样品避光条件下水平振荡,到达相应振荡时间后,取出样品,4000 r/min 离心 15 min,测定上清液中萘的液相浓度吸光度,初始浓度为 20、15 mg/L 的动力学吸附试验同上。

不同时刻的吸附量 q_s 计算方式如下:

$$q_s = \frac{(C_0 - C_e) \times V}{m} \tag{3-1}$$

式中,q_s——t 时刻土壤对萘的吸附量,mg/g;

$\quad\quad C_0$—— 吸附前萘溶液的初始浓度,mg/L;

$\quad\quad C_e$—— t 时刻上清液浓度,mg/L;

$\quad\quad V$ —— 溶液体积,L;

$\quad\quad m$ —— 土壤的质量,g。

(3) 等温吸附实验。称取 0.5000 g 土壤样品加入 50 mL 的离心管,加入 50 mL 萘污染溶液,浓度从 2.5 ~30 mg/L 依次增加,控制温度为 25 ℃水平振荡 24 h(动力学试验过程证明黄土对萘的吸附平衡时间为 24 h),溶液静置 2 h,4000 r/min 离心 15 min,测定上清液萘的液相吸光度。以上实验均重复 3 次,同时做 3 组空白(不加吸附剂)、使用的稀释液为 CaCl₂ 和 NaN₃ 混合溶液的实验进行对照。提高温度到 35 ℃和 45 ℃重复实验过程。

3.1.2　结果与讨论

1. 土壤理化性质

土壤是由液体、气体、固体三种物质组成的,土壤的理化性质影响着有机物在土壤中的迁移转化作用。土壤的物理性质是土壤质地,并和土壤的通气保水以及耕作难易程度密切相关。土壤质地分类与土壤颗粒物分级标准有关,本书采用我国土壤分级标准(见表 3.1)。

表 3.1　土壤颗粒分级标准

土壤有效粒径/mm	>2	2~1	1~0.5	0.5~0.25	0.25~0.1	0.1~0.05	0.05~0.002	<0.002
粒级名称	石砾	砂粒					粉粒	黏粒
		极粗	粗	中	细	极细		

土壤的理化性质因气候条件、耕作方式的不同,也存在着差异,表 3.2 显示了粉粒和黏粒粒径分布正确,两种土壤的酸碱中和度几乎相同,但是有机质含量存在明显差别,也会导致土壤的理化性质有差别。从表 3.2 可以看出来两种黄土土粒含土壤粒径累积分布曲线如图 3.1 所示。量的差别,JYG 黏粒含量略高于 LZ,但 LZ 土样的粉粒含量明显高于 JYG 的。

表 3.2　土壤的基本性质

土样	pH	含水量 （%）	干物质量 （%）	有机质 （g/kg）	黏粒 （%）	粉粒 （%）	砂粒 （%）
JYG	8.34	1.94	98.06	9.16	4.881	46.616	48.503
LZ	8.02	1.85	98.15	10.84	4.509	54.329	41.161

土壤粒径累积分布曲线如图 3.1 所示。

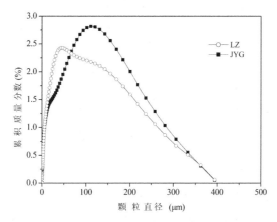

图 3.1　土壤粒径累积分布曲线图

2. 吸附动力学

由图 3.2 可知,在干旱区域里土壤的吸附能力时间将定格在 10h,当小于 10h,土壤的吸附斜率较大,说明了黄土在这段时间内吸附速度是最强的;当大于 10h,土壤吸附的斜率将会降低,说明了土壤在这段时间的吸附速度是逐渐减弱的,土壤的吸附能力和时间有一定的密切联系。当土壤吸附 24h 之后,基本达到平衡状态,即黄土对萘的吸附平衡时间为 24 h。

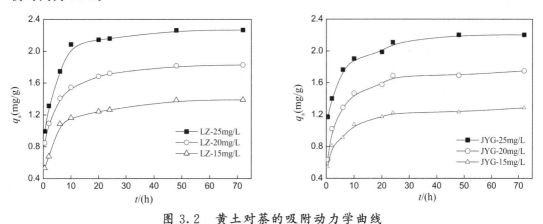

图 3.2　黄土对萘的吸附动力学曲线

有机污染物的吸附根据吸附的速度可分为快反应和慢反应,衡量标准是,在 10h 内可以完成吸附的称为快反应,这种理论是在研究黄土对萘的动力学吸附研究过程中发现的,10h 之后,黄土对萘的吸附逐渐减缓。黄土颗粒表面有大量的吸附位点,实验开始阶段萘分子会很快到达黄土颗粒的吸附位点上，随着时间的延长，表面吸附的位点已经占满，此时的吸附过程将要结束。萘在黄土上的快速吸附过程能在 10 h 内达到，主要是因为萘分子通过色散力与土壤表面有机物的基团发生作用[2]。

萘的平衡吸附能力还与土壤的浓度条件有关，经过试验表明，吸附质浓度越大，单位质量的吸附和吸附质的碰撞频率就会越大，其吸附容量也就会相应的增大。由图 3.2 可知，萘在不同基质黄土上达到平衡的吸附时间大致相同，但在 24h 之后达到平衡状态，平衡状态下其吸附容量是有差异的。在 15、20、25 mg/L 初始浓度条件下，JYG 土样对萘的平衡吸附容量分别为 1.28、1.75、2.20 mg/g，LZ 土样对萘的平衡吸附容量分别为 1.39、1.82、2.26 mg/g。LZ 平衡吸附容量略高于 JYG 的，主要原因是 LZ 黄土有机质含量是较高的，其对有机污染物的分配作用吸附量较大，此外，LZ 土壤细颗粒较高，相同质量下拥有更大的比表面积。结合动力学模型可以分析萘在黄土上的吸附机理。

本书采用的吸附动力学模型主要有：Pseudo-first order 模型、Pseudo-secondorder 模型、Intraparticle 模型、Elovich 模型。马力超[3]等将不同动力学方程结合用于描述紫色土对萘的动力学吸附过程，认为萘在紫色土壤上的吸附过程复杂，吸附由多种作用控制。不同初始浓度条件下黄土对萘的吸附动力学模型拟合见表 3.3，由表 3.3 可知，Pseudo-first-order 模型拟合计算出的饱和吸附量与实测值偏差较大、Intraparticle 模型对萘在黄土上的吸附动力学过程拟合程度并不高。Pseudo-second-order 模型和 Elovich 方程的拟合程度明显较高，且 Pseudo-second-order 线性方程拟合相关系数 $r^2 > 0.99$。应用 Pseudo-second-order 模型拟合求解的饱和吸附量与实验值无显著偏差，表明黄土对萘的吸附过程包含液膜中的扩散、吸附位点转移的表面扩散和细孔内的吸附位上的转移，黄土对萘的吸附速率取决于前两个步骤。对比分析 Intraparticle 模型对两种土壤动力学拟合 r^2 值，LZ 的略高于 JYG 的，土壤性质分析结果显示 LZ 土壤中含有较多的粉粒，粉粒颗粒小，吸附过程中能较快到达颗粒内部。

表 3.3　黄土对萘的吸附动力学方程拟合特征值

吸附剂	浓度 (mg/L)	准一级动力学模型方程			准二级动力学模型			颗粒内部扩散模型			颗粒间扩散方程		
		k_1	q_e	r_1^2	k_2	q_e	r_2^2	k_p	C	r_p^2	a	b	r^2
LZ	25	0.0020	1.12	0.969	0.0051	2.31	1.000	0.0197	1.25	0.808	0.08	0.64	0.941
	20	0.0018	0.87	0.955	0.0056	1.86	1.000	0.0153	1.01	0.798	0.14	0.48	0.980
	15	0.0015	0.85	0.992	0.0057	1.43	0.999	0.0135	0.66	0.788	0.11	0.43	0.956
JYG	25	0.0013	0.87	0.882	0.0051	2.25	0.999	0.0164	1.32	0.723	0.40	0.51	0.977
	20	0.0011	0.68	0.814	0.0052	1.78	0.999	0.0164	0.87	0.758	0.09	0.53	0.968
	15	0.0009	0.47	0.823	0.0073	1.30	0.999	0.0110	0.68	0.773	0.06	0.35	0.971

3．吸附热力学

吸附机制反应因素有很多，其中吸附等温线在一定程度上可以反映其吸附机制。

等温线的线性反应分配作用主导着吸附过程,非线性说明过程中表面吸附位点贡献大小。如图 3.3 所示,吸附起始阶段以分配作用为主,随着浓度的增大,吸附位点上的吸附率也会加快。根据实验表明,随着土壤温度的升高,其吸附量也会逐渐地增加。图 3.3 直观反映出吸附量随着温度的变化规律为:当温度升高时,分子热运动加速,萘分子与颗粒的碰撞更加频繁,其平衡后的吸附量也会明显的增加。

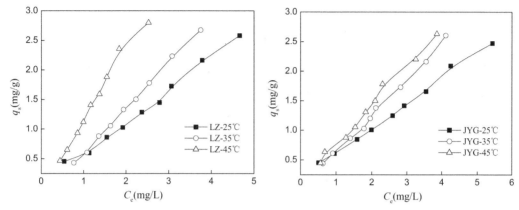

图 3.3 不同土壤对萘的吸附等温线

黄土对萘的吸附热力学方程拟合特征值见表 3.4。

表 3.4 黄土对萘的吸附热力学方程拟合特征值

吸附剂	温度	亨利模型		朗格缪尔模型			弗兰德里希模型			D-R 模型		
		k_D	r_L^2	Q_m	k_L	r_L^2	n	k_F	r_F^2	Q_m	β	r_{D2-R}^2
LZ	25℃	0.54	0.991	-5.10	0.01	0.997	1.03	0.53	0.996	2.35	0.6×10^{-6}	0.903
JYG		0.42	0.996	5.08	0.14	0.980	0.83	0.59	0.991	1.92	0.4×10^{-6}	0.807
LZ	35℃	0.76	0.998	-7.96	0.10	0.994	1.08	0.59	0.997	2.38	0.4×10^{-6}	0.914
JYG		0.52	0.992	5.21	0.02	0.999	0.86	0.69	0.996	1.95	0.3×10^{-6}	0.889
LZ	45℃	0.99	0.982	-10.49	0.10	0.998	1.18	1.13	0.993	2.59	0.2×10^{-6}	0.924
JYG		0.63	0.960	5.40	0.17	0.950	0.96	0.75	0.994	2.09	0.2×10^{-6}	0.815

4. 吸附热力学参数

由表 3.5 可知,温度越高越有利于实验的进行。当吸附熵大于 0 时,表明吸附过程有序度减小,则熵变对吸附过程的贡献是不容忽视的。

表 3.5 萘在不同土壤上的吸附热力学参数

吸附剂	温度 (℃)	ΔG^θ (kJ/mol^{-1})	ΔH^θ (kJ/mol^{-1})	ΔS^θ [kJ/(K·mol)]
LZ	25	-15.59		
	35	-16.99	23.71	0.13
	45	-18.23		

吸附剂	温度 (℃)	ΔG^{θ} (kJ/mol^{-1})	ΔH^{θ} (kJ/mol^{-1})	ΔS^{θ} [kJ/(K·mol)]
	25	−14.98		
JYG	35	−16.01	15.64	0.10
	45	−17.03		

萘在土-水体系中的吸附过程,会伴随着水分子在土壤固体颗粒上的脱附,溶质的吸附导致有序度的提高从而使熵减少,但溶剂的脱附却是熵增加的过程;则熵的变化就成为溶液中溶质吸附的一个重要的驱动力[5]。水分子脱附释放吸附位点的过程引起明显的熵增,最终导致吸附体系的熵增。

5. 土壤性质对吸附行为的影响

如图 3.4 和图 3.5 所示,两种黄土在 25 ℃条件下的热力学吸附过程和动力学吸附过程的差异性。

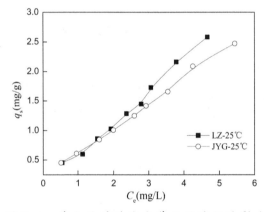

图 3.4 黄土性质对热力学吸附过程的影响

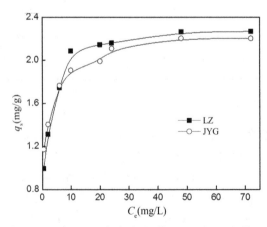

图 3.5 黄土性质对动力学吸附过程的影响

在吸附起始阶段时,JYG 土样吸附能力明显高于 LZ 土样;随着浓度升高,当到达一定的临界点值时,吸附量就会增大。出现这种现象可以解释为:在低浓度时,由于 JYG

土样的黏性含量较高,此时的吸附能力主要是以线性吸附为主,其土壤能较快吸附萘;随着浓度的渐渐升高,线性吸附分配作用减弱,而此时的 LZ 土样含有较高的有机物质,线性分配作用较弱的速度较慢,LZ 土样里的有机物质将会吸收更多的土壤中的萘。

　　土壤中的有机物质和矿物质主要是吸附多环芳烃。研究表明,有机质在土壤中的含量大于 0.1% 时,有机质主导土壤的整体吸附过程。根据动力学过程和热力学过程表现的规律,表明黄土有机质是控制黄土吸附萘的主要因素。此外,粉粒粒径的大小,与其扩散距离长短有关。

3.2 西北黄土对阿特拉津的吸附行为及影响因素

　　本节通过黄土对阿特拉津的吸附动力学和吸附热力学实验的研究,不同的 pH 值、阿特拉津初始浓度对吸附影响的研究,旨在揭示西部地区黄土对阿特拉津的吸附机理、影响因素和吸附规律,为治理和控制阿特拉津在西部黄土的污染提供理论依据。

3.2.1 实验器材与方法

1. 实验材料和仪器

　　(1)阿特拉津储备液:准确称取 250 mgAT 标准品(纯度不低于 99.5%),用甲醇溶解,再用甲醇定容到 500 mL 容量瓶中,配成 500 mg/L 储备液。

　　(2)实验仪器:LC981 液相色谱仪(北京温分分析仪器技术开发有限公司);其余仪器同 3.1.1 节。

　　(3)供试黄土:天然黄土取自甘肃兰州植物园表层 0~25 cm 土壤,经检测未受阿特拉津污染,自然风干后研碎,过 100 目筛以备用,供试土壤的性质见表 3.6。

表 3.6　供试土壤的理化性质

土样	pH	含水量 (%)	干物质量 (%)	有机质 (g/kg)	黏粒 (%)	粉粒 (%)	砂粒 (%)
LZ	8.02	1.85	98.15	10.84	4.51	54.33	41.16

2. 阿特拉津的检测

　　阿特拉津的检测采用液相色谱仪,实验选取的波长确定为 225 nm,流动相的选择甲醇-水(70∶30),流速为 1.0 mL/min;柱温选择 25 ℃;待色谱仪排净气泡,迹线平直后,用滤膜过滤待测液体,用进样针将过滤好的液体吸取 80~100 μL,注入色谱仪,测量阿特拉津的含量。

3.2.2 结果与讨论

1. 吸附动力学

　　由图 3.6 可以看出,黄土对阿特拉津的吸附在 20 h 之后达到平衡状态,最大的吸附力是在 8 h 以前,因此,可以以 8 h 为划界线,8 h 之前曲线斜率最大,8 h 后,曲线斜率逐渐地减缓,至 20 h 时,达到平衡状态。吸附平衡时间的逐渐延长,可能会导致浓度增高,分子碰撞频率将会激烈,使在溶解状态的阿特拉津分子快速达到吸附到土壤中,随着阿特拉津分子沉降的降低,其分子的碰撞频率也会降低,从而造成吸附速率变慢。这一现象也可以表明有机污染物的吸附反应分为两个阶段,分别为快速反应和慢速反应阶段的研究[10]。

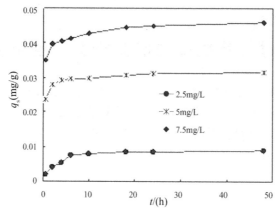

图 3.6 西部土壤对阿特拉津的吸附动力学曲线

土壤对阿特拉津的吸附是个复杂的过程,是由土壤中的有机质和无机矿物相互作用的结果。有机污染物的快速吸附可归因于其在土壤有机质中的分配作用和在矿物规则表面的物理性吸附作用,分子间相互作用力主要表现为范德华力、偶极力、诱导偶极力以及氢键力,而这些作用通常在相当短的时间内完成[11]。疏水性有机污染物为了能够到达土壤颗粒表面吸附位点,首先须克服土壤颗粒表面的水分子层,然后通过扩散进入土壤微孔隙,并通过基质扩散进入土壤颗粒内部[12]。阿特拉津的快速反应过程主要是因为土壤中所含有机质的分配作用以及在矿物表面的物理吸附作用[24]。

由表 3.7 可以看出,准一级动力学方程的 r^2 值是 0.291、0.387 和 0.548,而拟合的准二级动力学方程的 r^2 值为 0.9963、0.9999 和 0.9998,结果表明阿特拉津在土壤上的吸附更符合准二级动力学方程,其 r^2 值均大于 0.99。

表 3.7 西部土壤吸附阿特拉津的动力学拟合特征值

浓度	准一级动力学模型			准二级动力学模型			颗粒内部扩散模型		
	k_1	q_1	r_1^2	k_2	q_2	r_2^2	c	k_p	r^2
2.5mg/L	-0.0803	26.642	0.291	0.0094	14.098	0.9963	0.003	0.00001	0.7249
5.0mg/L	-0.0023	37.059	0.387	0.3116	23.753	0.9999	0.025	0.00013	0.6651
7.5mg/L	-0.0017	25.505	0.548	0.463	32.485	0.9998	0.035	0.0028	0.8864

2. 吸附热力学

如图 3.7 所示,在 25～45 ℃时,随着温度的升高,阿特拉津的吸附能力将会降低,因此阿特拉津在黄土的吸附能力和热力反应是有一定关系的。

分别采用朗格缪尔吸附模型、弗兰德里希吸附模型、D－R 吸附模型以及亨利模型将所得数据进行拟合,结果见表 3.8。通过比较发现,西北黄土对阿特拉津的吸附较好地符合 Henry,其拟合 r^2 值均大于 0.9。并且从弗兰德里希模型的 n 值均接近于 1,则西北黄土对阿特拉津的热力学吸附曲线呈良好的线性关系,这也证明其较好地符合亨利模型。由此确定,本实验浓度范围内土壤对阿特拉津的吸附基本呈线性关系,则阿特拉津在西北黄土上的吸附作用主要为土壤有机质疏水性分配作用[15]。这种类型的分配作用主要与土壤的有机质构成和土壤特性有关。首先,阿特拉津的中性分子可以与土壤胶体粒子表面的活性中心之间生成氢键;其次,离子态的阿特拉津的吸附于土壤有机聚电解质、黏土矿物等胶体表面上;此外,阿特拉津可以与土壤腐植酸中羧基和游离羟基在土壤胶体胶束表面上生成络合物[11]。

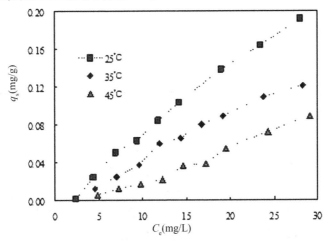

图 3.7　西部土壤对阿特拉津的吸附热力学曲线

表 3.8　西部土壤吸附阿特拉津的热力学拟合特征值

温度	亨利模型		朗格缪尔模型			弗兰德里希模型			D－R 模型		
	K_D	r_L^2	Q_m	K_L	r_L^2	n	K_F	r_F^2	Q_m	$\beta\times10^{-5}$	r_{D2-R}^2	E
25℃	0.0063	0.9203	0.476	22.397	0.816	0.965	0.0061	0.8123	0.201	0.295	0.741	1.30
35℃	0.0053	0.9074	0.0792	1.973	0.637	0.975	0.0092	0.8181	0.0899	0.664	0.810	0.87
45℃	0.0032	0.9221	0.0162	0.886	0.758	1.274	0.0023	0.8481	0.0159	0.682	0.815	0.86

D－R 吸附模型的基础理论是微孔吸附容积填充理论,与朗格缪尔吸附模型相比更普遍地应用于土壤吸附的过程中,并且通过 D－R 吸附模型还可以计算出吸附平均自由能(E)的变化。当 E 小于 8.0 kJ/mol 时,吸附是以物理吸附为主,由表 3.8 可知,阿特拉津在黄土上的吸附平均自由能 E 在不同温度范围内为 0.86～1.30 kJ/mol,表明其吸附以物理吸附为主。

3. 热力学参数

以 $1/T$ 为横坐标,$\ln K$ 为纵坐标作图,并对其进行线性拟合,根据直线的斜率和截距分别求得焓变 ΔH^{θ} 以及熵变 ΔS^{θ},结果见表 3.9。表 3.9 表明,在所研究的温度范围内,黄土对阿特拉津的吸附过程中的吉布斯自由能 ΔG^{θ} 小于 0,焓变 ΔH^{θ} 小于 0,熵变 ΔS^{θ} 大于 0。其中,吉布斯自由能小于 0,说明黄土对阿特拉津的吸附过程是自发进行的,从热力学的角度来看[17],吸附自由能随着吸附温度的升高而变小,不利于吸附的进行。而焓变小于 0 说明该吸附过程是放热的过程,熵变大于 0 说明整个吸附的过程中该体系的混乱度是增加的。

表 3.9　阿特拉津在西部土壤上的等温吸附热力学参数值

$T/(℃)$	$\Delta G^{\theta}/(J/mol)$	$\Delta H^{\theta}/(J/mol)$	$\Delta S^{\theta}/[kJ/(K \cdot mol)]$
25	−382.558		
35	−485.286		
45	−435.170	−294.016	4.047

4. 阿特拉津初始浓度对黄土吸附的影响

由图 3.8 可知,随着吸附反应时间的推移,阿特拉津在黄土上的吸附量逐渐增大,但反应的起始浓度不同,其饱和吸附量也不同,吸附系统添加阿特拉津的初始浓度从 0.25 增到 10 mg/L,其在土壤上的吸附量由 0.101mg/g 增至 0.496 mg/g,表明阿特拉津溶液的浓度对西部黄土吸附的过程有很大的影响,高初始浓度的阿特拉津溶液可以为阿特拉津分子提供足够的动力,去克服溶液与吸附剂之间的传质阻力[18]。

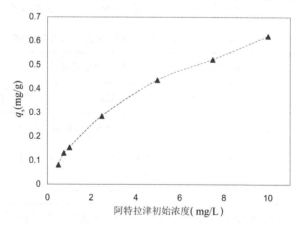

图 3.8　不同初始浓度下西部土壤对阿特拉津的变化曲线

5. pH 值对黄土吸附阿特拉津的影响

研究表明,溶液 pH 值的变化可以对农药分子的结构产生影响,最终改变其在土壤中的吸附行为[19]。屈梦雄[21]研究了东北黑土吸附阿特拉津的特征,其分析指出,当 pH 值接近物质的 pKa 时,吸附量最大,阿特拉津为 pKa 为 1.7,此时吸附量最大,且随着 pH 值的增加,阿特拉津在黑土上的吸附显著降低。从图 3.9 可知,结果与屈梦雄研究结论一致,随着 pH 值的增加,黄土对阿特拉津的饱和吸附量逐渐减小,其原因可能主要是在低 pH 值时,一部分阿特拉津以分子态形式存在,而另一部分为发生电离,土壤对其吸附主要以分子态和质子化羧酸基团进行,所以吸附量最大;随着 pH 值升高,阿特拉津的质子化作用减弱,吸附主要以分子态形式存在,并使吸附量减少。研究表明,土壤有机质中最活跃的成分就是腐植酸,阿特拉津能够与土壤中的腐殖质产生氢键以及范德华力,同时,腐植酸会因过高而部分官能团解离,从而使得阿特拉津在黄土中的吸附能力随 pH 值的升高而减弱[11,20]。

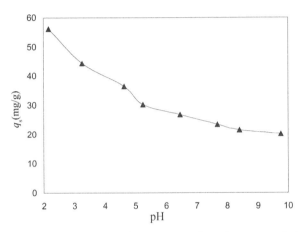

图 3.9　不同 pH 值时西部黄土吸附阿特拉津的吸附量变化曲线

3.3 黄土对五氯酚钠和克百威的吸附行为及影响因素

本节从动力学及热力学两方面研究了西北黄土对五氯酚钠和克百威的吸附特征,并对相关的影响因素进行了探究,旨在揭示西部地区黄土对五氯酚钠和克百威的吸附规律,为治理和控制五氯酚钠和克百威的污染提供理论依据。

3.3.1 实验材料与仪器

供试土样:土壤样品采自兰州植物园表层 0～20 cm 未受污染的自然土壤,风干后研碎,过 100 目筛以备用。土样 pH 值为 8.51,土样环境偏碱性,有机质含量为 17.35 g/kg。

供试药品:PCP - Na 为分析纯,其储备液浓度为 1 g/L;克百威为分析纯,其储备液浓度为 1 g/L。

仪器:实验仪器同 3.1.1 节。

3.3.2 结果与讨论

1. 吸附动力学

由图 3.10 可知,在前 10 h 内,吸附速率较大,之后吸附速率减小,16 h 之后基本达到吸附平衡,即黄土吸附 PCP - Na 和克百威的平衡吸附时间为 16 h。有机污染物的吸附可分为快反应和慢反应[22],在 10h 之内可完成反应过程。随着时间的增加,在此后的反应将会逐渐减慢。有机物的快速反应,主要是因为土壤有机物质的分配作用和在矿物质表面的物理性质相互作用所决定的。农药在土壤中的慢反应则是通过扩散作用由溶液相缓慢进入土壤微孔隙和高度交叉结合的土壤有机质等固相部分,有机污染物为了能够达到所有的限速吸附位点,必须首先通过膜的扩散,包裹在土壤表面排列顺序,使分子相对静止,然后再扩散进入土壤的微孔隙,最后才能到达土壤的内部,有机污染物的扩散系数按上述的扩散顺序递减[23]。

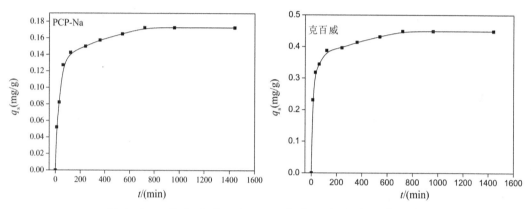

图 3.10　黄土吸附 PCP - Na 和克百威的动力学曲线

研究认为,颗粒内扩散方程中 q_t 与 $t^{1/2}$ 呈现良好的线性关系且过原点时,说明物质在颗粒内扩散过程为吸附速率的唯一控制步骤,由表 3.10 可知,克百威在西北地区黄土上吸附的颗粒内扩散过程并非为该吸附速率的主要控制步骤,即吸附速率同时还受颗粒外扩散过程(如表面吸附和液膜扩散)的牵制[28]。

表 3.10　PCP - Na 和克百威在黄土上吸附的动力学方程拟合特征值

污染物	准一级动力学模型			准二级动力学模型			颗粒内部扩散模型		
	k_1	q_1	r_1^2	k_2	q_2	r_2^2	k_p	C	r_p^2
PCP - Na	23.19	0.169	0.978	0.180	0.173	0.999	0.003	0.085	0.702
克百威	8.80	0.427	0.966	0.128	0.449	0.999	0.005	0.293	0.731

2. 吸附热力学

由图 3.11 可知,PCP - Na 和克百威在黄土中的吸附等温线大致符合 S -型吸附等温线。该吸附有以下特点:①吸附剂黄土和吸附质 PCP - Na 及克百威之间的作用力为中等强度的分子间作用力;②吸附剂黄土和吸附质 PCP - Na 及克百威之间为固定点吸持作用;③吸附过程中存在竞争吸附。由图 3.12 和表 3.11 可知,PCP - Na 和克百威在黄土上的吸附都较好地符合弗兰德里希模型等温吸附模型,r_F^2 在 0.888~0.943;随着温度的升高,PCP - Na 和克百威在黄土上的最大吸附容量均减小,温度为 25~45 ℃时,PCP - Na和克百威的最大吸附容量各自由 0.469mg/g 和 0.613 mg/g 降至 0.334mg/g

和0.519 mg/g,则该吸附过程为放热反应。

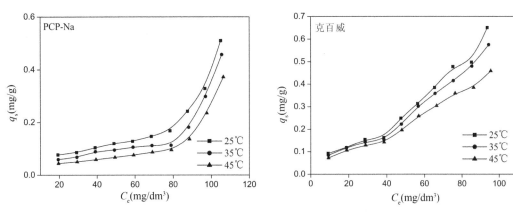

图 3.11　不同温度时黄土吸附 PCP-Na 和克百威的吸附等温线

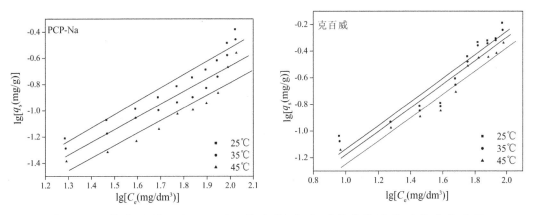

图 3.12　黄土吸附 PCP-Na(五氯酚钠)和克百威的弗兰德里希方程曲线

表 3.11　PCP-Na 和克百威在黄土上等温吸附方程特征值

温度	污染物	朗格缪尔模型				弗兰德里希模型			D-R 模型	
		Q_m	K_L	r_L^2	n	K_F	r_F^2	Q_m	β	r_{D-R}^2
25℃	PCP-Na	0.469	8.58×10^{-3}	0.824	0.992	2.37×10^{-3}	0.943	0.215	8.45×10^{-5}	0.447
	克百威	0.613	1.68×10^{-2}	0.839	1.19	9.50×10^{-3}	0.905	0.337	2.28×10^{-5}	0.473
35℃	PCP-Na	0.385	8.03×10^{-3}	0.817	0.962	2.19×10^{-3}	0.897	0.173	8.32×10^{-5}	0.418
	克百威	0.588	1.62×10^{-2}	0.862	1.15	9.12×10^{-3}	0.910	0.316	2.20×10^{-5}	0.491
45℃	PCP-Na	0.334	6.32×10^{-3}	0.817	0.952	1.40×10^{-3}	0.888	0.132	8.38×10^{-5}	0.410
	克百威	0.519	1.58×10^{-2}	0.900	1.13	9.02×10^{-3}	0.933	0.270	2.08×10^{-5}	0.541

3. 热力学参数

表 3.12 表明,在研究温度范围内,黄土对 PCP—Na 及克百威的吸附过程中吉布斯自由能 ΔG^{θ}、焓变 ΔH^{θ} 及熵变 ΔS^{θ} 都小于 0,表明黄土对 PCP—Na 和克百威的吸附是自发进行、放热且体系混乱度减小的过程。

表 3.12　PCP—Na 和克百威在黄土上等温吸附热力学参数值

$t(\mathrm{℃})$	污染物	ΔG^{θ} (kJ/mol)	ΔH^{θ} (kJ/mol)	ΔS^{θ} (J/K·mol)
25	PCP – Na	– 4.61	– 29.70	– 82.91
	克百威	– 8.08	– 16.72	– 28.67
35	PCP—Na	– 4.46	– 29.70	– 82.91
	克百威	– 7.91	– 16.72	– 28.67
45	PCP—Na	– 2.93	– 29.70	– 82.91
	克百威	– 7.50	– 16.72	– 28.67

4. pH 值对吸附行为的影响

由图 3.13 可知,pH 值对 PCP—Na 在黄土上吸附的影响分为两个阶段,当 pH 值在 4~6 内变化时,PCP—Na 吸附量随着 pH 值的增加而减小;当 pH 值大于 6 时,随 pH 值的增加,PCP—Na 的吸附量又缓慢增加。其原因是,溶液 pH 值直接影响 PCP 在水溶液中的存在形式,水溶液中,PCP 以分子态和酚盐阴离子存在。随着溶液 pH 值的减小,PCP 分子态所占比例反而会随之增加,当 pH 值降至 3 时,PCP 分子态接近 100％[27];而随着溶液 pH 值的增大,酚盐阴离子 PCP -所占的比例会逐渐增加,当 pH 值增至 7 时,PCP -所占比例也将接近 100％[28]。五氯苯酚的分子态,其疏水性强且难溶于水,所以较易被土壤所吸附;而其阴离子态,则易溶于水,因此较难被土壤所吸附。则随着 pH 值在 4~6 范围内增大,吸附量逐渐减少;其次,氢离子和吸附物会发生竞争吸附,当氢离子浓度降低时,其竞争吸附也相应减弱,随着 pH 值在 6~10 范围内增大,吸附量有上升趋势。

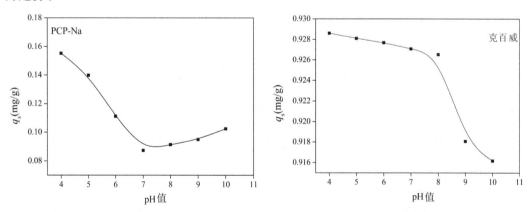

图 3.13　pH 值对黄土吸附 PCP - Na 和克百威的影响

溶液 pH 值的大小会对农药分子的性质产生影响,最终改变其在黄土中的吸附行为。吸附质表面官能团及吸附剂表面所带电荷的性质使得吸附行为非常复杂。由图 3.13 所示,pH 值在 2~8,随着 pH 值的增大,农药分子表面官能团(羧基、羟基等)去质子化增强,导致农药表面呈现出负电性,因此吸附容量呈缓慢降低趋势。但当 pH 值增至 10 时,吸附容量呈减小趋势,说明主导吸附行为的主要因素是农药表面的官能团和吸附剂表面所带电荷之间的相互作用[29]。

5. 土壤粒径对吸附行为的影响

如图 3.14 所示,随着土样粒径的减小,PCP‑Na 和克百威在黄土上的吸附量都呈增大的趋势。当土壤粒径从 0.425mm 减到 0.075 mm 时,PCP‑Na 在黄土上的吸附量由 0.006 增到 0.046 mg/g,而克百威在黄土上的吸附量由 0.009 增到 0.049 mg/g。这主要是因为土壤对 PCP‑Na 和克百威的吸附作用,与土壤颗粒的比表面积的大小有着密切的联系,即土壤粒径越小,其比表面积越大,单位质量中所含的颗粒越多,具有更多的可吸附位点,被黄土吸附的疏水性污染物也就越多,土壤的吸附量也就相应增大[28,29]。或当土壤粒径过大时,农药分子将很难进入微粒孔道内部,相反地,土壤粒径越小,农药分子进入孔道内部将越容易。Gupta 等[29] 及 McKay 等[30] 在研究粒径对农药吸附的过程中都得出了类似的结论。

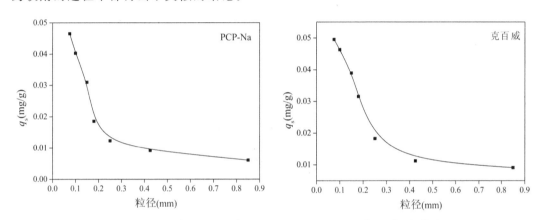

图 3.14　土壤粒径对黄土吸附 PCP‑Na 和克百威的影响

6. 初始浓度对吸附行为的影响

由图 3.15 可知,随着 PCP‑Na 和克百威初始浓度的增大,黄土对它们的吸附量也相应增加。

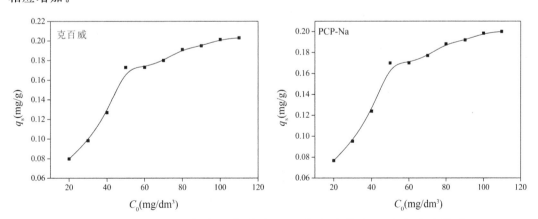

图 3.15　PCP‑Na 和克百威溶液初始浓度对黄土吸附容量的影响

PCP‑Na 初始浓度从 20 mg/L 增至 110 mg/L,其在黄土上的吸附容量从 0.076

mg/g 增到 0.200 mg/g,克百威初始浓度从 20 mg/L 增至 110 mg/L,其在黄土上的吸附容量从 0.080 mg/g 增加到 0.206mg/g,表明 PCP-Na 及克百威的初始浓度对其在黄土上的吸附有较大影响。这种现象可以解释为,吸附质浓度越大,单位质量的吸附剂和吸附质的碰撞频率越大,其吸附容量相应增大[31]。

3.4 有机污染物在寒旱区黄土中吸附行为的影响研究

本节以敌草隆和西维因为研究对象,采用批量法对其进行研究,并对相关影响因素进行探讨。通过揭示黄土对敌草隆和西维因的吸附机理,可有效地对西部土壤环境进行生态风险评价提供理论参考和科学依据。

3.4.1 实验材料与方法

1. 实验材料及仪器

(1)供试土样。实验中所用的土样取自我国西北地区甘肃兰州农耕田表层 0~25 cm 处土壤,经过实验检测所采土壤未受到敌草隆和西维因两种有机污染物的污染。然后自然风干后研碎,过 0.15 mm 筛装瓶备用,测得所采土样 pH 值为 7.56,有机质含量为 15.77 g/kg。

(2)实验试剂:敌草隆分析纯;西维因分析纯。

2. 实验方法

(1)敌草隆和西维因的检测。选用高效液相色谱仪检测溶液中敌草隆和西维因的浓度,实验选取敌草隆测定波长(λ)为 250 nm,西维因的测定波长(λ)为 280 nm;流动相为甲醇-水(70/30),流速为 1.0 mL/min;柱温为 30 ℃。

(2)动力学吸附试验方法。称取过 100 目筛的 0.5000 g 黄土分别置于 4 组各有 9 支 50 mL 的离心管中,1 组加入 50 mL 浓度为 0 mg/L 的西维因溶液,另外 3 组加入质量浓度为 5mg/L、7mg/L 和 10 mg/L 的西维因溶液 50 mL,整个实验过程中均以 0.01 mol/L 的 $CaCl_2$ 和 100 mg/L NaN_3 混合溶液作为稀释溶液,在 25 ℃下依次在恒温振荡器上振荡 0.5~24 h,到达规定的振荡时间后,在 4000 r/min 的离心机离心 15 min,测定上清液中西维因的浓度,3 组平行样,求均值。

(3)热力吸附学实验方法。称取过 100 目筛的 0.5000 g 黄土于 1 组 9 支 50 mL 的离心管中,分别加入质量浓度为 0~18 mg/L 的西维因溶液,在 25 ℃下 160 r/min 恒温振荡 16 h,静置 2 h,4000 r/min 离心 15 min,测定上清液中西维因的浓度。35、45 ℃吸附实验同上,3 组平行实验,求均值。

(4)pH 对黄土吸附有机污染物的影响。称取过 100 目筛的 0.5000 g 黄土于 1 组有 9 支 50 mL 的离心管中,依次加入浓度为 7 mg/L 的西维因溶液 50 mL,再调节溶液 pH 分别为 3~10,剩余实验部分同 25 ℃热力学实验。

(5)粒径对黄土吸附污染物的影响。取 3 组,每组 8 支 50 mL 的离心管,编号后每组分别称取 0.5000 g 过 100 目筛、80 目筛和 60 目筛的黄土样品,其余实验部分同 25

℃下吸附热力学实验。

按照上述实验方法和操作步骤对敌草隆做吸附实验。

3.4.2 结果与讨论

1. 吸附动力学

由图 3.16 可知,黄土对西维因的吸附约在前 8h 曲线斜率最大,对敌草隆的吸附在前 10 h 曲线斜率最大,在图中曲线斜率可以表示黄土颗粒对有机农药的吸附速率,斜率越大,说明吸附速度越大,单位时间上的吸附量就越多,说明此吸附时间段为整个吸附过程的快吸附阶段,吸附量较大;之后可以看到曲线斜率逐渐变小,此阶段中随着吸附时间的推移,黄土对农药分子的吸附量缓慢上升,进入慢反应吸附过程,最终图像趋于平坦不再发生明显的改变,西维因约在 14 h 达到吸附平衡,敌草隆约在 16 h 达到吸附平衡。造成这种现象的最直接原因就是黄土颗粒表面可吸附的活性位点随着吸附的发生被占据而引起的[32]。在整个吸附过程的开始阶段,黄土颗粒表面存在着许多的可吸附位点,在边界层效应的影响下,敌草隆分子和西维因分子通过液膜扩散、表面吸附和内部扩散而快速进入土壤颗粒内部,引起在较短的时间内黄土颗粒对有机农药吸附量的明显增大。随着土壤颗粒表面可吸附活性位点的减少及溶液中可被吸附的敌草隆分子和西维因分子浓度的降低,吸附过程开始进入慢反应阶段,吸附速率整体下降,最终吸附反应达到吸附饱和状态,吸附量不再发生明显变化[33]。

由图 3.16 可知,不同的初始浓度条件下,黄土对敌草隆和西维因的平衡吸附量均不相同,初始浓度增加,吸附量也相应地增加。当两种污染物的初始浓度分别为 5mg/L、7mg/L 和 10 mg/L 时,黄土对敌草隆的平衡吸附容量分别为 0.139 mg/g、0.168mg/g、0.231 mg/g,黄土对西维因的平衡吸附量分别为 0.147mg/g、0.171mg/g、0.243 mg/g。可知黄土对西维因的平衡吸附量略大于敌草隆,主要是因为污染物分子结构和性质的差异引起的,从两种污染物的分子构象上来看,敌草隆属于非平面型分子,而西维因分子属于平面型分子。有机农药分子的平面型往往会影响黄土颗粒对其的吸附量,说明黄土颗粒对平面型分子的平衡吸附量要高于非平面型分子。

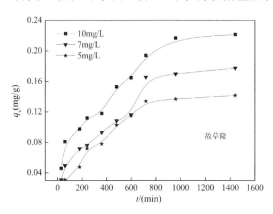
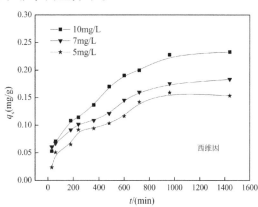

图 3.16 黄土对敌草隆和西维因的动力学吸附曲线

　　选用不同的吸附模型对实验结果进行拟合,各参数结果见表 3.13 和表 3.14,准二级动力学模型拟合图如图 3.17 所示。由表 3.13 可知,敌草隆在黄土上的准二级动力学模型拟合参数 r^2 分别为 0.928、0.931、0.936,准二级动力学模型拟合参数 r^2 分别为 0.956、0.954、0.967,颗粒内部扩散模型拟合参数 r^2 分别为 0.954、0.937、0.942,Elovich 方程拟合参数 r^2 分别为 0.908、0.877、0.936,可知准二级动力学模型和颗粒内部扩散模型拟合程度相对较高。由表 3.14 可知,西维因在黄土上的动力学拟合参数结果显示准二级动力学模型拟合中 r^2 相对较高,其次是颗粒内部扩散模型,表明西北黄土对敌草隆和西维因的吸附均较符合准二级动力学模型和颗粒内部扩散模型,可更为准确地描述敌草隆和西维因分子在黄土颗粒上的吸附机理[34],说明黄土对两种有机农药污染物的吸附包含了外部液膜扩散,表面吸附的位点转移以及颗粒内部扩散的所有吸附过程[35]。

表 3.13　黄土对敌草隆吸附动力学特征参数

污染物浓度	准一级动力学模型			准二级动力学模型			颗粒内部扩散模型			颗粒间扩散模型		
	k_1	q_1	r_1^2	k_2	q_2	r_2^2	k_p	c	r^2	a	b	r^2
10mg/L	88.7	0.182	0.928	6.54×10^{-3}	0.257	0.956	0.005	0.028	0.954	-0.124	0.046	0.908
7mg/L	107	0.139	0.931	2.93×10^{-3}	0.215	0.954	0.004	0.009	0.937	-0.199	0.039	0.877
5mg/L	253	0.150	0.936	1.65×10^{-3}	0.183	0.967	0.004	0.002	0.942	-0.119	0.036	0.936

表 3.14　黄土对西维因吸附动力学特征参数

污染物浓度	准一级动力学模型			准二级动力学模型			颗粒内部扩散模型			颗粒间扩散模型方程		
	k_1	q_1	r_1^2	k_2	q_2	r_2^2	k_p	c	r^2	a	b	r^2
10mg/L	84.3	0.191	0.931	8.14×10^{-3}	0.270	0.974	0.006	0.030	0.958	-0.137	0.050	0.940
7mg/L	123	0.138	0.803	3.53×10^{-3}	0.197	0.958	0.004	0.032	0.946	-0.078	0.033	0.887
5mg/L	159	0.154	0.968	2.39×10^{-3}	0.184	0.969	0.004	0.017	0.931	-0.011	0.035	0.934

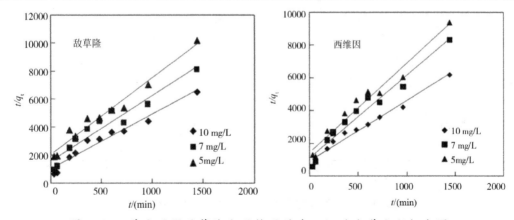

图 3.17　黄土吸附敌草隆和西维因的准二级动力学方程拟合图

2. 吸附热力学

从图 3.18 上吸附等温线的变化趋势可知。当吸附温度在实验温度范围内上升时，农药敌草隆在黄土上的饱和吸附量由 0.096mg/g 降至 0.057 mg/g，西维因在黄土上的饱和吸附量由 0.253 mg/g 降至 0.094 mg/g，即两种有机污染物的吸附饱和量都随着吸附时间的延长和吸附温度的上升而呈现下降趋势。说明敌草隆和西维因在西北地区黄土上的吸附过程为放热过程，这说明在一定范围内降低温度有利于黄土颗粒对农药污染物的吸附。一方面随着温度的升高，敌草隆和西维因在液相中的溶解度增大，从而导致更多的敌草隆和西维因以溶解态存在于溶液中，使得黄土颗粒吸附难度增加，引起吸附量降低；另一方面在放热吸附的过程中体系温度的升高，使有机农药分子转移到土壤颗粒表面的趋势小于从土壤颗粒表面向溶液中逃逸的趋势，这也会导致体系温度升高的情况下土壤颗粒吸附有机污染物能力的降低[36,37]。

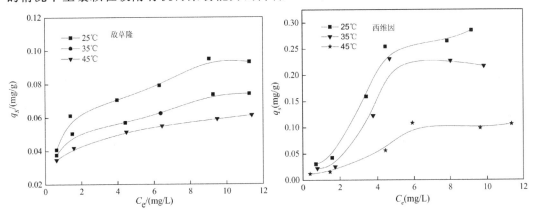

图 3.18 在不同温度下黄土对敌草隆和西维因的热力学吸附曲线

由数据可知，黄土对西维因的吸附要高于对敌草隆的吸附。研究表明，土壤对有机污染物的吸附与很多因素有关。Briggs 等指出，疏水性有机污染物的吸附与其自身辛醇-水分配系数 $\log K_{ow}$ 之间存在着良好的定量关系。有机污染物的疏水性随着水溶解度的变小而增大，此时 $\log K_{ow}$ 也随之变大，土壤颗粒对其的吸附就越容易发生。西维因的 $\log K_{ow}$ 为 2.36，敌草隆的 $\log K_{ow}$ 为 2.60，两者比较接近，吸附速率应该基本相当，但是由于西维因的分子结构小于敌草隆，因此造成了黄土对西维因的吸附要大于敌草隆。

采用不同的等温吸附模型吸附实验数据拟合，各拟合参数见表 3.15 和表 3.16。通过比较可知，两种有机农药在黄土上的吸附拟合结果中弗兰德里希模型拟合值 r^2 比其他三种模型都相对较高，则敌草隆和西维因在黄土颗粒上的吸附等温线较符合弗兰德里希模型等温吸附模型。表明有机农药污染物在黄土上的吸附属于非均匀表面的多分子层吸附过程，且吸附量随着污染物溶液浓度的增加而增大[42]。在弗兰德里希模型等温吸附模型中，非线性系数用 n 表示，n 值越接近 1，模型越接近线性；另外土壤颗粒对有机污染物吸附性能的强弱可用 n 值大小来表示，n 值越大，说明其吸附性能就越强。当 $n<0.5$ 时，吸附反应就会变得难以进行；当 $n>1$ 时，吸附反应容易进行[39]。从表

3.16可知,在不同的实验温度条件下黄土颗粒对有机农药西维因分子的吸附 n 值更接近于1,表明农药西维因分子在黄土颗粒上的吸附过程主要以线性分配作用为主,且强于对溶液中敌草隆分子的吸附,说明平面型有机污染物分子在黄土上的吸附容量大于非平面型有机污染物分子的吸附。Kiran[39]等研究指出,在吸附反应过程中,当有机污染物在吸附剂上的平均吸附自由能 $E<8$ kJ/mol 时,物理吸附占据主要作用;$E>8$ kJ/mol 时,则以化学吸附为主。结果中表明平均自由能 E 为 1.00~2.89 kJ/mol,说明敌草隆和西维因在黄土颗粒上的吸附均以物理吸附为主。

表 3.15　敌草隆在黄土中的热力学拟合特征值

温度 /℃	亨利模型		朗格缪尔模型			弗兰德里希模型				D-R模型		
	k_D	r_L^2	Q_m	K_L	r^2	n	K_F	r^2	Q_m	β	r_{D-R}^2	E
25	0.005	0.621	0.095	1.11	0.870	4.08	4.82×10^{-2}	0.897	0.086	1×10^{-7}	0.800	2.24
35	0.004	0.701	0.071	1.74	0.940	4.48	4.31×10^{-2}	0.965	0.064	1×10^{-7}	0.830	2.24
45	0.003	0.563	0.056	3.02	0.838	6.58	4.01×10^{-2}	0.906	0.536	6×10^{-8}	0.721	2.89

表 3.16　西维因在黄土中的热力学拟合特征值

温度 /℃	亨利模型		朗格缪尔模型			弗兰德里希模型				D-R模型		
	k_D	r_L^2	Q_m	K_L	r^2	n	K_F	r^2	Q_m	β	r_{D-R}^2	E
25	0.030	0.825	0.434	0.101	0.910	1.11	3.85×10^{-2}	0.943	0.189	4×10^{-7}	0.742	1.12
35	0.023	0.964	0.303	0.091	0.811	0.993	2.34×10^{-2}	0.922	0.146	5×10^{-7}	0.676	1.00
45	0.010	0.960	0.107	0.246	0.761	1.33	1.89×10^{-2}	0.926	0.078	3×10^{-7}	0.632	1.29

3. 吸附热力学参数

在自然环境中,温度对于土壤颗粒吸附有机污染物的过程是一个不可或缺的影响因素。对吸附热力学的研究,有助于我们更好地了解吸附过程中所涉及的能量变化情况,从而更好地了解吸附机理。

从表 3.17 可知,在实验设定温度范围内,农药敌草隆在黄土颗粒上的热力学吸附过程中 ΔG^θ 和 ΔH^θ 小于 0,ΔS^θ 大于 0,说明有机农药污染物敌草隆分子在黄土颗粒上的吸附过程为自发进行的放热吸附,体系混乱度增大;而农药西维因分子在黄土上的吸附过程中 ΔG^θ、ΔH^θ 和 ΔS^θ 均小于 0,说明农药西维因分子在黄土颗粒上的吸附过程为系统混乱度降低的放热吸附,这与吸附热力学结论相一致。结果分析可知,在一定范围内低温条件下更有利于黄土颗粒对有机污染物的吸附反应。黎卫亮等[41]研究指出,在吸附反应过程中放出的热量,在一定程度上可以反映出吸附剂与吸附质分子之间作用力的性质和大小,即作用力越强,就表示反应中放出的吸附热量越多。因此,可通过测定有机污染物在黄土颗粒上的吸附热(即吸附焓变 ΔH^θ)来推断吸附反应过程中的主要作用力。氢键作用力引起的吸附热在 2~40 kJ/mol 范围内,由表 3.17 和 3.18 可推断敌草隆和西维因在黄土颗粒上的吸附作用力主要为氢键力。

表 3.17　黄土对敌草隆等温吸附热力学参数值

吸附剂	T	ΔG^{θ}	ΔH^{θ}	ΔS^{θ}
	/℃	/(kJ/mol)	/(kJ/mol)	/[J/(K·mol)]
土壤	25	-9.60		
	35	-9.64	-7.26	7.80
	45	-9.76		

表 3.18　黄土对西维因等温吸附热力学参数值

吸附剂	T	ΔG^{θ}	ΔH^{θ}	ΔS^{θ}
	/℃	/(kJ/mol)	/(kJ/mol)	/[J/(K·mol)]
土壤	25	-3.23		
	35	-2.39	-27.9	-82.9
	45	-1.57		

4.pH 值对黄土吸附敌草隆和西维因的影响

溶液 pH 值会通过影响有机农药污染物敌草隆和西维因分子在溶液中的存在形态和吸附剂黄土颗粒表面的电荷分布来影响黄土颗粒对其的吸附行为。由图 3.19 可知，当 pH 值在酸性和碱性范围内时，溶液中敌草隆在黄土上的吸附容量无明显变化趋势；当溶液 pH 在 6～8 时，吸附容量略低于酸性和碱性条件，呈现凹形。敌草隆在酸性和碱性介质中不稳定易水解，而在中性条件较稳定，因此在酸性和碱性条件下溶液中敌草隆含量较低，在图中表现出酸性和碱性条件下的吸附量要略高于中性条件下的吸附量。事实上在较宽的实验 pH 值范围内，农药敌草隆在黄土颗粒上的吸附都维持着相对较高的吸附量，这说明敌草隆分子和黄土颗粒之间存在着较强的吸附关系，其吸附行为在溶液中 pH 值变化的情况下影响几乎可以忽略。

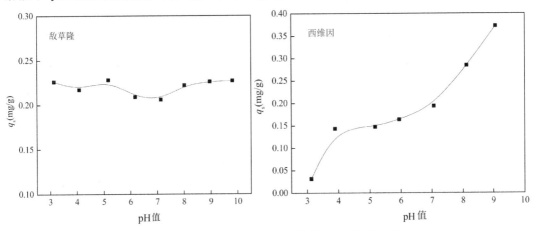

图 3.19　pH 值对黄土吸附敌草隆和西维因的影响

当溶液 pH 值从 3 增到 10 时,有机污染物西维因在黄土上的吸附容量从 0.0317mg/g 增加到 0.373 mg/g,说明溶液中的有机污染物西维因在黄土颗粒上的吸附容量随着 pH 值的增大呈现明显增加趋势。pH 值对西维因在黄土上的吸附行为不仅受到吸附质的酸碱离解常数 pKa、表面电荷和溶解度等的密切影响,而且与吸附剂表面电荷及相关性质有关。西维因相比于在碱性环境条件下,在中性和酸性介质环境中比较稳定,当温度和 pH 值升高的情况下,其水解速度呈递增趋势[38]。溶液中 pH 值增大,加速了西维因的水解速度,使得溶液中分子态西维因浓度降低,有研究显示,有机污染物的分子态比离子态更容易被土壤颗粒吸附;另外环境 pH 值的大小改变了黄土颗粒表面电负性,随 pH 值的上升黄土表面负电荷增加,整个溶液体系中阴离子数量相对增多,农药西维因和黄土颗粒两者之间的静电排斥力增强,相对于在较低 pH 值条件下,西维因在黄土上的吸附量呈现下降趋势。在较低 pH 值下比较稳定,在高的 pH 值下易水解,因此在碱性条件下溶液中西维因分子含量较低,在图中反映出碱性条件下黄土对西维因吸附量远远高于中性和酸性条件下。

5. 粒径对黄土吸附敌草隆和西维因的影响

由动力学吸附可知,敌草隆和西维因在黄土颗粒上的吸附量随吸附时间的推移而增高,并最终趋于稳定,而不同粒径的黄土颗粒,对两种有机农药的饱和吸附量也不同。由图 3.20 可知,在相同条件下,过 60 目筛的黄土的吸附容量最低,而过 100 目筛的黄土对敌草隆和西维因的吸附量均相对较高,随粒径的减小,敌草隆和西维因在黄土上的吸附容量呈增大趋势。粒径越小,分散越均匀,与吸附质分子发生碰撞的机会就越大,吸附量就会增加[42]。

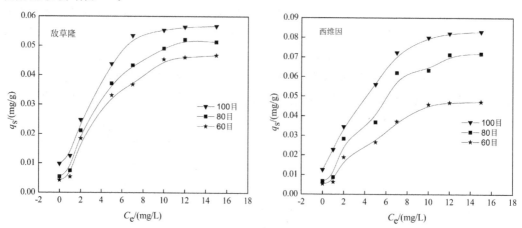

图 3.20　粒径对西北黄土吸附敌草隆和西维因的影响图

3.5 汽油在西北黄土中吸附行为的研究

本节以西北寒旱区域的土壤为研究对象,主要从动力学和热力学两个方面展开了深入的研究。在研究中发现,西北地区的黄土提取天然腐植酸对汽油的吸附有影响,并对其所发生的影响进行了深入的探讨,以了解黄土对石油类污染物吸附的规律性,了解石油在什么状态下,才能发生转移,为寻求有效控制生态平衡、控制污染的方法,提供理论依据。

3.5.1 实验材料与方法

1. 实验材料仪器

(1)仪器:实验仪器同 3.1.1 节。

(2)试剂:汽油为兰州炼油厂提供的 93 号汽油,密度:0.725 g/cm³;腐植酸(HA)为采用稀碱法从西北地区黄土中提取的天然腐植酸;土壤样品采自长庆地区表层 0~20 cm 未受污染自然土壤,土壤主要理化性质:土壤 pH 值为 6.53(土/水=1/10),含水率为 0.72%,有机质含量 0.57%。

(3)汽油饱和溶液的配制。在大塑料瓶中加入一次蒸馏水,在水面上滴加过量的 93 号汽油,充分振荡混合均匀后,静置使汽油在水中的溶解达到饱和,然后从瓶子底部取用。用紫外分光光度法测得汽油的饱和质量浓度为 179.98 mg/L[98]。

2. 实验方法

(1)溶液 pH 值对汽油在黄土中吸附的影响。在 11 支 100 mL 具塞塑料离心管中,精确称取 0.5000 g 供试土样,加入质量浓度为 71.99 mg/L 的汽油溶液 40 mL,再分别加入质量浓度为 20 mg/L 的腐植酸溶液 10 mL,调节溶液 pH 值分别为 4~10,25 ℃恒温振荡 24 h(140 r/min),静置 2 h 后,离心分离,测定上清液中汽油的浓度,同时做不加腐植酸溶液的对照。

(2)土壤粒径对汽油在黄土中吸附的影响。在 100 ml 具塞塑料离心管中,分别加入 0.5000 g 粒径为 0.15mm,0.30mm 和 0.90 mm 的供试土样,再加入 40 mL 质量浓度分别为 14.44~144.0 mg/L 的汽油溶液和 10 mL 质量浓度为 20 mg/L 的腐植酸溶液,其余实验过程同 pH 值实验方法。

(3)汽油挥发行为的研究。对于汽油的挥发质量研究是,在温度约为 25 ℃,采用 93# 纯汽油样品,将汽油放入已知重量的器皿中,隔段时间,进行测量,直到重量变化不大时停止,重量差将为汽油挥发的重量。

3.5.2 结果与讨论

1. 腐植酸浓度的影响

如图 3.21 所示,如果在汽油溶液中加入不同浓度的腐植酸溶液,汽油在黄土中的吸附量就会发生变化。随着腐植酸浓度的增大,汽油在黄土中的吸附量会逐渐减小,最终达到平衡的状态。经研究表明,当腐植酸浓度较低时,汽油在黄土中的吸附作用,其可溶性腐植酸对汽油吸附影响不大;当腐植酸浓度达到一定量时,可溶性腐植酸使得汽油在液相中的溶解度增大,在黄土中的吸附量就会减小,因此吸附量的大小与腐植酸浓度是有关系的。

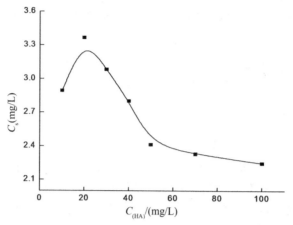

图 3.21　腐植酸浓度对汽油在黄土中吸附的影响

2. 汽油在黄土中的动力学吸附

由图 3.22 可知,汽油在黄土中的平衡时间为 6 h。腐植酸的加入使得汽油在黄土中的吸附量有所减小,对吸附平衡时间的影响不大。这是由于石油类物质是大分子疏水性物质,易于到达土壤表面且极易黏附于土壤颗粒表面,而黏附于土壤表面的石油类污染物更易于黏附更多的石油类物质;同时石油类物质比水轻且水中的石油类物质以溶解相和乳化油为主,分散性较好,容易被土壤颗粒胶体所捕获并吸附[44]。

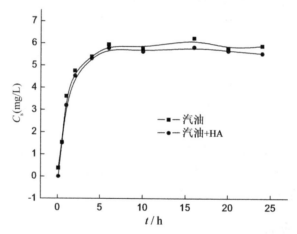

图 3.22　腐植酸对汽油在黄土中动力学吸附的影响

本文对汽油在黄土中的动力学吸附实验结果分别采用一级动力学方程、Elovich 方程和双常数方程进行拟合,结果见表 3.19,无论是否加入腐植酸,汽油在黄土中的动力学吸附,最优吸附方程为颗粒间扩散模型方程,其次为双常数方程。

表 3.19　腐植酸存在条件下汽油在供试土壤上的动力学方程拟合特征值

样品	一级动力学方程 $\lg(1-C_s/Q_m)=a-bt$			颗粒间扩散模型 $C_s=a+b\ln t$			双常数方程 $\lg C_s=a+b\lg t$		
	a	b	r	a	b	r	a	b	r
汽油	−0.449	0.048	−0.7165	3.28	1.05	0.9483	0.334	0.439	0.9036
汽油+HA	−0.580	0.061	−0.6605	3.04	1.06	0.9497	−0.061	0.871	0.8226

注：式中，C_s 为黄土对汽油的吸附量，mg/g；Q_m 为土壤样品中汽油的饱和吸附量，mg/g；a、b 分别为与土壤性质有关的常数，t 为吸附平衡时间，h。

3. 汽油在黄土中的等温吸附实验

腐植酸对汽油在西北黄土中等温吸附行为的影响，可以分别用线性模型方程、弗兰德里希模型方程和朗格缪尔模型方程进行拟合见表 3.20。

表 3.20　汽油在供试土样上等温吸附方程特征值

等温吸附方程	线性模型方程 $C_s=KC_e+b$			弗兰德里希模型方程 $\lg C_s=\lg K+(1/n)\cdot\lg C_e$			朗格缪尔模型方程 $1/C_s=1/(KQ_mC_e)+1/Q_m$		
	K	b	r	K	n	r	Q_m	K	r
25℃	0.097	0.922	0.9427	0.124	1.01	0.9708	6.30	0.019	0.9624
25℃+HA	0.074	0.476	0.9349	0.029	0.5161	0.9418	5.84	0.009	0.9231
35℃	0.075	0.132	0.9547	0.089	1.0413	0.9723	3.43	0.018	0.9626
35℃+HA	0.075	−0.853	0.9487	0.013	0.625	0.9784	1.76	0.021	0.8544
45℃	0.050	0.048	0.9877	0.077	1.1210	0.9894	1.37	0.055	0.9855
45℃+HA	0.051	−0.429	0.9825	0.004	0.772	0.9889	1.12	0.041	0.9800

由表 3.20 可知，腐植酸对汽油在黄土中的吸附受温度影响较大，随着反应温度的升高，汽油在黄土中的吸附量减小。当反应温度从 25 ℃升到 45 ℃，汽油在土壤样品中的饱和吸附量从 6.30 mg/g 减到 1.37 mg/g，表明汽油在黄土中的吸附属于放热反应。同时，由于石油类物质是一类黏性疏水物质，其溶解度受温度的影响较大，随着温度的升高，其溶解度逐渐增大。当反应温度升高时，石油类物质在液相中的溶解度明显增大，相应的在土壤样品上的吸附量减小[44]。无论是否加入腐植酸溶液，汽油在西北黄土中等温吸附都能够较好地符合 Freundlich 方程，腐植酸的加入使得汽油在黄土中的吸附量有所减小。在 25 ℃时向溶液中加入 10 mL 质量浓度为 20 mg/L 的腐植酸溶液，汽油在黄土中的饱和吸附量由 6.30mg/g 减至 5.84 mg/g。

4. pH 值影响

如图 3.23 所示，无论土壤中是否存在腐植酸，汽油在黄土中随着 pH 的增大而减小。在 25℃时，pH 是 4.03 时，汽油在黄土中的吸附能力是 10.31，当 pH 增大时，汽油的吸附能力相对就会减弱。主要原因是溶液 pH 不仅可影响土壤的胶体电荷量，还能影响石油内部物质之间的分布状态。

随着溶液 pH 值增大，溶液中的无机碱与石油类物质中的有机酸及其酸性组分发生反应,生成表面活性物质,有利于石油类物质的解吸和分散[43,45]。同时,由于腐植酸是一类具有特殊结构的大分子物质,其表面有大量的羧基、酚羟基等基团。pH 增大时,腐植酸中 R－COOH 在碱性环境中会发生离解,生成带负电的 R－COO⁻ 和带正电的 H⁺,带负电的腐植酸增大了汽油在液相中的溶解度[46],而与同样带负电的土壤胶体间的排斥将增大,从而使得汽油在黄土中的吸附量降低。

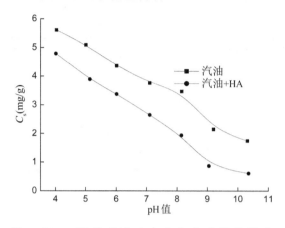

图 3.23　pH 值对汽油在黄土中吸附的影响

5. 土壤粒径的影响

如图 3.24 所示,随着土壤粒径的增大,汽油在土样上的吸附量减小,当土样粒径从 0.15mm 增到 0.90 mm 时,汽油在供试土样上的最大吸附量从 4.59mg/g 减到 2.58 mg/g。土壤粒径越小,其比表面积越大,土壤颗粒物表面的吸附位点越多,具有较大的表面自由能,从而被吸附的汽油含量越多,吸附量越大[52]。

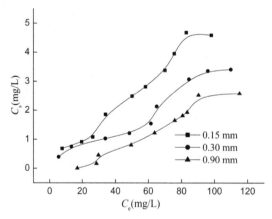

图 3.24　土壤粒径对汽油吸附的影响

6. 汽油挥发行为的研究

有专业人员对 93 号油和吸附汽油的土壤样品中的汽油挥发做了详细的研究,如图 3.25 和图 3.26 所示,挥发量和时间是有密切的关系的,图中离散点为实验所得结果,实线是对离散点进行非线性拟合所得曲线。

$$Y(\%) = 8.2212\ \ln t + 52.3457, R^2 = 0.9499$$
$$Y(\%) = 20.4678\ \ln t - 29.1919, R^2 = 0.9419$$

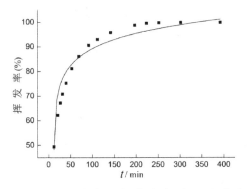

图 3.25　93 号汽油挥发率与时间的关系

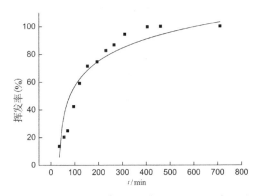

图 3.26　吸附了汽油的土壤样品中汽油挥发率与时间的关系

由图 3.25 可知,时间越长,汽油挥发越快,直至完毕,具体挥发量与时间的关系如以下方程式所示:

3.6 磺胺类兽药抗生素在西北黄土上的吸附行为

由于氟喹诺酮类抗生素在黄土环境中的高度稳定性,环丙沙星在黄土中的吸附行为可以更好地评估这些抗生素的环境风险。环丙沙星具有抗菌谱广,半衰期长,副作用小,制剂种类多样,功效高,价格高,药物快速发展的特点[53]。本节拟研究磺胺类兽药抗生素环丙沙星在黄土上的吸附行为。

3.6.1 实验材料与方法

1. 实验材料与试剂

(1)试剂:环丙沙星分析纯,储备液浓度为 250mg/L。
(2)仪器:实验仪器同 3.1.1 节。

2．实验方法

（1）黄土对环丙沙星的吸附动力学实验。取 3 组 50mL 离心管，每组 9 支，称取 0.500 g 过 100 目筛的黄土，一组加入 50 mL 浓度为 0.01mol/L 的 $CaCl_2$ 溶液作为空白样，另外两组加入 50 mL 质量浓度为 45mg/L 的环丙沙星溶液。在 25 ℃、180 r/min 的恒温振荡箱中分别振荡 0.5～24 h，以 4000 r/min 的离心机离心 15 min，测定上清液分光光度，采用 35mg/L 和 40 mg/L 的动力学实验同上。

（2）黄土对环丙沙星的吸附热力学实验。称取 0.500 g 黄土于 3 组各 9 支 50 mL 的离心管离心管中，加入 50 mL 质量浓度分别为 20～60 mg/L 的环丙沙星溶液，以 0.1 mol/L 的 $CaCl_2$ 溶液进行稀释定容。25 ℃下 180 r/min 的恒温振荡箱中振荡 10 h，静置 2 h，4000 r/min 离心机离心 15 min，测定上清液吸光度，3 组平行取均值。35 ℃和 45 ℃的条件下热力学吸附实验方法同上。

（3）粒径对黄土吸附环丙沙星的影响。取 3 组各 9 支 50 mL 的离心管，称取 0.500 g 过 100、80、60 目筛的黄土，剩余实验部分同 25 ℃下吸附热力学实验。

（4）pH 对黄土吸附环丙沙星的影响。称取 0.500 g 过 100 目筛的黄土于 9 支离心管，加入质量浓度为 45 mg/L 的环丙沙星溶液，后用背景溶液 $CaCl_2$ 进行定容到 50 mL。将溶液 pH 调节为 3～10，剩余实验部分同 25 ℃下吸附热力学实验。

（5）离子强度对黄土吸附环丙沙星的影响。称取每组 9 份 0.500 g 的黄土于 50 mL 离心管中，依次取 20～60 mg/L 的环丙沙星溶液于试管中，依次用 0.1 mol/L $CaCl_2$、0.1、0.01 mol/L $MgCl_2$、蒸馏水定容至 50 mL。剩余实验部分同 25 ℃下吸附热力学实验。

3.6.2 结果与讨论

1．吸附动力学

图 3.27 中反映出了两个吸附阶段，前半段为快速吸附，后半段为慢速吸附，最后达到平衡。

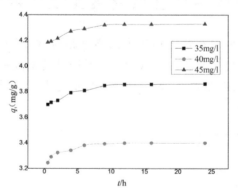

图 3.27　黄土在 25℃下吸附环丙沙星的吸附动力学曲线

在 5 h 内的曲线斜率较大，属于快速吸附，从 6 h 开始，10 h 以内曲线斜率明显变小,属于慢速吸附阶段,直到大约 10 h 时直线趋于水平,此时达到了吸附平衡;黄土在吸附环丙沙星时,在吸附时间为 5 h 内,对环丙沙星的吸附量随着时间的延长而显著增加,在 6h~10 h 内时,随着时间的延长,对环丙沙星的吸附量也增加,但是增加速度明显变缓慢,10 h 之后,即使增加环丙沙星的量,黄土的吸附量也不会再增加了。

根据环丙沙星在黄土中的吸附随时间的变化过程,对其实验结果分别采用准一级动力学模型,准二级动力学模型以及内部扩散模型进行线性拟合,其相关特征参数见表 3.21。

表 3.21　黄土吸附环丙沙星的动力学吸附模型拟合参数

吸附剂	准一级动力学模型			准二级动力学模型			颗粒内部扩散模型		
	K_1	Q_1	R^2	K_2	Q_2	R^2	C	k_p	R^2
黄土 45mg/L	2.0704	4.321521	0.866	0.09007	4.337	1	4.1728	0.0051	0.8363
黄土 40mg/L	1.3164	3.82995	0.714	0.07268	3.87	1	3.667	0.0069	0.9488
黄土 35mg/L	1.4665	3.387534	0.893	0.11183	3.406	1	3.2604	0.0047	0.7797

由表 3.21 可知,准一级吸附动力学模型的 R^2 值在 0.714~0.893,而准二级动力学模型的 R^2 的值都为 1,可知黄土对环丙沙星的吸附动力学更加符合准二级动力学模型。准二级动力学方程是在二级动力学方程的基础上,通过修正二级动力学方程而得到的符合该实验趋势的拟合方程,由此可以反映出来整个吸附过程中的动力学机制,而且包含了表面吸附、粒子内扩散以及外部液膜扩散等吸附过程。

用 Intraparticle diffusion 模型拟合吸附过程可以表达出来环丙沙星在颗粒内的扩散机制,由不同浓度时的 R^2 值可以说明吸附过程不呈线性,吸附过程中有多个限速步骤,在多孔介质的吸附过程中,限速的步骤只能是颗粒内扩散或者膜扩散,由图表可知,颗粒内部扩散可能是吸附过程的主要限速步骤,而根据环丙沙星在黄土中的吸附动力学的颗粒内部扩散模型阶段虽然呈线性但是并不完全经过零点,由此可以判断出,环丙沙星在黄土上的吸附过程非常复杂,由此也可以表明颗粒内扩散并非是唯一控制步骤的速率。

2. 黄土对环丙沙星的吸附热力学

由图 3.28 可知,温度越高时,黄土对环丙沙星的吸附量越低,45 ℃时的黄土对环丙沙星的吸附量最小,而 25 ℃时最大的,即随着温度的升高,黄土对环丙沙星的吸附呈现逐渐减少的趋势,最后达到平衡。

由表 3.22 可知,Q_m 的值为负数,且随温度的升高,该常数逐渐变大,45 ℃时为最大,25 ℃为最小;K_L 值为相关系数,且在 45 ℃时最小,在 25 ℃时最大,刚好与 Q_m 的变化走势相反;弗兰德里希模型的拟合程度 r^2 为 0.984,且朗格缪尔模型也相对较为符合,其拟合程度 r^2 的值为 0.944,由此可得出,均符合两个模型,而弗兰德里希模型能够更好地拟合等温吸附热力学,最适合拟合环丙沙星在土壤中的吸附行为,且温度越高,土壤中环丙沙星的吸附容量也是逐渐增加的。环丙沙星在该黄土上的吸附含有环丙沙星的快速吸收该过程和吸附过程由于高活性位点有限,表明环丙沙星可以被黄土强烈吸附[61]。

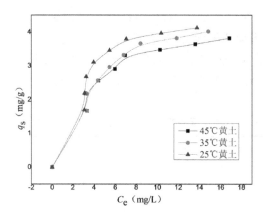

图 3.28　在不同温度下黄土吸附环丙沙星的热力学曲线

表 3.22　黄土吸附环丙沙星的等温吸附热力学模型特征值

吸附剂	温度/℃	朗格缪尔模型			弗兰德里希模型		
		Q_m	K_L	r^2	$1/n$	$\lg K_F$	r^2
黄土	25	−26.3158	−0.053	0.944	1.5611	0.0161	0.984
	35	−13.5135	−0.10526	0.927	1.6855	0.0214	0.988
	45	−9.01713	−0.14273	0.854	1.9887	0.00709	0.935

对黄土对环丙沙星的吸附热力学实验进行线性拟合,可以揭示环丙沙星对土壤的吸附机理。根据 $1/n$ 值与等温吸附线的关系,当 $1/n$ 小于 1 时,吸附等温线为"L 型"等温吸附线,当 $1/n$ 大于 1 时,吸附等温线为"S 型"等温吸附线。此类型的等温线产生,一可能是由于溶液中存在溶质的竞争性抑制剂的作用,另外一种原因可能是由于溶质分子之间的引力而导致的帮助吸附的作用,当环丙沙星的吸附等温线属于"L 型"等温吸附线时,可以表明环丙沙星与较低浓度环丙沙星污染物的黄土具有较强的亲和力,但随环丙沙星浓度的增加逐渐降低。"L 型"等温吸附线表明环丙沙星在生物碳土壤中含有表面吸附作用和分配作用。由以上的推测与讨论可以判断出来,在环丙沙星类污染物浓度较低时,溶液之中的竞争吸附位点与水分子之间的力会有可能为抑制吸附的主要原因;而当环丙沙星类污染物升高,实验结论与本文章中的动力学实验的结论也会一致。

3. 粒径的影响

图 3.29 可知,在相同条件下,过 60 目筛的黄土对环丙沙星的吸附量最小,而过 100 目筛的最大。随着过筛数的增大,即其吸附量随黄土颗粒粒径减小而逐渐增大。究其原因,黄土粒径的大小与其颗粒自身的比表面积密切相关,即黄土粒径与单位质量中所含颗粒数目呈反比,而与其比表面积也成反比。当黄土粒径越小时,颗粒越多,其表面积越大,其粒子分散越均匀,吸附位点增多,吸附质分子碰撞概率增大。

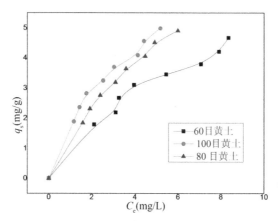

图 3.29 不同粒径对黄土吸附环丙沙星的影响

4. pH 值的影响

由图 3.30 可知,pH 值对土壤的吸附能力有很重要的影响,而环丙沙星在不同 pH 值下的离子形态也是不同的,在 pH=3~4 时,黄土对环丙沙星的吸附能力缓慢的增大,在 pH=5 时,黄土对环丙沙星的吸附能力达到最大,此后,随着 pH 值的增大,黄土对环丙沙星的吸附能力逐渐下降,在 pH=11 时,达到最低。这是由于黄土对环丙沙星的吸附主要是黄土中的阳离子的交换吸附,随着酸度的增加,土壤中的氢离子浓度也逐渐增加,在 pH 值过低时(即 pH<5 时),过多的氢离子的竞争吸附作用导致环丙沙星的吸附能力减弱,影响吸附效果;在 pH>7 时,环丙沙星的羧基基团与氢氧根离子结合,从而呈现的离子形态主要以带负电荷的离子形态为主,结果导致黄土对环丙沙星的吸附能力减弱。测定不同的 pH 值处理溶液,其大小主要在 6~7,因此可以表明黄土对环丙沙星的吸附主要是以阳离子交换为主。

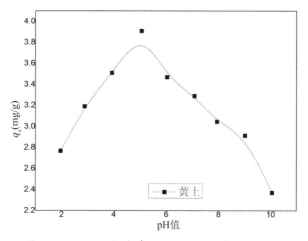

图 3.30 pH 值对黄土吸附环丙沙星的影响

5. 离子强度对黄土吸附环丙沙星的影响

由图 3.31 可知,随着溶液中阳离子的浓度减少,黄土对环丙沙星的吸附量逐渐增大,但是随着阳离子的减少,后面的吸附量增加速度减慢,可能会趋于稳定。图 3.31 中的蒸馏水对黄土吸附环丙沙星污染物也有一定的影响,且影响颇大。同一组实验中,当黄土的初始浓度逐渐增大时,所用 0.01mol/L 定容的 $CaCl_2$ 的浓度逐渐降低,对应图 3.31 可以看出随着钙离子增加其对环丙沙星的吸附量呈现上升趋势,在其中的可能由于溶液中环丙沙星溶液由于阳离子的竞争吸附作用而导致吸附量发生变化,随着钙离子的增加,越来越多的吸附位点被钙离子占据,因此导致对环丙沙星的吸附量减少,当 Ca^{2+} 达到某一浓度时,黄土中的活性位点的吸附基本达到饱和,而环丙沙星和钙离子之间的竞争吸附逐渐达到平衡,表征黄土对环丙沙星的吸附不因钙离子的增加而变化。不同阳离子,特别是不同浓度的阳离子对此类抗生素的影响均存在差异。

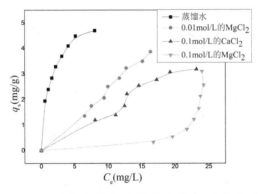

图 3.31　不同离子强度对黄土吸附环丙沙星的影响

6. 初始质量浓度对黄土吸附环丙沙星的影响

由图 3.32 可知,当环丙沙星的初始质量浓度从 5mg/L 增至 40 mg/L 时,环丙沙星在黄土上的吸附量由 1.789mg/L 增至 3.456 mg/L,表明吸附质的浓度越大,吸附质的分子的动力越大,所以导与吸附剂的有效碰撞效率越大,以至于可以克服两相间的传质阻力,最后表现为对环丙沙星的吸附量也是相应的增大。由此可以总结出,环丙沙星的初始质量浓度对黄土吸附环丙沙星的能力有一定的影响。

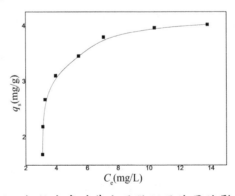

图 3.32　初始浓度对黄土吸附环丙沙星的影响曲线

参考文献

[1] 胡雪菲. 生物炭对寒旱区石油污染黄土中多环芳烃吸附行为影响的研究[D]. 兰州:兰州交通大学. 2015.

[2] 朱琨,展惠英,王恩鹏,等. 萘和菲在天然和改性黄土中的吸附特性研究[J]. 农业环境科学学报, 2006, 04: 958 - 963.

[3] 马力超,周媛媛,轩换玲,等. 紫色土对菲的吸附动力学及热力学研究[J]. 农业与技术, 2014, 08: 7 - 8.

[4] 孙亚平. 萘在土壤上的吸附特征及其位置能量分布模式[D]. 西安:西安建筑科技大学, 2008.

[5] 赵振国,戴东. 活性炭自环己烷中吸附芳香化合物的热力学研究[J]. 河北大学学报(自然科学版), 1986, 02: 35 - 41.

[6] Zhou Y, Liu R, Tang H. Sorption interaction of phenanthrene with soil and sediment of different particle sizes and in various CaCl₂ solutions[J]. J Colloid Interf Sci, 2004, 270: 37 - 46.

[7] Wilcke W, Zech W, Kobža J. PAH - pools in soils along a PAH - deposition gradient[J]. Environ Pollut, 1996, 92: 307 - 313.

[8] Schwarzenbach RP, Westall J. Transport of nonpolar organic compounds from surface water to groundwater. Laboratory sorption studies[J]. Environ Sci Technol, 1981, 15: 1360 - 1367.

[9] Divincenzo JP, Sparks DL. Slow sorption kinetics of pentachlorophenol on soil: concentration effects [J]. Environ Sci Technol, 1997, 31, 977 - 983.

[10] 张彩霞. 生物炭对五氯酚钠和克百威在黄土中的吸附影响[D]. 兰州:西北师范大学, 2014.

[11] 邓建才,蒋新,胡维平,等. 吸附反应时间对除草剂阿特拉津吸附行为的影响[J]. 生态环境, 2007, 16: 402 - 406.

[12] Karapanagioti HK, Kleineidam S, Sabatini DA, et al. Impacts of heterogeneous organic matter on phenanthrene sorption: equilibrium and kinetic studies with aquifer material[J]. Environ Sci Technol, 2000, 34: 406 - 414.

[13] Nassar MM. Intraparticle diffusion of basic red and basic yellow dyes on palm fruit bunch[J]. Water Sci Technol, 1999, 40: 133 - 139.

[14] Chang MY, Juang RS. Adsorption of tannic acid, humic acid, and dyes from water using the composite of chitosan and activated clay[J]. J Colloid Interf Sci, 2004, 278: 18 - 25.

[15] 王连生. 有机污染化学[M]. 北京:高等教育出版社, 2004.

[16] Kiran I, Akar T, Ozcan AS, et al. Biosorption kinetics and isotherm studies of Acid Red 57 by dried Cephalosporium aphidicola cells from aqueous solutions[J]. Biochem Eng J, 2006, 31: 197 - 203.

[17] 王树伦,蒋煜峰,周敏等. 汽油在西北黄土上吸附特性的研究[J]. 环境科学学报, 2013, 33: 1642 - 1647.

[18] Gevao I, Semple KT, Jones KC. Bound pesticide residues in soils: a review[J]. Environ Pollut, 2000, 108: 3 - 14.

[19] Cabrera A, Cox L, Spokas K, et al. Influence of biochar amendments on the sorption - desorption of aminocyclopyrachlor, bentazone and pyraclostrobin pesticides to an agricultural soil[J]. Sci Total Environ, 2014, 470 - 471: 438 - 443.

[20] 屈梦雄. 阿特拉津在东北冻融土壤中的吸附降解行为研究[D]. 大连:大连理工大学, 2014.

[21] 孙航,蒋煜峰,胡雪菲,等. 添加生物炭对西北黄土吸附克百威的影响[J]. 环境科学学报, 2016,

36：1015 - 1020

[22] Xing B, Pignatello JJ. Time - dependent isotherm shape of organic compounds in soil organic matter：implications for sorption mechanism[J]. Environ Toxicol Chem, 1996, 15：1282 - 1288.

[23] 邓建才, 蒋新, 胡维平, 等. 吸附反应时间对除草剂阿特拉津吸附行为的影响[J]. 生态环境, 2007, 16：402 - 406.

[24] Karapanagioti HK, Kleineidam S, Sabatini DA, et al. Impacts of heterogeneous organic matter on phenanthrene sorption：equilibrium and kinetic studies with aquifer material[J]. Environ Sci Technol, 2000, 34：406 - 414.

[25] Chang MY, Juang RS. Adsorption of tannic acid, humic acid, and dyes from water using the composite of chitosan and activated clay[J]. J Colloid Interf Sci, 2004, 278：18 - 25.

[26] Nassar MM. Intraparticle diffusion of basic red and basic yellow dyes on palm fruit bunch[J]. Water Sci Technol, 1999, 40：133 - 139.

[27] Jacobsen BN, Arvin E, Reinders M. Factor affecting sorption of pentachlorophenol to suspended microbial biomass[J]. Water Res, 1996, 30：13 - 20.

[28] Gupta VK, Ali I, Suhas, et al. Adsorption of 2,4 - D and carbofuran pesticides using fertilizer and steel industry wastes[J]. J Colloid Interf Sci, 2006, 299：556 - 563.

[29] 王树伦, 蒋煜峰, 周敏, 等. 天然腐植酸对柴油在寒旱区黄土中吸附特性的影响[J]. 安全与环境学报, 2012, 12：66 - 70.

[30] McKay G, Otterburn MS, Sweeny AG. The removal of colour from effluent using variousadsorbents—III. Silica：rate processes[J]. Water Res, 1980, 14：15 - 20.

[31] Rafatullah M, Sulaiman O, Hashim R. Adsorption of copper (Ⅱ), chromium (Ⅲ), nickel (Ⅱ) and lead (Ⅱ)ions from aqueous solutions by meranti sawdust [J]. J Hazard Mater, 2009, 170：969 - 977.

[32] 黄华, 王雅雄, 唐景春, 等. 不同烧制温度下玉米秸秆生物炭的性质及对萘的吸附性能[J]. 环境科学, 2014, 35：1884 - 1890.

[33] 黄利东. 湖泊沉积物对磷吸附的影响因素研究[D]. 杭州：浙江大学, 2011.

[34] 蒋煜峰, Yves UJ, 孙航, 等. 添加小麦秸秆生物炭对黄土吸附苯甲腈的影响[J]. 中国环境科学, 2016, 36：1506 - 1513.

[35] Ying GG, Kookana SR, Dillon P. Sorption and degradation of selected five endocrine disrupting chemicals in aquifer material[J]. Water Res, 2003, 37：3785 - 3791.

[36] 张鹏. 生物炭对西唯因与阿特拉津环境行为的影响[D]. 南开大学, 2013.

[37] 孙航, 蒋煜峰, 胡雪菲, 等. 添加生物炭对西北黄土吸附克百威的影响[J]. 环境科学学报, 2016, 36：1025 - 1020.

[38] Rashid MA, Buckley DE, Robertson KR. Interactions of a marine humic acid with clay minerals and natural sedimentHYPERLINK " http://www. sciencedirect. com/science/article/pii/0016706172900298"[J]. Geoderma 1972, 8：11 - 27.

[39] Yu Z, Huang W, Song J, et al. Sorption of organic pollutants by marine sediments：Implication for the role of particulate organic matter[J]. Chemosphere, 2006, 65：2493 - 2501.

[40] Kiran I, Akart, Ozcan A S, et al. Biosorption kinetics and isotherm of Acid Red 57 by dried cephalosporium aphidicola cells from aqueous solution[J]. Biochem Eng J, 2006, 31：197 - 203.

[41] 黎卫亮. 2,4 -二氯苯酚在黄土性土壤中的吸附及迁移转化研究[D]. 西安：长安大学, 2009.

[42] 张振国, 蒋煜峰, 慕仲锋, 等. 生物炭对西北黄土吸附壬基酚的影响[J]. 环境科学, 2016, 37：4428 - 4436.

[43] 史红星, 黄廷林. 黄土地区土壤对石油类污染物吸附行为的实验研究[J]. 环境科学与技术,

2002,25:10-13.

[44] Pradubmllk T, O'haber JH, Malakul P, et al. Effect of pH on adsolubilization of toluene and aceto-phenone into adsorbed surfactant on precipitated silica[J]. Colloids and Surfaces, 2003, 224:93-98.

[45] 张景环,曾溅辉. 北京地区土壤对柴油的吸附及影响因素研究[J]. 环境科学研究,2007,20:19-23.

[46] 王亚军,朱琨,王进喜,等. 腐植酸对铬在砂质土壤中吸附行为的影响研究[J]. 安全与环境学报,2007,7:42-47.

[47] Barry M, Michiel TOJ. Assessing the biovailability of complex petroleum hydrocarbon mixtures in sediments[J]. Environ Sci Technol, 2011, 45:3554-3561.

[48] 潘峰,陈丽华,付素静,等. 石油类污染物在陇东黄土塬区土壤中迁移的模拟试验研究[J]. 环境科学学报,2012,32:410-418.

[49] 王蓓,张旭,李广贺,等. 芦苇根系对土壤中石油污染物纵向迁移转化的影响[J]. 环境科学学报,2007,27:1281-1297.

[50] Chang BV, Shiung LC, Yuan SY. Anaerobic biodegradation of polycyclic aromatic hydrocarbon in soil [J]. Chemosphere, 2002, 48:717-724.

[51] 廉景燕,哈莹,黄磊,等. 石油污染土壤修复前后生物毒性效应[J]. 环境科学,2011,32:870-874.

[53] 刘晓艳,李英丽,朱谦雅,等. 石油类污染物在土壤中的吸附/解吸机理研究及展望[J]. 矿物岩石地球化学通报,2007,26:82-87.

[54] Elena MC, Carmen GB, Scharf S, et al. Environmental monitoring study of selected veterinary anti-biotics in animal manure and soils in Austria[J]. Environ Pollut, 2007, 148:1-10.

[55] Biak-Bielinska A, Maszkowska J, Mrozik W. Sulfadimethoxine and sulfaguanidine:Their sorption potential on natural soils [J].Chem-osphere,2012,86:1059-1065.

[56] 刘翠格,徐怡庄,魏永巨,等,环丙沙星的光谱性质、质子化作用与荧光量子产率. 光谱学与光谱分析,2005,9:1446-1450.

[57] 张从良,王岩,文春波,等.磺胺嘧啶在不同类型土壤中的吸附研究[J].农机化研究,2007,9:143-146.

[58] 王冉,刘铁铮,耿志明,等.兽药磺胺二甲嘧啶在土壤中的生态行为[J].土壤学报,2007,2:307-311.

[59] Biak-Bielinska A, Maszkowska J, Mrozik W. Sulfadimethoxine and sulfaguanidine:Their sorption potential on natural soils [J]. Chemosphere,2012,86:1059-1065.

[60] 任甜甜,吴银宝. 磺胺类兽药的环境行为研究进展[J],畜牧与兽医,2013,5:97-101.

[61] 崔皓,王淑平. 环丙沙星在潮土中的吸附特性[J],环境科学,2012,8:333-338.

第4章 天然有机质(腐植酸)
对黄土吸附石油污染物的影响

天然有机质(NOM)泛指土壤中来源于生命的物质,包括土壤微生物和土壤动物及其分泌物以及土体中植物残体和植物分泌物。天然有机质(NOM)具有矿化作用、腐植化作用。天然有机质(NOM)是结构组成复杂的一系列大分子有机物的混合物,广泛存在于自然环境中,它的存在会对众多污染物的环境行为产生影响。天然有机质(NOM)很容易与环境中的金属氧化物矿物作用。天然有机质对重金属、养分和有机污染物的环境化学行为有很大影响,因此开展天然有机质与污染物(或养分)之间相互作用的研究,具有重要的理论与实践意义。

4.1 腐植酸的提取及其表征

作为一种天然有机大分子物质,腐植酸由于在自然界含量丰富,约占土壤和水圈生态体系总有机质的$50\% \sim 80\%$[1]。腐植酸分子内主要含有羰基、羧基、醇羟基、酚羟基等多种活性官能团。由于其化学构成和结构特征的复杂性,腐植酸具有一系列特殊的物理、化学性质,同时,在不同的区域环境中体现出不同的物理、化学特性和生物活性,具有弱酸性、亲水性、吸附性和络合性,能与许多有机物和无机物发生相互作用,有效改变有机物在环境中的迁移特性[2,3]。

本文对腐植酸的提取和生物炭的制备做了研究,并对从西北地区黄土中所提取的天然腐植酸和用小麦秸秆制备的生物炭通过紫外分光光度法(UV)、傅里叶变换红外光谱(FTIR)以及扫描电子显微镜(SEM)等分析手段进行表征[4]。

4.1.1 实验材料与方法

1. 实验材料与试剂

(1)供试土样:土壤样品采自长庆地区表层$0\sim 20$ cm未受污染自然土壤。土壤主要理化性质:土壤pH值为6.53(土/水$=1/10$),含水率为0.72%,有机质含量0.57%。

(2)供试药品:实验所用药品均为分析纯。

(3)供试仪器:FTIR,JSM-5600LV低真空SEM,其余实验仪器同第3章。

2. 实验方法

(1)腐植酸的提取。

参照国际腐植质协会(IHSS)推荐的方法,用稀碱法提取腐植酸(HA)[4],具体操作方法如下。

将一定量的土壤与0.5 mol/L HCl按固液比$1:10$(g/mL)于恒温振荡箱中振荡

5 h 后静置 5 h,离心,倾去上层清液,用蒸馏水洗涤沉淀物 3 次,离心;按固液比 1∶10 往沉淀物中加入 0.4 mol/L NaOH 溶液,在室温下振荡 5 h 后静置 5 h,离心得红棕色上清液;用 6 mol/L HCl 溶液调节 pH 值至 2,静置过夜,离心所得沉淀物即为 HA 粗产品。将 HA 粗产品用 0.4 mol/L 氢氧化钠溶液溶解后用 6 mol/L HCl 沉降,此过程重复三次,离心所得沉淀用 1% HF～99% HCl 混合液洗涤,以去除硅酸盐,最后用蒸馏水洗涤数次,所得 HA 在真空烘箱中低温烘干,密封备用。

(2)腐植酸的表征。

红外光谱:腐植酸样品用 KBr 压片后在傅里叶变换红外光谱仪上从 4000～400 cm^{-1} 范围内扫描,并与市售腐植酸样品对比。

紫外光谱:将腐植酸样品溶于 0.05 mol/L 的 NaHCO$_3$ 溶液中,浓度约为 40 mg/L,在紫外风光光度仪上从 200～400 nm 范围内扫描,并与市售腐植酸对比。

E4/E6 测定:提取的腐植酸样品溶于 0.05 mol/L 的 NaHCO$_3$ 溶液,浓度约 40 mg/L,在可见光分光光度计上测定其在 465 nm(E4)和 665 nm(E6)处的光密度,并求商值。

4.1.2 结果与讨论

1. 腐植酸的红外光谱表征

如图 4.1 所示,该腐植酸与 Khan、李克斌、朱海军等[6-8]报道的土壤腐植酸的红外光谱十分类似。光谱中 3400 cm^{-1} 左右的吸收是羧基、酚、醇中的羟基(—OH)和 N—H 伸缩振动峰,2925 cm^{-1} 处的吸收属于脂肪族中 C—H 的伸缩振动,1710 cm^{-1} 处是羧酸中羰基(—C=O)的振动吸收,1608 cm^{-1} 处的吸收是芳香基上 C=C 的伸缩振动峰,1409 cm^{-1} 处属于脂肪族中—CH$_3$、—CH$_2$—的振动峰,1215 cm^{-1} 处的吸收峰是与酯相连的 C—O 以及酚羟基的振动,在自制腐植酸中,1030 cm^{-1} 处有一吸收峰,可能与腐植酸结构中芳香醚键之间的 C—O 伸缩振动有关[7]。据上述分析,从西北黄土中提取的天然腐植酸,其主要基团为脂肪族—CH$_3$ 和—CH$_2$—、—COOH、—C=O、—C=C—等,这些丰富基团使它能够与许多物质作用。

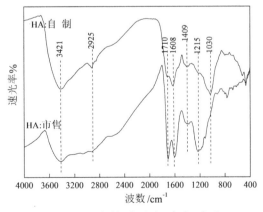

图 4.1　腐植酸的红外光谱图

2. 腐植酸的紫外光谱表征

由图 4.2 可知,两种腐植酸的紫外图谱在较短波长处光密度较高,这和在芳香碳"核"上和与这些"核"共轭的不饱和结构上的 π 电子移动性加大有关[6]。其在 300 nm 处有一强吸收,表明分子中含有芳香结构。

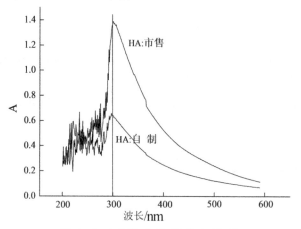

图 4.2　腐植酸的紫外光谱图

腐植酸的 E4/E6 值:E4/E6 是腐植酸的重要特征参数之一,是指腐植酸碱溶液在波长 465 nm 和 665 nm 处吸光度的比值,一般作为腐植酸芳香缩合程度的特征函数,其比值越低,表示芳香化程度越高[9]。同时,E4/E6 值可以作为腐植质分类和确定分子量范围的指标,富里酸和小分子量腐植质 E4/E6 值在 7~8 或更高范围内,腐植酸和大分子量腐植质 E4/E6 值处于 3~5[10]。本实验中市售腐植酸和自制腐植酸 E4/E6 值分别为 4.368 和 4.295,表明它属于大分子腐植酸范畴。

4.2 腐植酸对汽油在黄土上吸附特性影响的研究

本节以西北半寒旱区黄土为研究对象,分别从动力学和热力学两个方面研究了从西北地区黄土中提取的天然腐植酸对汽油在黄土上的吸附特性,并对其可能的影响因素和挥发行为做了探讨,以揭示西北地区黄土及天然腐植酸对石油类污染物的吸附规律,了解石油类物质在土壤环境中的存在状况和迁移规律,为寻求有效控制和治理石油类污染物在土壤中的环境行为提供理论依据。

4.2.1 实验材料与方法

1. 实验材料与试剂

(1)仪器:同第 3 章。

(2)试剂:汽油为兰州炼油厂提供的 93 号汽油,密度:0.725 g/cm³;腐植酸(HA)为采用稀碱法从西北地区黄土中提取的天然腐植酸[11];供试土壤样品同 4.1.1 节。

(3)汽油饱和溶液的配制:在大塑料瓶中加入一次蒸馏水,然后在水面上滴加过量的 93 号汽油,充分震荡混合均匀后,静置一段时间,使汽油在水中的溶解达到饱和,然后从瓶子底部取用。用紫外分光光度法测得汽油的饱和质量浓度为 179.98 mg/L[12]。

2. 实验方法

(1) 腐植酸浓度对汽油在黄土上吸附的影响。

在 11 支 100 mL 具塞塑料离心管中,称取 0.5000 g 供试土样,加入浓度为 71.992 mg/L 的汽油溶液 40 mL,再加入 0~100 mg/L 的腐植酸溶液各 10 mL,恒温振荡 24 h 静置 2 h,测定上清液中汽油的质量浓度。3 组平行实验,求均值。

(2) 吸附动力学实验。

称取 11 份 0.5000 g 土样于 100 mL 具塞塑料管中,加入 50 mL 浓度为 71.992 mg/L 的汽油溶液,恒温振荡,控制振荡时间分别为 0~30 min 和 1~ h,达到相应的振荡时间后,立即对固、液相进行分离,并测定上清液中汽油的浓度,同时做加入腐植酸溶液的对比。

(3) 等温吸附实验。

在 11 支 100 mL 具塞塑料离心管中,称取供试土样 0.5000 g,加入 40 mL 浓度为 14.44~143.98 mg/L 的汽油溶液,再加入 10 mL 浓度为 20 mg/L 的腐植酸溶液,恒温振荡 24 h 静置 2 h,离心测定上清液中汽油的质量浓度,同时做不加腐植酸溶液的对照实验和 35 ℃、45 ℃ 的等温吸附实验。

(4) pH 值对汽油在黄土上吸附的影响。

在 11 支 100 mL 具塞塑料离心管中,精确称取 0.5000 g 供试土样,加入质量浓度为 71.992 mg/L 的汽油溶液 40 ml,再分别加入质量浓度为 20 mg/L 的腐植酸溶液 10 ml,调节溶液 pH 值分别为 4~10,其余同 25 ℃ 吸附热力学实验。

(5) 土壤粒径对汽油在黄土上吸附的影响。

在 100 mL 具塞塑料离心管中,分别加入 0.5000 g 粒径为 0.15,0.30mm 和 0.90 mm 的供试土样,再分别加入 40 mL 质量浓度分别为 14.44~143.98 mg/L 的汽油溶液和 10 mL 质量浓度为 20 mg/L 的腐植酸溶液,其余同 25 ℃ 吸附热力学实验。

(6) 汽油挥发行为的研究。

在室温(25 ℃)条件下,分别将适量的 93♯汽油样品和掺杂了汽油溶液的土壤样品置于已知重量的玻璃表面皿中,隔一定时间后测定其质量,直到表面皿质量变化不大为止,质量差即为汽油样品的挥发量。

4.2.2 结果与讨论

1. 腐植酸浓度对汽油在黄土上吸附的影响

由图 4.3 可知,在汽油溶液中加入不同浓度的腐植酸溶液,汽油在黄土上的吸附量发生随着变化。在 25 ℃ 时,随着腐植酸浓度的增大,汽油在黄土上的吸附量随之增大,当腐植酸浓度为 20 mg/L 时达到最大饱和吸附量,随后随腐植酸浓度的不断增大,汽油在黄土上的吸附量减小,最终趋于平衡。因此本文选择汽油在黄土上的吸附量为最大吸附量处(20 mg/L)的腐植酸浓度做腐植酸对汽油吸附的影响。

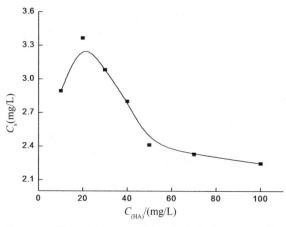

图 4.3　腐植酸浓度对汽油在黄土上吸附的影响

2. 汽油在黄土上的动力学吸附

从图 4.4 中可以看出，汽油在黄土上的吸附在短时间内就可以达到平衡，其吸附平衡时间为 6 h。腐植酸的加入使得汽油在黄土上的吸附量有所减小，对吸附平衡时间的影响不大。

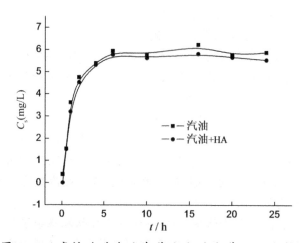

图 4.4　腐植酸对汽油在黄土上动力学吸附的影响

实验结果分别采用一级动力学方程、Elovich 方程和双常数方程进行拟合，结果见表 4.1。从表 4.1 可知，无论是否加入腐植酸，汽油在黄土上的动力学吸附，最优吸附方程为 Elovich 方程，其次为双常数方程。

表 4.1　腐植酸存在条件下汽油在供试土壤上的动力学方程拟合特征值

样品	一级动力学方程 $\lg(1-C_s/Q_m)=a-bt$			颗粒间扩散模型方程 $C_s=a+b\ln t$			双常数方程 $\lg C_s=a+b\lg t$		
	a	b	r	a	b	r	a	b	r
汽油	-0.4493	0.0481	0.7165	3.2762	1.0531	0.9477	0.3342	0.4391	0.9036
汽油+HA	-0.5799	0.0609	0.6605	3.0424	1.0628	0.9487	-0.0611	0.8710	0.8226

注：C_s 为黄土对汽油的吸附量，mg/g；Q_m 为土壤样品中汽油的饱和吸附量，mg/g；a、b 分别为与土壤性质有关的常数，t 为吸附平衡时间，h。

3. 汽油在黄土上的等温吸附实验

腐植酸对汽油在西北黄土上等温吸附特性的影响，可以分别用 Linear 方程、Freundlich 方程和 Langmuir 方程进行拟合，其拟合结果及其相关参数和特征值见表 4.2。25℃时腐植酸对汽油等温吸附的影响如图 4.5 所示。

表 4.2　汽油在供试土样上等温吸附方程特征值

等温吸附方程	Linear 方程			Freundlich 方程			Langmuir 方程		
	K	b	r	K	n	R	K	Q_m	r
25℃	0.0972	0.9217	0.9427	0.1239	1.0031	0.9708	0.0192	6.3001	0.9624
25℃＋HA	0.0744	0.4760	0.9349	0.0287	0.5162	0.9418	0.0092	5.8441	0.9231
35℃	0.0746	0.1320	0.9547	0.0896	1.0430	0.9723	0.0184	3.4319	0.9626
35℃＋HA	0.0745	−0.8533	0.9487	0.0129	0.6248	0.9784	0.0207	1.7569	0.8544
45℃	0.0497	0.0482	0.9877	0.0774	1.1200	0.9894	0.0554	1.3652	0.9855
45℃＋HA	0.0507	−0.4295	0.9825	0.0035	0.7717	0.9889	0.0413	1.1188	0.9800

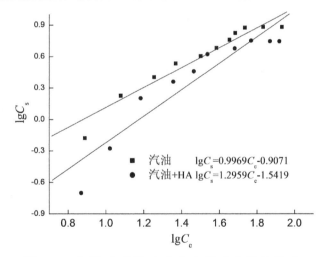

图 4.5　25℃时腐植酸对汽油等温吸附的影响

从表 4.2 可以看出，无论是否加入腐植酸溶液，汽油在西北黄土上等温吸附都能够较好地符合 Freundlich 方程，腐植酸的加入使得汽油在黄土上的吸附量有所减小。在 25 ℃，向溶液中加入 10 mL 质量浓度为 20 mg/L 的腐植酸溶液，汽油在黄土上的饱和吸附量由 6.3001mg/g 减为 5.8441 mg/g。随着反应温度的升高，汽油在黄土上的吸附量总体呈减少趋势。当反应温度从 25 ℃升高到 45 ℃，汽油在土壤样品中的饱和吸附量从 6.3001mg/g 减到1.3652 mg/g，表明汽油在黄土上的吸附属于放热反应。同时，由于石油类物质是一类黏性疏水物质，其溶解度受温度的影响较大，随着温度的升高，其溶解度逐渐增大。当反应温度升高时，石油类物质在液相中的溶解度明显增大，相应的在土壤样品上的吸附量减小[13]。不同温度时腐植酸对汽油等温吸附的影响如图4.6所示。

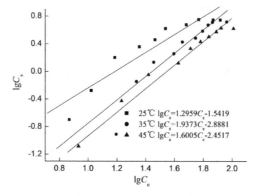

25℃ $\lg C_s = 1.2959 C_e - 1.5419$
35℃ $\lg C_s = 1.9373 C_e - 2.8881$
45℃ $\lg C_s = 1.6005 C_e - 2.4517$

图4.6　　不同温度时腐植酸对汽油等温吸附的影响

4. pH 值的影响

从图4.7可知,无论是否有腐植酸存在,pH对汽油在黄土上的吸附均有很大的影响。随着溶液pH值的增大,汽油在黄土上的吸附量逐渐减小。

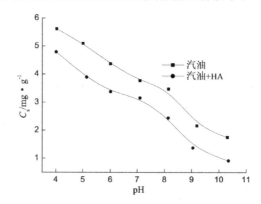

图4.7　　pH值对汽油在黄土上吸附的影响

25℃时,在不加腐植酸的条件下,溶液pH值从4.03增大到10.31,汽油在黄土上的吸附量由5.612 mg/g减到1.742 mg/g。这主要是因为溶液pH值不仅可以影响土壤胶体的电荷分布,也能够影响石油类物质中各组分的形态分布。当pH值增大时,溶液中的无机碱与石油类物质中的有机酸及其酸性组分发生反应,生成表面活性物质,有利于石油类物质的解吸和分散[14,15]。同时,由于腐植酸特殊的大分子结构,其表面有大量的酚羟基、羧基等基团,随着溶液pH值的增大,腐植酸中R—COOH在碱性环境中会发生离解,生成带负电的R—COO—和带正电H[+],带负电的腐植酸增大了汽油在液相中的溶解度[16],而与同样带负电的土壤胶体间的排斥将增大,从而使得汽油在黄土上的吸附量降低。

5. 粒径的影响

由图4.8可知,随土壤粒径的增大,汽油在供试土样上的吸附量减小。当供试土样粒径从 0.15 mm 增到 0.90 mm 时,汽油在供试土样上的最大吸附量从 4.589 mg/g 减到2.583 mg/g。这主要是因为土壤粒径越小,其比表面积越大,土壤颗粒物表面的吸附位点就越多,从而被吸附的汽油含量越多,吸附量越大。

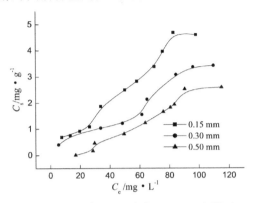

图 4.8　土壤粒径对汽油吸附的影响

6. 汽油挥发行为的研究

由图 4.9 和图 4.10 可知,93 号汽油挥发速率较快,在 200 min 时挥发率为98.76%,而在掺杂了汽油溶液的土壤样品中,汽油的挥发速率相对较慢,在 400 min 时其挥发率为99.89%。对实验结果进行非线性拟合,93♯汽油的挥发和掺杂了汽油溶液的土壤样品中汽油的挥发均与时间成对数关系,其拟合方程分别为:

$$Y(\%) = 16.1329 \ln t + 12.7751, R^2 = 0.9759$$
$$Y(\%) = 29.2258 \ln t - 81.9082, R^2 = 0.9416$$

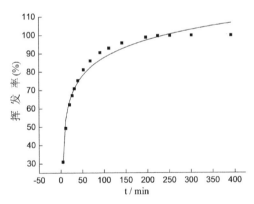

图 4.9　93 号汽油挥发率与时间的关系

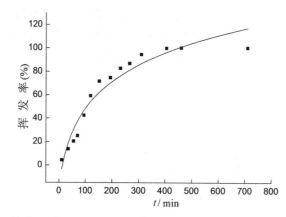

图 4.10 掺杂了汽油溶液的土壤样品中汽油挥发率与时间的关系

4.3 腐植酸对柴油在黄土上吸附特性的研究

本节以西北寒旱区黄土为研究对象,从吸附热力学和吸附动力学两个方面,研究了从西部地区黄土提取的天然腐植酸对柴油在黄土上的吸附特征,以及对其相关影响因素,力图揭示西部地区土壤及天然腐植酸对石油类污染物的吸附规律,为寻求有效控制和治理土壤中石油污染物的环境行为提供理论依据。

4.3.1 实验材料与方法

1. 实验材料与试剂

(1)供试土样:土壤样品采自兰州地区(徐家山)表层 $0 \sim 20$ cm 未受污染土壤。

(2)供试药品:柴油为 0 号柴油,密度:0.85 g/cm³;腐植酸(HA)为天然腐植酸即采用稀碱法从西部黄土中提取所得[17]。

(3)仪器:同第 3 章。

(4)柴油饱和溶液的制备:大塑料瓶中加入蒸馏水,在水面上滴加过量的 0 号柴油,充分搅拌后,静止使柴油溶解达到饱和后从瓶子底部移取柴油饱和溶液,测定柴油的饱和质量浓度为 193.33 mg/L[28]。

2. 实验方法

(1)腐植酸浓度对柴油吸附的影响。

称取 0.5000 g 供试土样于 100 mL 具塞塑料离心管中,加入浓度为 77.33 mg/L 的柴油溶液 40 mL,再分别加入质量浓度为 $0 \sim 100$ mg/L 的腐植酸溶液各 10 mL,在 27 ℃恒温振荡 16 h(140 r/min,预实验表明 16 h 内吸附达到平衡),静置 2 h,取离心分离 25 min,测定上清液中柴油的质量浓度。3 组平行实验,求均值。

(2)等温吸附实验。

称取 0.5000 g 土样置于 100 mL 具塞塑料离心管中,加入 40 mL 质量浓度分别为 $19.33 \sim 193.33$ mg/L 的柴油溶液,再加入 40 mg/L 的腐植酸溶液 10 mL,27 ℃恒温振荡16 h(140 r/min),静置 2 h,取上层清液离心分离 25 min(4000 r/min),测定上清液中柴油的质量浓度,37 ℃和 47 ℃的等温吸附实验同上。

(3) 吸附动力学实验。

量取 40 mL 质量浓度为 77.33 mg/L 的柴油溶液 12 份于 100 mL 离心管,再加入土样 0.5000 g,27℃恒温振荡 16 h(140 r/min),控制振荡时间分别为 0~30 min 和1~24 h,达到相应的振荡时间后,立即对固、液相进行分离,并测定上清液中柴油的浓度。

(4) 溶液 pH 的影响。

称取 0.5000 g 土样于 100 mL 离心管中,加入质量浓度为 77.33 mg/L 的柴油溶液40 mL,再加入 40 mg/L 的腐植酸溶液 10 mL,调节溶液 pH 值为 4~10,其余实验同27℃吸附热力学实验。

(5) 土壤粒径的影响。

将过 20,60 和 100 目筛的 0.5000 g 的土样加入 100 mL 离心管中,再加入 40 mL质量浓度分别为 19.33~193.33 mg/L 的柴油溶液和 10 mL 质量浓度为 40 mg/L 的腐植酸溶液,其余实验同 27 ℃吸附热力学实验。

4.3.2 结果与讨论

1. 腐植酸浓度对柴油在黄土上吸附的影响

由图 4.11 可见,在供试土样中加入不同浓度的腐植酸溶液,当腐植酸浓度较低时,柴油在供试土样上的吸附量较小,随着腐植酸浓度的增大,柴油在黄土中的吸附量呈上升趋势,当腐植酸浓度达到 40 mg/L 时达到最大吸附量,以后随腐植酸浓度的增大,其吸附量呈下降趋势,到 80 mg/L 左右时达到平衡。

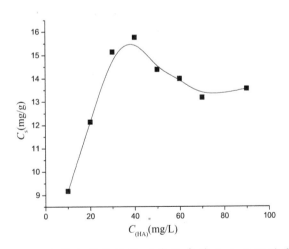

图 4.11　不同浓度腐植酸对柴油在黄土上吸附的影响

2. 腐植酸对柴油在西部黄土上等温吸附的影响

分别采用 Linear、Freundlich 和 Langmuir 模型进行拟合。拟合结果及其相关参数和特征值见表 4.3。由表 4.3 可知,不加腐植酸时,柴油在黄土上的吸附符合 Freundlich 方程,加入腐植酸后,其吸附方程变为 Linear 方程。在 27 ℃时,加入 10 mL 40 mg/L 的腐植酸溶液,黄土对柴油的饱和吸附量由 12.034 mg/g 降到 7.407 mg/g,说明腐植酸的加入使柴油在黄土上的吸附能力有所降低,这主要是因为腐植酸的加入加大了柴油在液相中的溶解度,使得其在黄土上的吸附量减小。同时,随着反应温度的升高,柴油在土壤上的吸附量也有所降低。温度从 27℃升到 47 ℃,柴油在黄土上的饱和吸附量由 12.034 mg/g 降到 4.228 mg/g,表明柴油在黄土上的吸附属于放热反应。另外,由于石油类物质是一类黏性疏水物质,其溶解度受温度的影响较大,主要表现为随着温度的升高,溶解度逐渐增大。当反应温度升高时,石油类物质溶解度明显增大,相应的在土壤样品上的吸附量减小[19]。

表 4.3 柴油在供试土样上等温吸附方程特征值

等温吸附方程	Linear 方程			Freundlich 方程			Langmuir 方程		
	K	b	r	K	n	r	K	Q_m	r
27℃	0.4839	2.3651	0.9579	1.7155	1.5321	0.9966	0.1624	12.034	0.9887
27℃＋HA	0.2849	2.0347	0.9878	2.2667	2.2857	0.9872	0.0577	7.4074	0.9775
37℃	0.4655	1.2563	0.9638	0.1442	0.7487	0.9709	0.0268	7.4019	0.9560
37℃＋HA	0.2750	0.6487	0.9853	0.4591	1.1471	0.9786	0.0224	4.2918	0.9531
47℃	0.3273	0.1753	0.9604	0.0247	0.6097	0.9903	0.0186	4.2283	0.9612
47℃＋HA	0.2531	0.0669	0.9875	0.1297	0.8724	0.9850	0.0083	0.8071	0.9803

其吸附等温线如图 4.12 和图 4.13 所示。

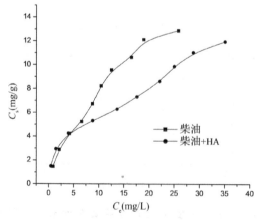

图 4.12   27 ℃时腐植酸对柴油等温吸附的影响

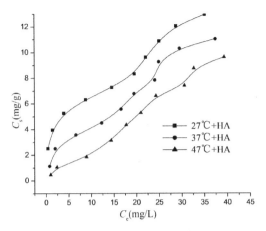

图 4.13 不同温度时腐植酸对柴油等温吸附的影响

不加腐植酸时柴油的吸附: $\Delta H_1^\theta = -176.29$ kJ/mol, $\Delta S_1^\theta = -578.25$ J/mol·K, $\Delta G_1^\theta = -2.8300$ kJ/mol。

加入腐植酸后, $\Delta H_2^\theta = -118.92$ kJ/mol, $\Delta S_2^\theta = -386.10$ J/mol·K, $\Delta G_2^\theta = -3.0900$ kJ/mol。

由计算结果可知, $\Delta G^\theta < 0$, 说明吸附过程为自发过程。由于 $\Delta G^\theta < 0$, $\Delta S^\theta < 0$, 所以在反应过程中温度起重要作用, 温度越低, 对反应过程越有利。

3. 腐植酸对吸附动力学的影响

采用一级动力学方程、Elovich 方程和双常数方程对其结果进行拟合, 见表 4.4, 结果表明, 柴油在黄土上吸附的平衡时间为 6 h 左右, 加入腐植酸后, 柴油在黄土上的吸附量有所减小, 吸附平衡时间变化不大。据表 4.4 知, 是否加腐植酸, 柴油吸附动力学最优方程都为 Elovich 方程, 其次为双常数方程。腐植酸对柴油在黄土上的吸附的动力学曲线如图 4.14 所示。

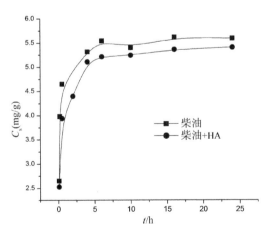

图 4.14　腐植酸对柴油在黄土上吸附的动力学曲线

表 4.4 柴油在供试土样上的动力学方程拟合特征值

样品	一级动力学方程			Elovich 方程			双常数方程		
	a	b	r	a	b	r	a	b	r
柴油	−0.204	0.0038	−0.6378	4.5573	0.4218	0.9095	0.6455	0.0997	0.8663
柴油＋HA	−0.355	0.0112	−0.7671	4.2050	0.4366	0.9498	0.6111	0.1074	0.9161

4. 溶液 pH 值对柴油在黄土上吸附的影响

由图 4.15 可知,无论是否加入腐植酸,柴油在土样中的吸附量均随 pH 值的升高而降低,且加入腐植酸以后,柴油在土样中的吸附量更低。这主要是因为,pH 值不仅影响土壤胶体的电荷分布,也影响原油中各组分的形态分布,pH 值的升高会增大沉积硅土表面的电荷密度,从而增大沉积硅土对表面活性剂的吸附量,并有利于吸附在沉积硅土上的表面活性剂对有机物的增溶作用[20]。

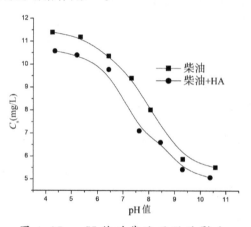

图 4.15　pH 值对柴油吸附的影响

5. 土壤粒径对柴油吸附的影响

由图 4.16 可见,随着土样粒径的减小,柴油在土样中的吸附量增大。当土壤粒

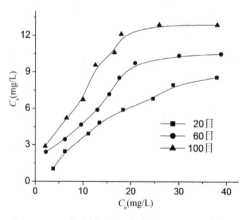

图 4.16　土样粒径对柴油吸附的影响

径分别为 20、60 和 100 目时,其最大吸附量分别为 8.581mg/g、11.498mg/g 和 12.970 mg/g。研究发现,土壤颗粒表面与石油类物质表面具有相同的双电层结构,两者相遇时可形成公共反离子层,若二者粒径和质量相差较大,公共反离子层对其吸引力足以使石油颗粒黏附于土壤颗粒表面而成为较为稳定的结构。土壤粒径越小,其比表面积越大,吸附的油滴颗粒就越多,土壤的吸附量就越大[21,22]。

4.4 天然腐植酸对黄土中典型有机农药吸附行为及机理

有机农药中严重的一类具有致癌、致畸、致突变的"三致"作用或者潜在"三致"作用[23]。曾有研究发现,有机农药被施入土壤中后,会有超过 20% 残留在土壤中,有时可达 70%。农药作为一种有机污染物进入土壤后,会发生一系列的物理、化学及生物过程,在所有可能发生的过程中,吸附解吸行为是作为控制农药在土壤中迁移转化的极其重要的过程之一而存在的。

天然有机质(NOM)是影响环境中有机污染物形态和行为的重要因子[24],腐植酸(HA)相较于其他高分子有机物,它的生物化学稳定性高,在土壤有机物总量中占到 50% 以上,甚至可能会达到 90%[25]。就性质而言,它带有多种具有活性的官能团,能够与污染物中存在的金属离子发生吸附,络合等反应。

本节在研究黄土对敌草隆吸附解吸作用效果的基础上,研究了加入天然有机质腐植酸后的黄土对敌草隆的吸附解吸行为。采用批量法,分别研究了黄土、添加腐植酸黄土对有机农药敌草隆的吸附动力学、吸附热力学和解吸动力学过程,并对目标污染物的初始浓度、pH 以及温度等影响因素进行讨论。目的在于表明黄土、添加腐植酸黄土对敌草隆的吸附机理,对比添加腐植酸与否对其吸附解吸行为的影响,进而为今后有机农药的施用以及控制提供一定的依据。

4.4.1 实验材料与方法

1. 实验材料与试剂

试验黄土取自安宁区农耕田表层 0~25 cm 土壤,经检测未受有机农药污染,自然风干后研碎,过 0.1 mm 筛备用,经检测,土样 pH 值呈中性。

2. 实验方法

(1)敌草隆的检测。
选用紫外分光光度计检测敌草隆的吸光度,实验选用的波长(λ)为 250 nm。
(2)黄土和添加腐植质黄土的吸附动力学。
称取 0.5000 g 黄土于 4 组各 9 支的 50 mL 离心管中,一组加入 0.01 mol/L CaCl$_2$ 溶液作为空白样,另外 3 组加入浓度为 7、10、15 mg/L 的敌草隆溶液,在 25 ℃恒温水浴振荡器中以 180 r/min 的速度振荡,控制震荡时间为 0.5~24 h,4000 r/min 的离心机下离心 15 min,测定其上清液吸光度,3 组平行实验,求均值。离心管中加入 0.5000 g 黄土及 0.025 g 腐植酸,其他实验过程同上。

（3）黄土和添加腐植质黄土的吸附热力学。

称取 0.5000 g 黄土于 3 组各 9 支的 50 mL 离心管中，依次加入浓度分别为 0～20 mg/L 敌草隆溶液，分别在 25 ℃、35 ℃、45 ℃下恒温振荡 12 h，静置 2 h；以 4000 r/min离心机中离心 15 min，测定其上清液吸光度，3 组平行实验，求均值。离心管中加入0.5000 g黄土及 0.025 g 腐植酸，其他实验过程同上。

（4）初始浓度的影响。

同 25℃下热力学实验。

（5）pH 的影响。

取 2 组各 8 支的 50mL 离心管，一组称取 0.5000 g 供试土样于离心管中，另一组称取 0.5000g 供试土样和0.0250g腐植酸于离心管中，加入 50 mL 初始浓度为 15mg/L 的溶液，加入黄土组与腐植酸组调节溶液 pH 值为 3～10，其余同 25℃热力学实验。

（6）离子强度的影响。

配制 0.1 mol/L CaCl$_2$，0.1 mol/L MgCl$_2$，0.01 mol/L NaCl 稀释液备用。

称取 0.5000 g 黄土于 4 组各 9 支的 50 mL 离心管中，加入浓度为 0～20 mg/L 敌草隆溶液，一组加入 0.01 mol/L CaCl$_2$ 定容至 50mL，另外 3 组加入 0.1 mol/L CaCl$_2$，0.1、0.01 mol/L NaCl，其余同 25 ℃热力学实验。

（7）温度的影响。

同吸附热力学实验。

（8）天然有机质的影响。

取 2 组各 9 支 50mL 离心管，一组加入 0.5000 g 土样，另一组称取 0.500g 土样和 0.025 g腐植酸于离心管中，均加入 50 mL 初始浓度为 15mg/L 的溶液，恒温振荡 12 h，于 4000 r/min 高速离心 15 min，其余同 25 ℃热力学实验。

（9）解吸动力学实验。

称取 0.5000g 黄土于 4 组各 9 支 50 mL 离心管中，一组加入 0.01 mol/L CaCl$_2$溶液，另外 3 组加入浓度为 7、10、15mg/L 的敌草隆溶液，以 0.01 mol/L 的 CaCl$_2$ 溶液作为稀释液，其余同 25 ℃热力学实验。然后将上清液全部倒掉，再加入 50 mL 质量浓度为 0.01 mol/L的 CaCl$_2$ 溶液，180 r/min 恒温振荡 0.5～24 h，4000 r/min 的离心机离心 15 min，其余同 25 ℃热力学实验。

4.4.2 结果与讨论

1. 吸附动力学

由图 4.17 可知，随着敌草隆浓度从 7mg/L 增大为 15 mg/L，黄土、添加腐植酸黄土对其的吸附能力均增强。由图 4.18 可知，在 0～9 h 内，随着时间往后推移，敌草隆在黄土上的吸附量迅速增加，在 9～12 h 吸附量增加趋势减缓，呈现慢增长过程，在 12 h 左右，黄土对敌草隆的吸附量逐渐达到平衡；由图 4.18 可知，在 0～6 h 内，随着时间的延长，敌草隆在添加腐植酸黄土上的吸附量增加速度较快，在随后的 6～12 h 内吸附的增加趋势逐渐变缓，表现为慢增长过程，同样，在 12 h 左右吸附达到平衡。时间越长，吸附剂表面的活性位点会越饱和，所以大多数的研究将有机污染物被多孔吸附剂吸附的过程可以分为快反应和慢反应两个阶段[26]。在吸附过程初始,土壤样品表面的吸附位点相较于后期比较多,有机污染物所在的液相浓度与土壤表面的有机质分子间的浓度有较大差别,故草隆分子较易扩散到土壤表面而被土壤吸附,但随着吸附反应的进行,吸附点位开始慢慢饱和,吸附进入慢速阶段,吸附速率逐渐趋于平缓,随后便达到平衡。

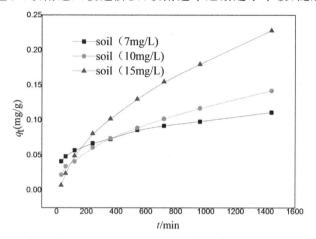

图 4.17　黄土在 25 ℃下吸附不同浓度故草隆的吸附动力学曲线

　　对黄土以及添加腐植酸黄土对敌草隆的吸附动力学过程用准一级动力学方程,准二级动力学方程及内部扩散方程进行线性拟合,结果见表 4.5。由表 4.5 可知,内部扩散模型对吸附数据的拟合程度更高,准一级吸附模型和准二级吸附模型也有较好的拟合度。根据颗粒内部扩散模型的特点可知[27],当用 q_t 与 $t^{1/2}$ 对内部扩散模型进行线性拟合时,如果直线没有通过原点,吸附过程则可能是受其他吸附阶段共同控制的。表4.5 中的拟合参数显示,该数据有一定的线性,但并没有经过原点,说明吸附过程受其他吸附阶段控制。分析数据发现,黄土以及添加腐植酸的黄土对敌草隆的吸附更符合准二级动力学方程,说明此吸附过程包含了表面吸附、外部液膜扩散和颗粒内部扩散在内的所有吸附过程。

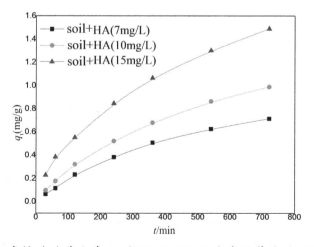

图 4.18　添加腐植酸的黄土在 25 ℃下吸附不同浓度故草隆的吸附动力学曲线

表 4.5　黄土以及添加腐植酸黄土吸附敌草隆的动力学吸附模型拟合参数

吸附剂	浓度/(mg/L)	准一级动力学模型			准二级动力学模型			颗粒内部扩散模型		
		K_1	q_1	r^2	K_2	q_2	r^2	K_p	c	r^2
黄土	7	39.808	0.089	0.8724	0.064	0.115	0.985	0.0021	0.0324	0.9908
	10	502.84	0.198	0.9509	0.018	0.163	0.9538	0.0037	0.0033	0.9991
	15	0.048	446.28	0.9602	0.002	0.411	0.7726	0.0067	0.0267	0.9993
黄土＋腐植酸	7	827.46	0.790	0.9872	0.001	1.306	0.9921	0.0315	0.1124	0.9967
	10	1049.6	1.552	0.992	0.001	1.672	0.9969	0.0428	0.1439	0.999
	15	1887.9	7.163	0.9848	0.002	1.995	0.9788	0.0594	0.0853	0.9989

2. 吸附热力学

由图 4.19 可知,当体系温度从 45℃降至 25 ℃时,黄土对敌草隆的吸附量逐渐增大,表明敌草隆在黄土上的吸附是放热反应。随着体系温度从 45℃降到 25 ℃时,添加腐植酸黄土对敌草隆的吸附量逐渐减小,表明敌草隆在添加腐植酸黄土上的吸附是吸热作用。

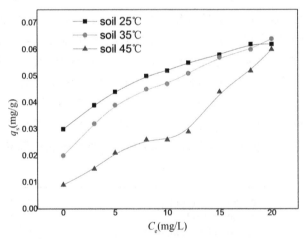

图 4.19　黄土在不同温度下吸附敌草隆的热力学曲线

分别采用 Langmuir、Freundlich 及 D-R 热力学吸附模型将所得数据进行拟合,结果见表 4.6。比较发现,Freundlich 吸附模型拟合 r^2 均在 94％以上,且均大于 Langmuir 吸附模型和 D-R 吸附模型的拟合数据,拟合程度远高于其他两种模型,则敌草隆在黄土、添加腐植酸黄土上的吸附等温线更符合 Freundlich 等温吸附模型,表明敌草隆的吸附过程为非均匀表面的多分子层吸附过程[28]。研究表明,当吸附平均自由能 E 小于 8.0 kJ/mol时,以物理吸附为主;当 E 大于 8.0 kJ/mol 时,主要是化学吸附[29]。由表 4.6 可知,黄土、添加腐植酸黄土对敌草隆吸附的 E 均小于 8.0 kJ/mol,表明物理吸附是此吸附过程的主要过程。

表 4.6　腐植酸对黄土吸附敌草隆的等温吸附热力学模型特征值

吸附剂	温度	朗格缪尔模型			弗兰德里希模型			D-R模型			
	/℃	Q_m	K_L	r^2	n	K_F	r^2	Q_m	$\beta \times 10^{-7}$	r^2_{D-R}	E
黄土	25	0.066	0.447	0.955	4.036	0.030	0.999	0.001	8.00	0.829	0.791
	35	0.069	0.269	0.966	2.667	0.021	0.996	0.001	0.10	0.818	0.707
	45	0.066	0.095	0.899	1.639	0.008	0.944	0.0006	2.00	0.624	0.500
黄土 腐植酸	25	0.424	0.045	0.982	1.296	0.021	0.982	0.017	3.00	0.852	0.408
	35	0.378	0.056	0.983	1.282	0.022	0.987	0.018	2.00	0.805	0.500
	45	0.657	0.043	0.979	1.089	0.23	0.980	0.047	2.00	0.749	0.500

添加腐植酸黄土在不同温度下吸附敌草隆的热力学曲线如图4.20所示。

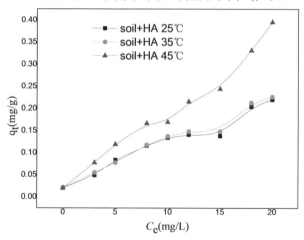

图 4.20　添加腐植酸黄土在不同温度下吸附敌草隆的热力学曲线

3. 吸附热力学参数

由表4.7可知,在体系温度为 25 ～45 ℃范围内,黄土对敌草隆的吸附过程中吉布斯自由能 ΔG^θ 小于 0,说明此吸附过程是自发进行的,又 ΔG^θ 在-20～0 kJ/mol 范围内变化,说明物理吸附是黄土对敌草隆吸附的主要过程。焓变 ΔH^θ 小于 0,说明此吸附过程为放热过程,随着体系温度降低,吸附越容易进行。熵变 ΔS^θ 小于 0,说明混乱度减小。在体系温度为 25 ～45 ℃范围内,添加腐植酸黄土对敌草隆的吸附过程中吉布斯自由能 ΔG^θ 小于 0,说明此吸附过程是自发进行的,又 ΔG^θ 在-20～0 kJ/mol 范围内,表明添加腐植酸黄土对敌草隆的吸附也以物理吸附为主。焓变 ΔH^θ 大于 0,说明此吸附过程为吸热反应,随着体系温度升高,吸附越容易进行;熵变 ΔS^θ 小于 0,说明混乱度减小。

表 4.7 黄土、添加腐植酸黄土吸附敌草隆的等温吸附热力学参数

吸附剂	吸附温度/℃	ΔG^{θ}/kJ/mol	ΔH^{θ}/kJ/mol	ΔS^{θ}/kJ·mol
黄土	25	-8.70		
	35	-9.95		
	45	-12.81	-52.19	-0.20
黄土	25	-9.54		
	35	-9.82	3.44	-0.02
腐植酸	45	9.95		

4. 初始浓度的影响

如图 4.21 所示,敌草隆初始浓度为 0~8 mg/L 时,不加腐植酸黄土对敌草隆的吸附量从 0.030mg/g 增到 0.050 mg/g,随后缓慢增加,直至趋于平衡;敌草隆初始浓度为 0~15 mg/L时,添加腐植酸的黄土对敌草隆的吸附量从 0.02mg/g 迅速增至 0.170 mg/g,之后增长渐缓,最终趋于平衡。表明吸附质的浓度越大,吸附质分子的动力也越大,吸附剂间的有效碰撞频率也将增大,克服两相间的传质阻力也变得越简单,吸附量也便增大[30]。由上述实验结果可见,初始浓度对黄土、添加腐植酸黄土对敌草隆的吸附有明显影响。

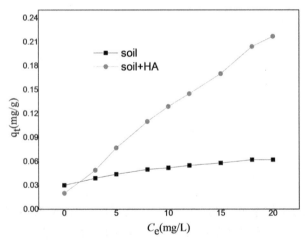

图 4.21 不同初始浓度对黄土、添加腐植酸黄土吸附敌草隆的影响

5. pH 值的影响

由图 4.22 可知,随着溶液由酸性变为碱性,吸附量逐渐减小,当趋于中性时,吸附量趋于平衡。

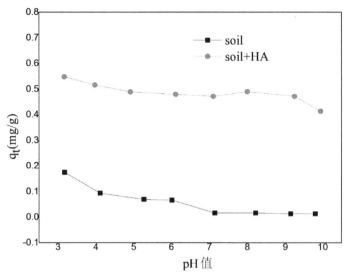

图 4.22　pH 值对黄土、添加腐植酸黄土吸附敌草隆的影响

　　添加腐植酸的黄土最大吸附量（0.548 mg/g）和最小吸附量（0.413 mg/g）差值为 0.135 mg/g，而仅添加黄土的最大吸附量（0.174 mg/g）和最小吸附量（0.013 mg/g）差值为 0.161 mg/g。这说明 pH 值对黄土以及添加腐植酸黄土吸附敌草隆有一定的影响，且添加腐植酸对其吸附影响较小。有机化合物可离子化的程度与溶液酸碱性有着密切关系，土壤或沉积物的表面性质也与其有一定的关系。相较于疏水性有机化合物而言，溶液酸碱性对极性或可离子化有机化合物吸附的影响要强。因为敌草隆是一种取代脲类除草剂，在 pH 呈酸性和中性时，稳定度比较高，但在碱性条件时容易发生水解，所以，pH 值较高时，上清液中敌草隆浓度较低。而腐植酸是一种高分子弱电解质，且带负电，官能团的离解程度在很大程度上将决定它的形态构型。在 pH 值大于 7 时，有机质离解出大量的羟基和羧基，形成的负电荷无法相互吸引，有机质构型伸展，亲水性增强，所以易于溶解；在 pH 值小于 7 时，无法离解各官能团，高分子有向卷缩成团发展的趋势，不易与水分子结合，反而会发生凝聚或沉淀。这便可以解释为何添加腐植酸黄土在碱性条件下吸附量趋于最小值。

6. 离子强度的影响

　　研究表明，Ca^{2+} 能够与溶解腐植质和矿物质表面的羧基或羟基结合，从而降低腐植质分子间及其与矿物质表面的静电斥力，因此导致腐植质凝聚和在矿物质上的吸附，进而影响天然颗粒物吸附农药[31]。由图 4.23 知，随着 Ca^{2+} 浓度增加，黄土、添加腐植酸黄土对敌草隆的吸附量均减小，则吸附体系离子强度的大小对吸附有很大的影响。这可能是因为在土壤-水吸附体系中，土壤矿物质表面腐植质的结构因 Ca^{2+} 浓度的变化而改变，Ca^{2+} 浓度越大，腐植质以"闭合"结构的存在越紧密，对疏水有机物的亲和力越弱，吸附量降低[32]。不论 Ca^{2+} 浓度如何，添加腐植酸黄土相较于黄土而言，对敌草隆的吸附量均大，这可能是由于 Ca^{2+} 能够与溶解腐植质表面的羧基或羟基结合，降低腐植质间的静电斥力，从而使其对于敌草隆的吸附量增大。由图 4.24 可知，不论添加腐植酸与否,Mg^{2+}对敌草隆的吸附量均大于Ca^{2+}。由图 4.25 可知,不论是否添加腐植酸,Ca^{2+}对于敌草隆的吸附量均大于Na^+。

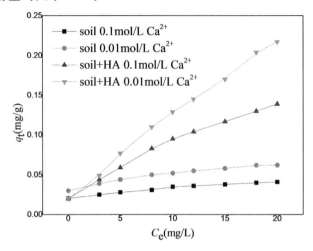

图 4.23　不同浓度 Ca^{2+} 对黄土、添加腐植酸黄土吸附敌草隆的影响

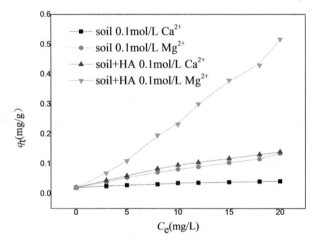

图 4.24　Mg^{2+}、Ca^{2+} 对黄土、添加腐植酸黄土吸附敌草隆的影响

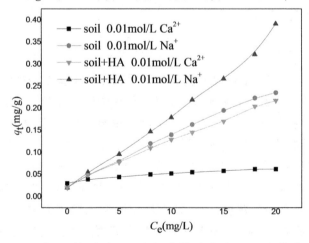

图 4.25　Na^+、Ca^{2+} 对黄土、添加腐植酸黄土吸附敌草隆的影响

7. 温度的影响

如图 4.26 所示,25 ℃时添加腐植酸与不添加的黄土对敌草隆的饱和吸附量分别为 0.22mg/g、0.062 mg/g;35 ℃时添加腐植酸的黄土对敌草隆的饱和吸附量为 0.226 mg/g,黄土对其的饱和吸附量为 0.064 mg/g;45 ℃时黄土对敌草隆的饱和吸附量为 0.06 mg/g,而添加腐植酸黄土对其的饱和吸附量却高达 0.395 mg/g,差值为 0.335 mg/g。而黄土在 25 ℃时与 45 ℃时对敌草隆的饱和吸附量差值为 0.002 mg/g,添加腐植酸黄土在两个温度时差值为0.175 mg/g。表明温度对黄土吸附敌草隆的影响较小,但黄土对其的吸附为放热反应;而在黄土中添加腐植酸时,温度升高可提高黄土对敌草隆的饱和吸附量。温度升高时,腐植酸表面的微孔数量增多,粗糙度随之增加,使得腐植酸表面积增大,吸附位点增加,导致其对有机农药的吸附能力也增强。

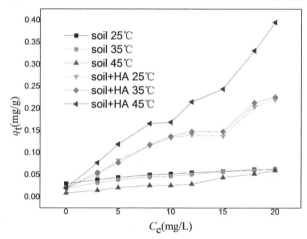

图 4.26　温度对黄土、添加腐植酸黄土吸附敌草隆的影响

8. 天然有机质的影响

25 ℃时,黄土以及添加腐植酸的黄土对浓度为 7mg/L、10mg/L、15 mg/L,敌草隆的吸附动力学曲线如图 4.27 所示。有研究表明,敌草隆的吸附行为与土壤中的有机质含量有关,其吸附系数随着土壤有机质含量的增大而增大(Spurlock et al.,1994)。毋庸置疑,腐植酸是一种广泛存在于自然界中的有机质。

腐植酸 HA 对黄土吸附敌草隆的影响可能与以下 3 个方面有关[33]。一是,HA 与敌草隆产生了累积吸附效应。累积吸附是指 HA 先吸附到黄土上,增加土壤固相有机质的含量,从而增加敌草隆的吸附量。二是,HA 与敌草隆产生共吸附效应,HA 与敌草隆在溶液中先形成复合物,敌草隆以复合物的形式被吸附到土壤中,从而增加黄土对敌草隆的吸附量,加入 HA 后,敌草隆在土壤中的吸附等温线呈线性,因此共吸附效应可能不是 HA 影响敌草隆吸附的主要机理。三是,HA 与黄土竞争吸附敌草隆,指 HA 与敌草隆形成的复合物没有被土壤吸附,而存在于溶液中,增大了敌草隆的溶解度,其趋势为减少了敌草隆的吸附。据分析,加入 HA 后,改变温度、pH、初始浓度中的任何一条件,其吸附量均大于黄土,可能是由于上述原因一或原因三。

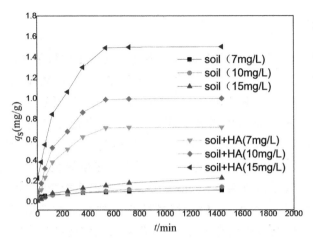

图 4.27　天然有机质对黄土吸附敌草隆的影响

9. 解吸动力学

解吸是研究土壤吸附有机农药影响因素中的一个重要因子。对黄土解吸动力学的研究,有助于我们更好地了解黄土对有机污染物吸附的持续性,对有机污染物的控制与防治具有非常重要的意义。

由图 4.28 可知,对于三个不同浓度的敌草隆溶液,随着时间的增加,黄土对敌草隆的解吸量逐渐增大。在 0~2 h 内,上清液中敌草隆浓度迅速增大,即快解吸阶段;此后曲线开始变得平缓,敌草隆浓度逐渐不再变化,即所谓的慢解吸阶段。在 6 h 后,三条曲线均不再有明显的变化趋势,说明解吸已经达到平衡,从而可以确定黄土对敌草隆的解吸动力学平衡时间为 6 h 左右。由图 4.29 可知,在 0~4 h 内,三条曲线上清液中敌草隆浓度增大速度较快,即所谓的快解吸阶段;4~9 h 为添加腐植酸黄土解吸敌草隆的慢解吸阶段;9 h 后,解吸趋于平衡,由此可知,添加腐植酸黄土对敌草隆的解吸平衡时间大约为 9 h。敌草隆的解吸动力学之所以会出现快、慢两个阶段,可能是因为敌草隆分子既可以吸附于黄土的低能量点位,又可以吸附黄土的高能量点位[34]。在快速反应阶段,对于吸附在低能量点位的敌草隆分子,由于与黄土的吸附契合度低,很容易从底泥表面"脱落",从而形成了快速反应阶段;同样的机理,在慢速反应阶段的时候,主要是因为敌草隆分子吸附在高能量的点位,与黄土结合得非常紧密,当大量低能量点位的敌草隆分子解吸以后,剩下高能量点位的敌草隆分子,它从底泥上的解吸需要较长的时间,解吸速率也比较缓慢。

由图 4.28、图 4.29 还可知,不论敌草隆浓度如何,添加腐植酸黄土对敌草隆的解吸均比黄土对其的解吸慢。快慢解吸阶段时间,达到解吸平衡时间均大于黄土对其的解吸时间。这可能是因为土壤有机质化合物的"解吸迟滞现象"。关于土壤有机质对化合物的吸附/解吸迟滞现象较为合理的解释是由 Pignatello[35] 等提出的"微孔调节效应"(conditioning effect)。此理论指出,微孔吸着可能是造成解吸迟滞现象的直接原因,在吸附过程中,有机质中的孔洞由于溶液中溶质分子的热力学作用而扩张,从而形成新的内在吸附表面,主动扩散也可能会使得化合物扩散进入孔隙较小的微孔中,这会使得微孔孔径变大,从而使周围微孔发生变形[36]。在解吸过程中,化合物分子为了释放吸附的化合物分子,会离开其填充的微孔以及其周围微孔,而这一过程中存在着滞后现象,这会使得部分被吸附分子不能被解吸,而化合物的吸附和解吸又是在不同的物理形态下进行的,所以会造成解吸迟滞现象,这也是这种现象出现的主要原因。余向阳[37]等的研究发现添加黑碳的土壤有吸附农药的解吸迟滞作用,且黑碳含量越高,解吸迟滞现象越明显。跟腐植酸相似,黑碳也是广泛存在于大气、水、土壤以及沉积物中的一种有机质。这便可以解释为何添加腐植酸黄土对于敌草隆的解吸相较于黄土是"滞后"的。

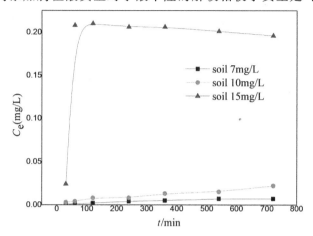

图 4.28　黄土在 25 ℃下对不同浓度敌草隆的解吸动力学曲线

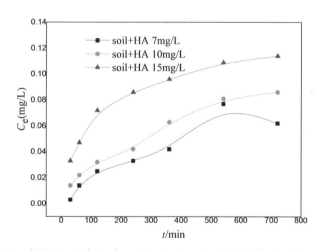

图 4.29　添加腐植酸的黄土在 25℃下对不同浓度敌草隆的解吸动力学曲线

参考文献

[1]Hideko K，Naoki K，Yoshikazu H. Contribution of soil constituents in adsorption coefficient of aromatic compounds，halogenated alicyclic and aromatic compounds to soil[J]. Chemosphere, 1990，21：867 - 876.

[2] Chang CSW，Chen CY，Chang JH，et al. Sorption of toluene by humic acids derived from lake sediment and mountain soil at different pH[J]. J Hazard Mater, 2010，177：1068 - 1076.

[3] Maria SK，Irena BI，Sergey OM，et al. Effect of biosurfactant on crude oil desorption and mobilization in a soil system[J]. Environ Int，2005，31：155－161.

[4] Barry M，Michiel TO，Jonker. Assessing the biovailability of complex petroleum hydrocarbon mixtures in sediments[J]. Environ Sci Technol，2011，45：3554－3561.

[5] 王树伦. 生物炭和腐植酸对柴油和汽油在黄土中吸附行为影响的研究[D]. 兰州：西北师范大学，2013.

[6] Khan SU. Distribution and characteristics of organic matter extracted from the black solonetzic and black chernozemic soils of Alberta：the humic acid fraction[J]. Soil Science，1991，112：401－408.

[7] 李克斌. 土壤腐植酸的提取及表征[J]. 陕西化工，1998，27：11－13.

[8] 朱海军，廖家莉，张东，等. 土壤腐植酸的提取及其对 U(Ⅵ)的吸附[J]. 原子能科学技术，2007，41：683－688.

[9] 刘新超，李俊，谢丽，等. 腐植酸表征方法研究进展[J]. 净水技术，2009，28：6－9，22.

[10] 于天仁. 土壤化学原理[M]. 北京：科学出版社，1987.

[11] Chen Z，Pawluk S. Structural variations of humic acids in two Alberta Mollisols[J]. Geoderma，1995，65：173－193.

[12] 吴俊文，郑西来，李玲玲，等. 沙土对可溶性油的吸附作用及其影响因素研究[J]. 环境科学，2006，27：2019－2023.

[13] 史红星，黄廷林. 黄土地区土壤对石油类污染物吸附特性的实验研究[J]. 环境科学与技术，2002，25：10－13.

[14] Pradubmllk T，Óhaber JH，Malakul P，et al. Effect of pH on adsolubilization of toluene and aceto-phenone into adsorbed surfactant on precipitated silica[J]. Colloids and Surfaces，2003，224：93－98.

[15] 张景环，曾溅辉. 北京地区土壤对柴油的吸附及影响因素研究[J]. 环境科学研究，2007，20：19－23.

[16] 王亚军，朱琨，王进喜，等. 腐植酸对铬在砂质土壤中吸附行为的影响研究[J]. 安全与环境学报，2007，7：42－47.

[17] Chen Z，Pawluk S. Structural variations of humic acids in two Alberta Mollisols[J]. Geoderma，1995，65：173－193.

[18] 郑西来，李永乐，林国庆，等. 土壤对可溶性油的吸附作用及其影响因素分析[J]. 地球科学－中国地质大学学报，2003，28：563－567.

[19] 史红星，黄廷林. 黄土地区土壤对石油类污染物吸附特性的实验研究[J]. 环境科学与技术，2002，25：10－13.

[20] Pradubmook T，Óhaver J H，Malakul P，et al. Effect of pH on adsolubilization of toluene and aceto-phenone into adsorbed surfactant on precipitated silica[J]. Colloids and Surfaces，2003，224：93－98.

[21] 张学佳，纪巍，康志军，等. 石油类污染物在土壤中的环境行为[J]. 油气田环境保护，2009，19：12－16.

[22] 吴俊文，郑西来，李玲玲，等. 沙土对可溶性油的吸附作用及其影响因素研究[J]. 环境科学，2006，27：2019－2023.

[23] 马承铸，顾真荣. 环境激素类化学农药污染及其监控[J]. 上海农业学报，2003，19：98－103.

[24] 吴丰昌. 天然有机质及其污染物的相互作用[M]. 北京：科学出版社，2010.

[25] 吴丰昌，邢宝山. 天然有机质及其在环境中的作用机理[M]. 北京：地质出版社，2010.

[26] 黄华，王雅雄，唐景春，等. 不同烧制温度下玉米秸秆生物炭的性质及对萘的吸附性能[J]. 环境科学，2014，35：1884－1890.

[27] Chowdhury S，Saha PD. Biosorption kinetics，thermo dynamics and isosteric heat of sorption of Cu(Ⅱ)

onto Tamarindus indicaseed podwer[J]. Colloids and Surfaces B：Biointerfaces ，2011，88：697 – 705.

[28] 孙素霞. 农药敌草隆在土壤及炭质吸附剂上的吸附机理研究[D]. 北京：北京交通大学，2010.

[29] Gul S，Whalen JK，Thomas BW，et al. Physico – chemical properties and microbial responses in bio-char – amended soils：Mechanisms and future direction[J]. Agriculture，Ecosystems and Environment，2015，206：46 – 59.

[30] Liu A，Huang Z，Deng GH，et al. Adsorption of benzonitrile at the air/water interface studied by sum frequency generation spectroscopy[J]. Chinese Science Bulletin，2013，13：1529 – 1535.

[31] Carter CW，Suffet IH. Binding of DDT to dissolved – micmaterials[J]. Environ Sci Technol，1982，16：735 – 740.

[32] Yang X，Hou Q，Yang Z，et al. Solid – solution partitioning of arsenic(As) in the paddy soil profiles in Chengdu Plain，Southwest China[J]. Geoscience Frontiers，2012，6：901 – 909.

[33] 孙兆海，毛丽，冯政，等. 腐植酸对土壤吸附四溴双酚 A 的影响[J]. 中国环境科学，2008，8：748 – 752.

[34] 马海清，董长勋，王梦驰，等. 水稻土团聚体中 Cu^{2+} 的解吸动力学特征[J]. 环境化学，2010，2：195 – 199.

[35] Braida WJ，Pignatello JJ，Lu YF，et al. Sorption hysteresis of benzene in charcoal particles[J]. Environ Sci Technol，2003，2：409 – 417.

[36] Lu YF，Pignatello JJ. Demonstration of the "conditioning effect" in soil organic matter in support of a pore deformation mechanism frosorption hystersis[J]. Environ Sci Technol，2002，21：4553 – 4561.

[37] 余向阳，应光国，刘贤进，等. 土壤中黑碳对农药敌草隆的吸附-解吸迟滞行为研究[J]. 土壤学报，2007，4：650 – 655.

第 5 章　生物炭对黄土吸附典型污染物的影响研究

生物炭是生物有机材料(生物质)在缺氧或绝氧环境中,经高温热裂解后生成的固态产物。生物炭不是一般的木炭,是一种碳含量极其丰富的木炭。它是在低氧环境下,通过高温裂解将木材、草、玉米秆或其他农作物废物碳化。这种由植物形成的,以固定碳元素为目的的木炭被科学家们称为"生物炭"。它的理论基础是,生物质,不论是植物还是动物,在没有氧气的情况下燃烧,都可以形成木炭。生物炭是一种经过高温裂解"加工"过的生物质。裂解过程不仅可以产生用于能源生产的气体,还有碳的一种稳定形式——木炭,木炭被埋入地下,整个过程为"碳负性"(carbon negative)。既可作为高品质能源、土壤改良剂,也可作为还原剂、肥料缓释载体及二氧化碳封存剂等,已广泛应用于固碳减排、水源净化、重金属吸附和土壤改良等,可在一定程度上为气候变化、环境污染和土壤功能退化等全球关切的热点问题提供解决方案。

5.1 生物炭的制备及其结构表征

5.1.1 引言

本节以玉米秸秆、松针和小麦秸秆作为生物质原材料,在 200℃、400℃、600 ℃条件下,采用限氧控温裂解法制备生物炭质。采用热重分析、元素分析、FTIR 谱图、比表面积分析等方法表征各物质结构特征,并分析不同制备方法对其元素组成、表面结构、表面性质的影响。

5.1.2 实验材料与方法

1. 实验材料与试剂

(1)实验采用甘肃兰州地区生物质玉米秸秆、松针和小麦秸秆为前体材料制作生物炭。玉米秸秆、松针和小麦秸秆经水洗去除表面黏附物质后,自然风干,粉碎过筛。取一定量的秸秆粉末用去离子水浸泡 24 h,真空抽滤,在 70~80 ℃鼓风干燥箱过夜干燥。

(2)仪器:控温马弗炉、热重分析仪、C/H/N 元素分析仪、FTIR、比表面积测定仪、电子扫描电镜(SEM)等。

2. 生物炭的制备

采用限氧控温碳化法:将玉米秸秆、松针和小麦秸秆水洗后,在 75 ℃下烘干后粉碎,各称取 10 g 于密闭坩埚,置于马弗炉中,马弗炉温度缓慢升高至(200℃、400℃、600℃),将生物质秸秆粉末碳化 6 h,温度缓慢降低到 200 ℃以下,冷却至室温后取出碳化物质,过 0.15 mm 筛子;玉米秸秆、松针和小麦秸秆生物炭样品编号分别为 MBC－200、MBC－400、MBC－600、PBC－200、PBC－400、PBC－600、BC－200、BC－400、BC－600。

3. 生物炭的表征方法

(1)烧失率的测定:烧失率计算采用重量法。对一定量处理后的玉米秸秆、松针和小麦秸秆进行质量称量,记录质量为 m_1;将称量后的玉米秸秆、松针和小麦秸秆置于马弗炉进行生物炭制备,待生物炭制成后,将其迅速取出,置于干燥装置,待温度降低到室温后进行质量称量,记录质量为 m_2。烧失率可根据以下公式进行计算:

$$烧失率 = (1 - \frac{m_1}{m_2}) \times 100\% \qquad (5-1)$$

(2)灰分测定:生物炭灰分含量的测定,主要参照木炭和木炭实验(GB/T 17664－1999)进行的,首先取坩埚和盖子的重量,再称取试验用的约 0.5 g(准确至 0.0001 g)生物炭,平铺于坩埚底部,将装有生物炭的坩埚和盖放入马弗炉内,温度调至(800±20℃)条件下,逐渐升温灰化 2 h(温度升高到 800 ℃开始计时),将坩埚置于干燥皿中,冷却称重,最后计算出其粗灰分含量。计算公式为:

$$A = \frac{G_2 - G_1}{G} \times 100\% \qquad (5-2)$$

式中,A 为样品中灰分百分含量,%;G 为灼烧前生物炭的质量,g;G_1 为空坩埚质量,g;G_2 为灰分和坩埚质量,g。

(3)热重分析:采用热重分析仪测定玉米秸秆、松针和小麦秸秆粉末原始生物质的 TG－DTG 曲线。样品用量<15 mg,为确保测试结果的准确性,实验开始前仪器空载运行,进行标定。由温度与样品质量绘制曲线图。

(4)元素分析:用 CHN 元素分析仪测定不同温度条件下制定的生物炭质中 C、H、N 元素的百分含量。准确称取 2.5 mg 检测样品,控制温度为 960 ℃加氧燃烧,样品中 C、N、H 元素分别分解为 CO_2、NO_x 和 H_2O,通过监测装置中吸附柱的吸附/脱附过程检测元素含量,O 元素含量经扣除灰分后计算;样品平行测定 2 次,灰分扣除后校准生物炭中 C、N、H 元素含量。

(5)SEM 分析:生物炭的微观形貌结构,使用电子扫描电镜(SEM)仪,将烘干制备好的生物炭样品放在载样台上用扫描电镜观察,记录并保存扫描电镜图。

(6)比表面积及孔径分布:根据生物炭制备温度,将样品在适当的温度下干燥。然后装入样品管,并进行前期处理,通过液氮吸脱附测定样品的比表面积,并用不同分析方法计算孔容、孔径分布。

(7)红外光谱分析:生物炭的红外光谱分析,先称取 1~2 mg 干燥后生物炭,与无水 KBr 一起(以重量比 1:800)在玛瑙碾钵中碾磨,同时混合均匀,压片制备成红外扫描样品,用傅里叶变换红外光谱仪在波数 4000~400 cm^{-1} 范围内红外扫描,次数累加 16 次,扫描并记录红外光谱图,测试温度为 25 ℃。

5.1.3 结果与讨论

1. 生物炭的产率和灰分含量

生物质热裂解的过程中,非稳定态的有机质被破坏,而固态的含碳物质得以保留。从表5.1中计算结果得出,随着生物炭制备温度的升高,产率降低,200 ℃条件下制备的生物炭,MBC-600产率为67.0%,而PBC-600产率高达75%;400 ℃条件时,MBC-400碳化产率降低为28%,PBC-400碳化产率降低为37%;而当温度升至600 ℃时,玉米秸秆、松针和小麦秸秆大量碳化,MBC-600碳化产率降至24%,PBC-600碳化产率降低为27%。比较发现,在3种不同制备温度下松针的碳化产率要比玉米秸秆高,这主要是因为原生质的结构和元素组成的差异而引起的不同。较高的温度可以烧去更多的固态碳,如生物质中的纤维素,最终所能达到的热解温度将决定被烧去的非稳定碳的含量,剩余的碳则主要以有机质和灰分的形式存在于生物炭中。相比于玉米秸秆而言,松针中含有高的木质纤维素,所以松针生物炭具有较高的碳化率和碳含量。随着热解温度的升高,生物炭的炭化程度加强,碳含量升高,氢的含量降低。当热解温度上升至600 ℃条件时,含碳量最高,表明其碳化程度最完全,而氮元素的变化无明显规律。整体而言,随着热解温度的升高和热解时间的延长,灰分含量升高,碳化程度增强,有机质含量下降。

表 5.1　生物碳质的产率、元素组成和灰分含量

样品名称	温度/℃	产率%	灰分%	C%	H%	N%
玉米秸秆				43.59	5.50	0.43
MBC-200	200	67	4.32	51.35	4.77	0.48
MBC-400	400	28	11.01	53.21	2.81	0.45
MBC-600	600	24	12.34	55.31	1.63	0.46
松针				52.49	6.20	0.30
PBC-200	200	75	2.73	65.64	4.70	0.59
PBC-400	400	37	7.77	63.93	3.21	0.53
PBC-600	600	27	9.21	67.33	1.84	0.56
小麦秸秆				43.32	5.63	0.29
BC-200	200	74.0	7.02	59.16	4.79	0.38
BC-400	400	26.0	37.95	46.52	1.92	0.66
BC-600	600	15.0	34.33	52.21	1.43	0.28

2. 热重分析

研究表明,生物质的燃烧失重过程分为三个主要阶段:在室温至200 ℃条件时会因为水分蒸发而引起失重;随着热解温度的继续上升,在220~400 ℃半纤维素、纤维素及部分木质素发生热解及形成挥发分的燃烧而引起失重;剩余的木质素在400~900 ℃继续热解引起失重。如图5.1所示,玉米和松针的失重过程均在一个较宽的温度范围内,从DTG曲线分析显示,松针和玉米都在60 ℃左右出现一个较小的峰,这是由于生物质失水出现了一个失重峰。在 $100\sim200$ ℃时玉米秸秆、松针和小麦秸秆都表现出无明显的失重,该阶段是生物质内部组织发生解聚及"玻璃化"转变的一个缓慢过程。随着热解温度继续上升,温度达到 220 ℃左右时,半纤维素开始大量裂解;温度继续上升,样品迅速失重,此时挥发份燃烧并伴随有大量纤维素以及木质素的热解,松针在 345 ℃时出现最大失重峰,玉米秸秆在 324 ℃时出现最大失重峰。之后随着热解温度的继续上升,样品失重率逐渐降低,当温度达到 500 ℃时,样品的失重曲线逐渐趋于平坦,此时样品固定碳燃烧过程已基本结束。

与纤维和半纤维素相比,木质素难以脱水,且热解产生的固体炭含量高。目前,最高热解温度对生物炭产率的影响结论已经很明确,即随着温度的升高,生物炭的产率降低[5]。这是由于随着温度的升高,更多的挥发性物质产生且被排出而引起的。在热解过程中随着温度的上升,常伴随着生物质中化学键的变化,特定的化学键在特定的温度下裂解会产生不同的产物,羧基和内酯基在 $200\sim800$ ℃裂解产生 CO_2;醚在 $400\sim500$ ℃裂解产生 CO,酚羟基的碳氧键也在同样的温度范围断裂产生 H_2O,这说明 $200\sim500$ ℃碳氧单键集中断裂,500 ℃之后主要是碳氧双键的断裂,与红外的结果一致。

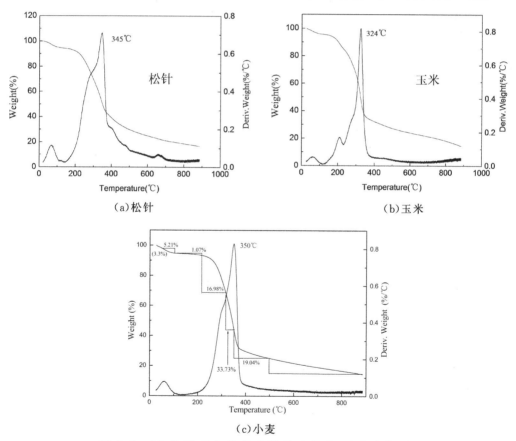

（a）松针　　　　　　　　　　　　　（b）玉米

（c）小麦

图 5.1　N_2 氛围下生物炭质原料的热重-差热分析图

3. 元素分析

由表 5.2 可知,随着生物炭热解温度的上升,碳含量逐渐增大,氢和氧含量逐渐降低。炭化温度从 200 ℃升高到 600 ℃时，玉米秸秆、松针生物炭的碳含量分别从 52.81%、57.10%上升到 78.79%、85.36%；氧含量从 40.36%（MBC-200）降低到 16.88%（MBC-600）；36.31%（PBC-200）降低到 11.81%（PBC-600）。由图 5.1 可知，在 200～600 ℃温度内，随着热裂解温度的升高，氧元素和氢元素大量流失，这是由于较高的裂解温度下生物炭结构中的连接被破坏[6]。人们常分别用 H/C 和（N+O）/C 原子比表征吸附剂的芳香性和极性指数的大小，即 H/C 越小则芳香性越高、（N+O）/C 比值大则极性越大[7]。O/C 随着热解温度的升高，其比值逐渐降低，表明生物碳质的疏水性随着热解温度的升高逐渐增强。随着热解温度的上升，水分、碳氢化合物、焦油蒸汽、H_2、CO 和 CO_2 等物质的损失逐渐增加，烷基 C 和氧烷基 C 逐渐转变为芳基 C，导致生物炭中的脂肪烃炭比例减少，芳香炭比例增加[6,8]。由表 5.2 可知，200 ℃条件下样品为高极性和脂肪性，但随炭化温度的升高，生物炭质吸附剂的芳香性急剧增加，而其极性则急剧降低。随着极性降低和芳香性的增大，意味着生物炭质逐渐从"软碳质"过渡到"硬碳质"[9]。

表 5.2　灰分校正后生物炭质的元素组成和原子比

样品名称	温度/℃	C%	H%	N%	O%	(O+N)/C	O/C	H/C
MBC-200	200	52.81	5.72	1.11	40.36	0.591	0.573	1.289
MBC-400	400	71.31	3.45	2.45	22.79	0.269	0.240	0.576
MBC-600	600	78.79	2.34	1.99	16.88	0.182	0.161	0.353
PBC-200	200	57.10	5.71	0.88	36.31	0.491	0.477	1.191
PBC-400	400	77.85	2.95	1.16	18.04	0.187	0.174	0.451
PBC-600	600	85.36	1.85	0.98	11.81	0.114	0.104	0.258
BC-200	200	63.63	5.15	0.40	30.81	0.491	0.484	0.081
BC-400	400	74.97	3.09	1.07	20.87	0.293	0.278	0.041
BC-600	600	79.49	2.18	0.42	17.91	0.231	0.225	0.027

4. 电镜扫描分析

由图 5.2 可知，炭化温度为 200 ℃时，生物炭的孔道结构呈现均匀分布，自身结构破坏并不严重，纹孔清晰可见，纤维壁坚硬、平整。当温度升高到 400 ℃时，生物炭表面结构出现变化，纤维链状架构破坏，纤维壁蓬松，过渡孔清晰可见。当超过 400 ℃，纤维壁明显破裂，孔壁坍塌，片状结构表面产生许多微孔，微孔分布不均匀，孔径大小不规则，加剧了表面生物炭的粗糙度，而在同一温度下 PBC 和 MBC 无明显差异。温度是影响生物炭表面性质的关键因素，生物炭表面微观结构随着制备温度的升高而发生明显改变。

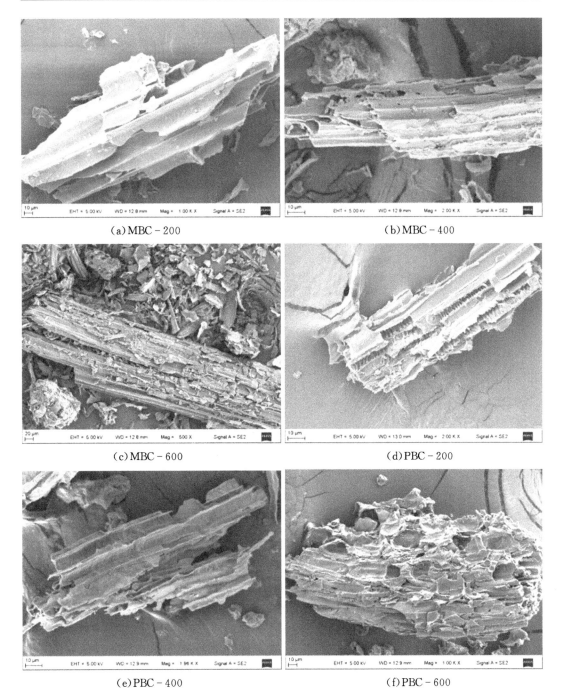

(a) MBC - 200

(b) MBC - 400

(c) MBC - 600

(d) PBC - 200

(e) PBC - 400

(f) PBC - 600

图 5.2　不同温度下制得的生物炭的扫描电镜(SEM)图(一)

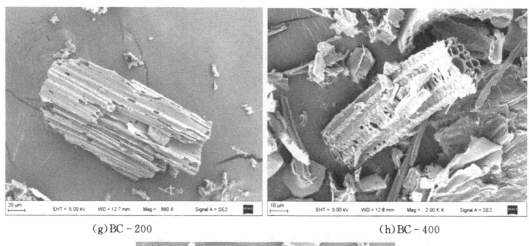

（g）BC－200　　　　　　　　　（h）BC－400

（i）BC－600

图5.2　不同温度下制得的生物炭的扫描电镜（SEM）图（二）

5. 比表面积孔径分析

采用 BJH 法测定玉米秸秆粉末和松针粉末在 200℃、400℃和 600 ℃下制得的生物炭的比表面积、孔体积以及孔径的大小，测定结果见表 5.3。从表 5.3 中分析可知，200 ℃条件下制备的生物炭的比表面积最小，仅为 1.21（MBC－200）和 0.26 m^2/g（PBC－200）；热解温度升高到 400 ℃时，所得生物炭比表面积为：8.35（MBC－400）和 74.95 m^2/g（PBC－400）；当温度升至 600 ℃时，比表面积剧增为 122.7（MBC－600）和 333.24 m^2/g（PBC－600）。随着生物炭制备温度的升高，比表面积增大，且松针制备的生物炭的比表面积较玉米秸秆生物炭的大。以孔径（d）为横坐标，微分孔体积（$\Delta v/\Delta d$）为纵坐标做孔径分布图，由图 5.3 可知，所得生物炭孔径大多分布在 2～4 nm 范围内，在 600 ℃制得的生物炭的孔径小于在 400 ℃和 200 ℃制得的生物炭，表明随着生物炭热裂解温度升高，孔体积增大，孔径减小。结果表明，在同一温度下制备的生物炭 PBC－400 的孔径小于 MBC－400，这正是由于不同来源生物质间结构性能差异而引起的[1]。

表 5.3　生物炭质的比表面积、孔容和孔径

生物炭	比表面积(m²/g)	总孔体积(ml/g)	平均孔直径(nm)
MBC-200	1.21	0.0036	12.36
MBC-400	8.35	0.0258	11.93
MBC-600	122.7	0.0864	2.82
PBC-200	0.26	0.0061	9.87
PBC-400	74.95	0.0522	2.79
PBC-600	333.24	0.193	2.32
BC-200	1.61	0.0099	7.32
BC-400	300.43	0.0855	4.40
BC-600	513.51	0.1939	3.82

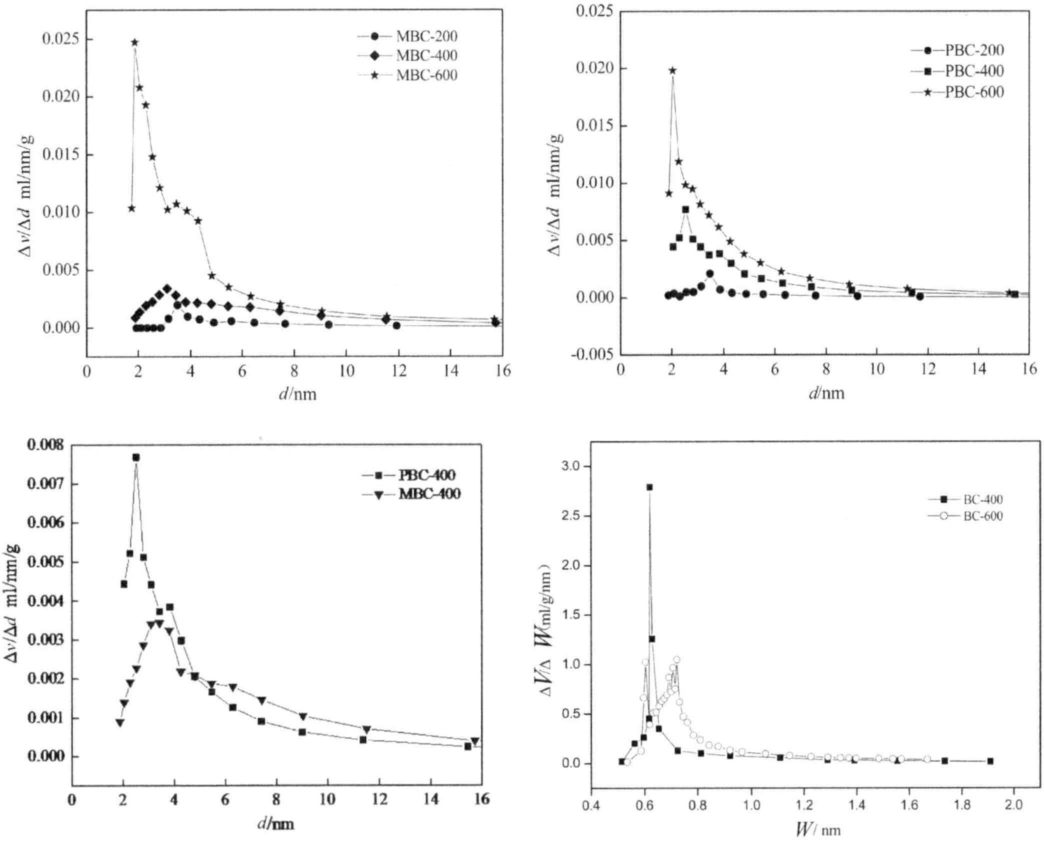

图 5.3　不同温度下制得的生物炭的孔径分布图

由图 5.4 可知，6 种生物炭的累计孔面积 S 均随着孔径 d 的增大先快速增加，之后保持不变，不再增大，且生物炭热解温度越高，孔面积 S 增加得越快，达到最大孔面积时的孔径 d 越小，且累计孔面积越大，如 MBC-200 和 PBC-200 约是在孔直径为 10 nm 累计孔面积达到最大值，MBC-600 和 PBC-600 则是在 5 nm 左右处达到最大值。微

分积分孔面积($\Delta S/\Delta d$)随着孔径的增加形成一个凸起的峰值,这说明在此时微孔数量达到最大,且可以观察到,随着生物炭热解温度的升高,微孔数量急剧增加,平均孔径也呈相应的减小趋势。这与图 5.3 中的检测数据刚好吻合,与前面的 SEM 分析结果一致。

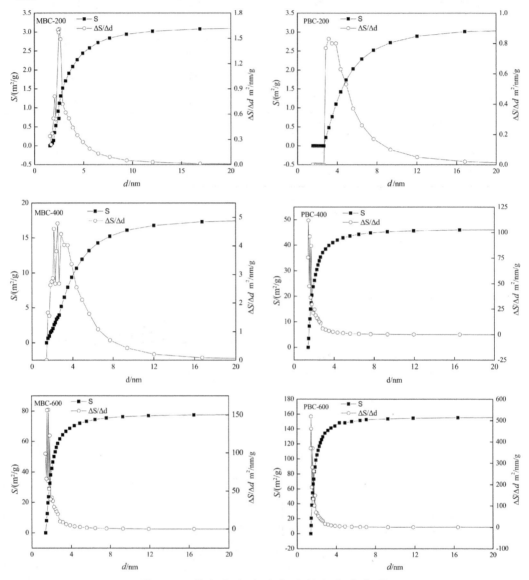

图 5.4　微分积分孔面积孔径分布曲线图

6. 红外光谱分析

从图中的吸收峰的变化可以清晰地看到随着生物炭热解温度的升高,生物炭表面官能团的变化规律。图 5.5 中显示,不同温度下制备的生物炭的化学基团及其吸收峰波长大小与该物质元素组成基本相一致。

在 3421 cm^{-1} 处出现强度较弱的吸收峰,为—OH 的伸缩振动引起的[7]。随着生物炭制备温度的升高,400 ℃和 600 ℃温度下的－OH 峰较 200 ℃温度下的要弱,但 400 ℃ 和 600 ℃温度下的变化不明显。2922 cm^{-1}处为－CH$_2$－伸缩振动峰,玉米秸秆、松针 和小麦秸秆中－CH$_2$－伸缩振动峰较为明显,但是随着生物炭热解温度的升高而逐渐减 弱,脂肪性降低,在 400 ℃时生物炭中此峰小时,说明生物高聚物基本分解完成,这与热 重分析结果研究一致。1734 cm^{-1}处的饱和 C＝O 存在玉米秸秆、松针和小麦秸秆原生 质中,MBC－200 中有相应的弱峰出现,而在 400 ℃和 600 ℃下此峰消失,说明在 400～ 600 ℃C＝O 进一步裂解。在中频区 1612 cm^{-1}处较强的峰可能是羧基或分子内氢键＞ C＝O 的吸收带;1417 cm^{-1}处的吸收峰在两种原生质材料中较为显著说明原材料中含 有烷、烯、甲基等基团,随着生物炭热解温度的升高,逐渐消失[10];在 1067 cm^{-1}处是纤 维素和半纤维素中 C－O－C 的 C－O 非对称伸缩振动,在原生质材料和 MBC－200、 PBC－200 中明显存在,热解温度升高该峰消失,与元素分析结果中 O/C 的减小相一 致。885、715 cm^{-1}处是芳香性 C－H,芳环结构中 C－H 逐渐向低波数方向移动,表明 生物质中木质素结构逐渐断裂,产生较多的自由基,生物质碳化程度增大。总之,FTIR 的分析结果表明:在较高热解温度条件下,羧酸等官能团逐渐消失,随着热解温度升高, O－H、C－H 和 C＝O 及酚－OH 等化学键大量丧失,从而证实了较高的热解温度导致 生物炭表面极性官能团丧失,生物炭表面疏水性增强。整体而言,不同原料中木质素和 纤维素所含的比例不同,导致所制备的生物炭结构上存在差异,同时表面的官能团结构 也受到影响。

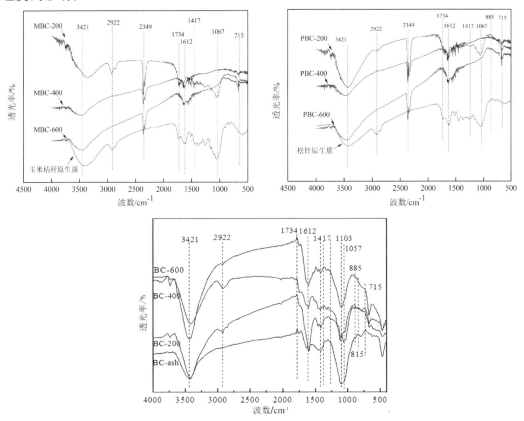

图 5.5　生物炭和原生质的 FTIR 谱图(注:2349 cm^{-1}处的强峰为 CO$_2$干扰峰)

5.2 生物炭对西北黄土吸附有机污染物的吸附及其影响因素研究

本节以在不同温度条件下制得的玉米秸秆生物炭 MBC-200、MBC-400 和 MBC-600 和松针生物炭 PBC-200、PBC-400 和 PBC-600 为例,研究黄土中添加不同来源和不同热裂解条件下制得的生物炭对敌草隆和西维因两种有机污染物吸附过程的影响,并对其相关影响因素进行了实验探讨,确定其平衡吸附热力学和动力学模型。通过揭示黄土中添加不同生物炭对敌草隆和西维因的吸附机制,以期为有效控制和治理土壤环境中农药污染物提供理论参考和科学依据。

5.2.1 实验材料与方法

1. 实验材料与试剂

(1)供试土壤:天然黄土取自甘肃兰州农耕田表层 0~25 cm 土壤,经检测未受敌草隆污染。自然风干后研碎,过 0.15 mm 筛以备用,土样 pH 值为 7.56,有机质含量为 15.77 g/kg。

(2)试剂和仪器。

试剂:敌草隆分析纯(纯度不低于 99.5%);西维因分析纯(纯度不低于 99%)。

实验仪器:LC981 液相色谱仪(北京温分分析仪器技术开发有限公司);JSM-5600LV 低真空扫描电子显微镜(日本 JEOL 公司);Prestige-21 型傅立叶变换红外分光光度计(日本岛津公司);3H-2000PS4 孔径分析仪(贝士德仪器科技(北京)有限公司)。

2. 实验方法

(1)吸附动力学实验方法。

取 3 组各 9 支 50 mL 离心管,分别加入 0.5000 g 土样和 0.025 g MBC-200、MBC-400 和 MBC-600,再加入 50 mL 浓度为 7 mg/L 的敌草隆溶液,以 0.01 mol/L 的 $CaCl_2$ 和 100 mg/L 的 NaN_3 混合溶液作为稀释液,在 25 ℃下恒温振荡(140 r/min),控制振荡时间依次为 0.5~24 h,4000 r/min 离心 15 min,测定其吸光度,3 组平行实验,求均值。PBC-200、PBC-400 和 PBC-600 的吸附动力学实验方法同上。

(2)吸附热力学实验方法。

取 3 组各 7 支 50 mL 离心管,分别加入 0.5000 g 土样和 0.025 g MBC-200、MBC-400 和 MBC-600,再依次加入 50 mL 质量浓度分别为 0~12 mg/L 的敌草隆溶液,在 25℃下 140 r/min 恒温振荡 16 h,静置 2 h,4000 r/min 离心 15 min,测定上清液中敌草隆的浓度。35℃、45 ℃条件下实验方法同上,3 组平行实验,求均值。PBC-200、PBC-400 和 PBC-600 的吸附动力学同上。

(3)生物炭添加量对敌草隆和西维因吸附的影响。

取 4 组各 9 支 50 mL 离心管,加入 0.5000 g 土样和 0.0025 g MBC-400、0.005 g

MBC－400、0.015 g MBC－400 和 0.025g MBC－400,再加入 50 mL 质量浓度分别为 0～12 mg/L 的敌草隆溶液,在 25 ℃下 140 r/min 恒温振荡 16 h,静置 2 h,4000 r/min 离心 15 min,测定上清液中敌草隆的浓度,3 组平行实验,求均值。0.0025 g PBC－400、0.005 g PBC－400、0.015 g PBC－400 和 0.025 g PBC－400 的实验同上。

（4）溶液初始浓度对敌草隆和西维因吸附的影响 。

同 25 ℃下吸附热力学实验方法。

（5）pH 值对敌草隆和西维因吸附的影响 。

取 2 组各 8 支 50 mL 离心管,称取 0.5000 g 供试土样和 0.025 g MBC－400 及 PBC－400 于离心管中,加入 50 mL 浓度为 7 mg/L 的溶液,调节溶液 pH 值为 3～10,其余同 25 ℃下吸附热力学。

5.2.2 结果与讨论

1. 吸附动力学

从图 5.6 可知,在 0～8 h 内添加生物炭的黄土对敌草隆的吸附量随着时间的延长而快速增加;在 8～12 h 吸附量增加趋势减缓,呈现慢增长过程;在 12 h 左右,吸附量逐渐达到平衡。黄土中添加生物炭对西维因的吸附也呈现一个快速吸附和慢速吸附的过程,约在 10 h 达到吸附平衡,这与第 3 章黄土对敌草隆和西维因的吸附动力学过程分析做比较发现,黄土中添加生物炭明显提高了对有机污染物的吸附容量,同时缩短了平衡吸附时间,与第 4 章单纯生物炭对两种有机污染物的吸附所达到的平衡时间相比更为接近,这说明有机污染物在添加生物炭的土壤中的吸附过程中,生物炭的吸附起着主要作用。图中还明显地示出,添加生物炭的热裂解温度越高,相同时间内对敌草隆和西维因的吸附量越大,进一步说明生物炭能显著影响黄土对有机污染物的吸附过程。

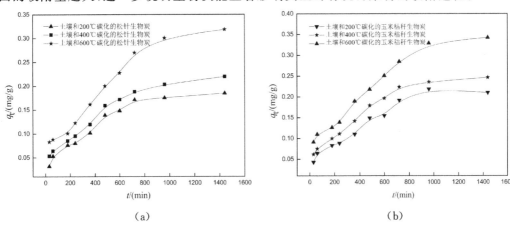

（a）　　　　　　　　　　　　　（b）

图 5.6　不同生物炭对敌草隆在黄土中的动力学吸附曲线

添加生物炭的黄土对有机污染物的吸附过程可分为快、慢两个阶段,其快速吸附阶段归因于其在生物炭表面和土壤有机质中的分配作用及矿物规则表面的物理性吸附作用。对于有机污染物的分配和吸附作用而言,分子间相互作用力主要表现为范德华力、偶极力、诱导偶极力以及氢键力,而这些作用通常在相当短的时间内完成[11]。慢反应过程则是通过扩散作用由液相缓慢进入生物炭微孔隙和土壤有机质等固相部分[12],有机污染物为了能够到达所有的限速吸附位点,必须通过膜扩散穿透包裹在土壤固相表面相对静止的水分子层,然后通过孔隙扩散进入土壤微孔隙,最后通过基质扩散进入土壤固相内部,有机污染物的扩散系数按上述的扩散顺序递减[13]。

不同生物炭对西维因在黄土中的动力学吸附曲线如图5.7所示。

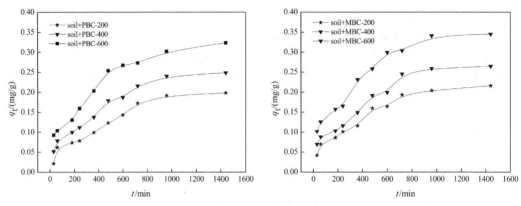

图5.7　不同生物炭对西维因在黄土中的动力学吸附曲线

由图5.8和图5.9可知,准二级动力学方程所描述出较好的线性关系。选用准一级动力学方程、准二级动力学方程及内部扩散方程对敌草隆和西维因生物动力学吸附过程进行线性拟合,结果见表5.4和表5.5。从表5.5中可以看出,相比于准一级动力学方程,准二级动力学方程和内部扩散方程对吸附数据的拟合度更好。根据颗粒内扩散模型的特点可知[3,4],当q_t与$t^{1/2}$进行线性拟合时,若直线通过原点,说明颗粒内部扩散以速率控制为主;若不通过原点,则吸附过程受其他吸附阶段的共同控制。从表5.5中颗粒内部扩散模型拟合结果来看,其呈现一定的线性,但不过原点,说明内部扩散不是控制吸附过程的唯一步骤。因此,敌草隆和西维因在添加生物炭黄土上的吸附更符合准二级动力学方程,包含了表面吸附和颗粒内部扩散、外部液膜扩散等所有吸附过程[3]。

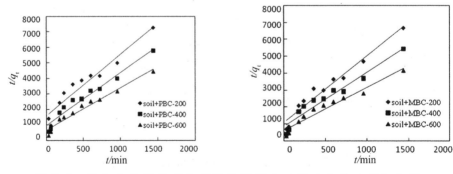

图5.8　添加生物炭的黄土吸附西维因准二级动力学方程拟合图

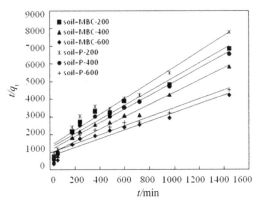

图 5.9　添加生物炭的黄土吸附敌草隆准二级动力学方程拟合图

表 5.4　添加不同生物炭的黄土对敌草隆吸附动力学特征参数

吸附剂	准一级动力学模型			准二级动力学模型			颗粒内部扩散模型			Elovich 方程		
	k_1	q_1	r_1^2	k_2	q_2	r_2^2	k_p	c	r^2	a	b	r^2
soil＋MBC－200	86.5	0.161	0.905	1.32×10^{-2}	0.248	0.947	0.005	0.017	0.940	－0.134	0.046	0.889
soil＋MBC－400	69.0	0.187	0.842	1.34×10^{-2}	0.287	0.959	0.006	0.029	0.944	－0.145	0.052	0.894
soil＋MBC－600	55.5	0.238	0.744	7.88×10^{-2}	0.408	0.931	0.008	0.034	0.925	－0.188	0.069	0.853
soil＋PBC－200	122	0.158	0.958	1.51×10^{-2}	0.223	0.961	0.005	0.013	0.941	－0.130	0.042	0.920
soil＋PBC－400	69.3	0.161	0.832	1.36×10^{-2}	0.258	0.956	0.005	0.022	0.953	－0.131	0.046	0.899
soil＋PBC－600	54.0	0.204	0.662	6.91×10^{-2}	0.391	0.905	0.008	0.018	0.859	－0.193	0.066	0.831

表 5.5　添加不同生物炭的黄土对西维因吸附动力学特征参数

吸附剂	准一级动力学模型			准二级动力学模型			颗粒内部扩散模型			颗粒间扩散模型		
	k_1	q_1	r_1^2	k_2	q_2	r_2^2	k_p	c	r^2	a	b	r^2
soil＋MBC－200	97.6	0.176	0.936	5.91×10^{-2}	0.255	0.959	0.005	0.021	0.956	－0.135	0.047	0.914
soil＋MBC－400	61.4	0.196	0.802	1.12×10^{-2}	0.314	0.945	0.006	0.030	0.946	－0.151	0.055	0.869
soil＋MBC－600	50.5	0.255	0.818	2.46×10^{-2}	0.393	0.950	0.008	0.057	0.963	－0.156	0.065	0.874
soil＋PBC－200	232	0.189	0.930	3.97×10^{-3}	0.252	0.934	0.004	0.004	0.948	－0.147	0.045	0.894
soil＋PBC－400	87.6	0.195	0.927	8.88×10^{-2}	0.293	0.958	0.006	0.024	0.964	－0.154	0.053	0.912
soil＋PBC－600	55.2	0.237	0.798	1.99×10^{-2}	0.366	0.963	0.007	0.048	0.982	－0.159	0.063	0.906

2. 吸附热力学

由图 5.10 和图 5.11 可知,当生物炭热解温度低于 400 ℃时,随着生物炭热解温度的增高,生物炭 MBC 和 PBC 对土壤中有机污染物的吸附容量提高的较低,而 400 ℃及以上温度制备的生物炭对两种有机污染物的吸附强度明显增加。在不同温度下制备的6种生物炭对土壤中敌草隆和西维因的吸附强度均随着热解温度的升高而增大,这说明生物炭热解温度显著影响其吸附强度。随系统温度升高,呈现黄土饱和吸附量增加的趋势,且45℃条件下的吸附量明显高于35℃和25℃条件下,表明添加生物炭的黄土对敌草隆和西维因的吸附过程为吸热反应。

比较两种不同热裂解温度下制备的生物炭对农药敌草隆和西维因的吸附作用测定结果表明,无论是对增强土壤吸附能力,还是对土壤吸附作用的贡献以及对吸附行为的改变作用,生物炭 MBC-600 和 PBC-600 比 MBC-400 和 PBC-400 效果更加明显,在相同添加水平下,高温下制得的生物炭的影响要明显高于低温下制得的生物炭。

Sheng 等[75]研究表明无论小麦还是水稻秸秆制得的生物炭对农药的吸附作为均是一般土壤的 400~2500 倍,土壤中添加少量这种黑碳可使其对农药的吸附容量大大增强,当土壤中添加生物炭量超过 0.05%,则土壤对农药的吸附作用主要被生物炭所控制,大部分农药分子主要被添加的生物炭所吸附。本实验中热力学中所添加的生物炭含量为 5%,因此污染物敌草隆和西维因主要被生物炭吸附,这与上述研究相一致。通过控制制备温度制得的生物炭实验结果表明,在高温下制备的生物炭具有更大的表面积,对农药的吸附作用更强。由于土壤有机质可能会扩散进入生物炭微孔,土壤中生物炭对农药的吸附能力会降低 50% 左右,但由于初始的吸附能力很强,相对于土壤而言,仍然保持着很高的吸附能力。

由于生物炭是一种典型的多孔性物质,结合本试验研究结果,孔洞填充可能是生物炭对农药吸附的主要机理。从添加生物炭土壤对农药非直线形的吸附等温线可以看出,在溶液中农药浓度较低时,由于生物炭对农药的强吸附作用,溶液中农药几乎全部被吸附剂所吸附,等温线急剧上升,当溶液中农药浓度较高时,由于大多数生物炭吸附位点已经被农药分子所填充,接近于饱和状态,等温线上升趋于平缓。添加六种不同生物炭的土壤所制备的人工吸附剂对农药分子的非线性吸附等温线可以看出,在相同生物炭添加水平情况下,由于 MBC-600 和 PBC-600 微孔数量较多,表面积更大,对敌草隆和西维因分子的吸附容量更大,因此吸附等温线的非线性性更加明显。

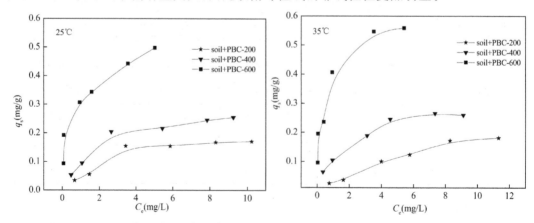

图 5.10　添加生物炭的黄土在不同温度下对敌草隆的热力学吸附曲线(一)

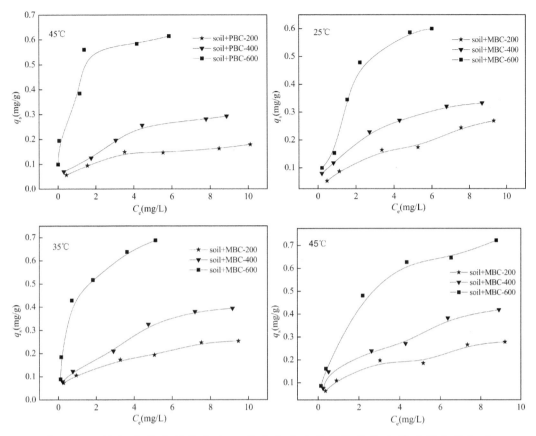

图 5.10 添加生物炭的黄土在不同温度下对敌草隆的热力学吸附曲线(二)

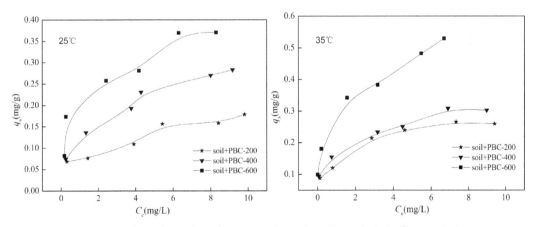

图 5.11 添加生物炭的黄土在不同温度下对西维因的热力学吸附曲线(一)

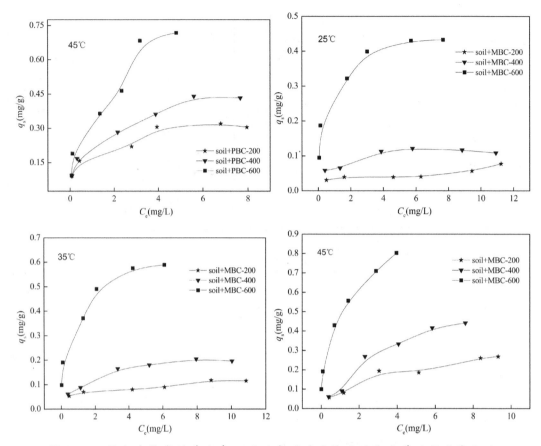

图 5.11 添加生物炭的黄土在不同温度下对西维因的热力学吸附曲线(二)

土壤中添加生物炭后可改变其对有机污染物的吸附等温线的非线性。从图 5.12 和图 5.13 可知,在同一体系温度下,随着黄土中添加生物炭制备温度的升高,对西维因和敌草隆的吸附等温线的非线性逐步明显。Walter 等[14] 提出了多元反应模型,认为土壤中有机质是高度不均匀的吸附剂,对有机污染物的宏观吸附是由一系列线性的和非线性的微观吸附反应组合而成,线性部分的吸附服从分配机理,而非线性部分则与表面吸附有关;Xing 与 Pignatello 等[15,16] 提出"硬炭"和"软炭"的概念,采用双模式模型解释包括生物炭在内的有机质对有机物的吸附,认为有机质依据大分子片段的可移动程度划分为橡胶态和玻璃态两种区域,当温度升高到一定程度时,玻璃态转化为橡胶态,有机污染物在橡胶态的"软炭"上的吸附主要是分配作用,等温吸附曲线为线性;而在玻璃态"硬炭"上的吸附主要是表面吸附作用和分配作用,从而引起非线性的等温吸附曲线,但是关于浓缩的"玻璃态"有机质的理化性质以及有机质吸附有机污染物的方式仍然不明确。因此,从分配吸附和表面吸附共同作用的角度可以在一定程度上更好地解释一些非线性现象。

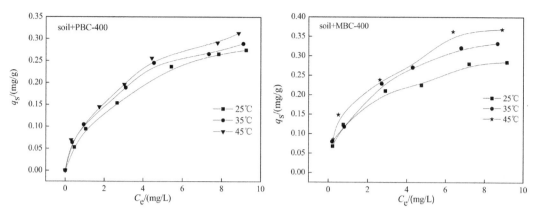

图 5.12　添加 MBC-400 和 PBC-400 的黄土在不同温度下对敌草隆的热力学吸附曲线

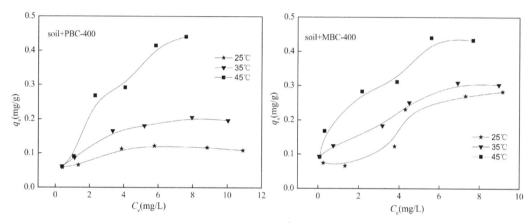

图 5.13　添加 MBC-400 和 PBC-400 的黄土在不同温度下对西维因的热力学吸附曲线

由图 5.12 和图 5.13 可知,随着体系温度的升高,加入 PBC-400 和 MBC-400 的黄土对敌草隆和西维因的饱和吸附量增大,表明在黄土中添加生物炭可以显著提高黄土对两种有机污染物的饱和吸附量,同时反映了添加生物炭的黄土对敌草隆和西维因的吸附为吸热反应。黄土中添加少量的生物炭可使其吸附容量增强,因此生物炭被认为是有机污染物的超强吸附剂,可以影响环境中有机污染物的迁移转化和生物有效性。

分别采用 Henry、Langmuir、Freundlich 及 D-R 吸附模型将所得数据进行拟合,结果见表 5.6 和表 5.7。比较发现弗兰德里希模型有着较高的拟合值,所以添加生物炭的黄土对敌草隆和西维因的吸附等温线更符合 Freundlich 等温吸附方程,表明此吸附为非均匀表面的多分子层吸附过程[17]。有研究表明当 $1/n=1$ 时,为线性吸附;当 $1/n>1$ 时,符合 Freundlich 吸附模型,吸附等温线呈 S 型;当 $1/n<1$ 时,也符合 Freundlich 吸附模型,吸附等温线变现为 L 型[18],如图 5.14 所示。从表 5.6 和表 5.7 中可以看出,MBC 和 PBC 对敌草隆和西维因两种有机污染物的吸附过程中,$1/n$ 均小于 1,所有的等温吸附线均符合 L 型,这在图 5.10 和图 5.11 中表现出一致性。有研究指出,在吸附过程中,若 E(吸附平均自由能)小于 8.0 kJ/mol 时,以物理吸附为主;若 $E>8$ kJ/mol,则主要表现为化学吸附[19]。由表 5.6 和 5.7 可知,敌草隆和西维因在添加生物炭黄土上的 E 在不同温度范围内均小于 8 kJ/mol,表明其吸附以物理吸附为主。

表 5.6　敌草隆在添加生物炭黄土中的热力学拟合特征值

吸附剂	温度/℃	亨利模型		朗格缪尔模型			弗兰德里希模型			D-R模型			
		k_D	r^2	Q_m	K_L	r^2	n	K_F	r^2	Q_m	β	r^2_{D-R}	E
soil+ MBC-200	25	0.026	0.941	0.307	0.567	0.928	1.34	9.98×10^{-2}	0.984	0.202	2×10^{-7}	0.838	1.58
	35	0.023	0.874	0.303	0.707	0.913	1.17	1.04×10^{-1}	0.967	0.201	7×10^{-8}	0.773	2.68
	45	0.026	0.869	0.243	1.42	0.979	1.72	1.13×10^{-1}	0.985	0.223	1×10^{-7}	0.872	2.24
soil+ MBC-400	25	0.035	0.862	2.16	0.251	0.901	1.19	1.31×10^{-1}	0.960	0.261	7×10^{-8}	0.756	2.68
	35	0.027	0.832	1.64	0.279	0.947	1.63	1.35×10^{-1}	0.972	0.235	6×10^{-8}	0.836	2.89
	45	0.033	0.753	1.04	0.374	0.981	1.61	1.79×10^{-1}	0.981	0.297	8×10^{-8}	0.952	2.50
soil+ MBC-600	25	0.093	0.823	0.998	0.563	0.842	3.21	1.66×10^{-1}	0.901	0.417	1×10^{-7}	0.678	2.24
	35	0.012	0.788	0.753	1.42	0.913	3.07	2.28×10^{-1}	0.933	0.620	5×10^{-8}	0.969	3.16
	45	0.031	0.700	0.345	2.34	0.988	3.06	3.99×10^{-1}	0.989	0.301	4×10^{-8}	0.956	3.56
soil+ PBC-200	25	0.015	0.795	0.237	0.248	0.967	1.67	1.37×10^{-2}	0.992	0.147	3×10^{-7}	0.840	1.29
	35	0.020	0.889	0.161	0.229	0.899	1.18	1.83×10^{-2}	0.983	0.105	3×10^{-7}	0.702	1.29
	45	0.016	0.807	0.132	1.33	0.823	2.72	1.91×10^{-2}	0.948	0.133	1×10^{-7}	0.429	2.24
soil+ PBC-400	25	0.022	0.706	0.297	0.463	0.961	2.05	1.26×10^{-1}	0.961	0.214	2×10^{-7}	0.855	1.58
	35	0.029	0.870	0.288	0.769	0.977	2.11	1.67×10^{-1}	0.990	0.325	1×10^{-7}	0.853	2.24
	45	0.030	0.772	0.285	1.04	0.986	2.18	2.21×10^{-1}	0.994	0.249	9×10^{-8}	0.922	2.36
soil+ PBC-600	25	0.125	0.797	0.679	0.305	0.831	3.17	1.84×10^{-1}	0.990	0.594	3×10^{-8}	0.910	4.08
	35	0.097	0.558	0.666	4.45	0.907	3.37	2.28×10^{-1}	0.909	0.649	3×10^{-8}	0.966	4.08
	45	0.089	0.675	0.547	9.28	0.946	3.55	3.26×10^{-1}	0.971	0.541	2×10^{-8}	0.877	5.00

表 5.7　西维因在添加生物炭黄土中的热力学拟合特征值

吸附剂	温度/℃	亨利模型		朗格缪尔模型			弗兰德里希模型			D-R模型			
		K_D	r^2	Q_m	K_L	r^2	n	K_F	r^2	Q_m	β	r^2_{D-R}	E
soil+ MBC-200	25	0.018	0.894	0.163	2.31	0.852	1.52	4.53×10^{-2}	0.957	0.175	7×10^{-7}	0.869	0.85
	35	0.023	0.747	0.222	4.97	0.821	3.61	1.49×10^{-1}	0.965	0.222	3×10^{-8}	0.725	0.85
	45	0.040	0.864	0.288	5.34	0.919	3.36	1.93×10^{-1}	0.963	0.289	3×10^{-8}	0.794	2.89
soil+ MBC-400	25	0.029	0.947	0.213	2.08	0.820	1.26	4.97×10^{-2}	0.973	0.243	7×10^{-7}	0.815	4.08
	35	0.030	0.863	0.219	3.98	0.715	3.92	1.63×10^{-1}	0.908	0.229	2×10^{-8}	0.594	5.00
	45	0.051	0.854	0.352	4.26	0.961	3.02	2.23×10^{-1}	0.979	0.347	3×10^{-8}	0.866	7.07
soil+ MBC-600	25	0.038	0.813	0.373	1.89	0.870	3.11	1.92×10^{-1}	0.874	0.327	6×10^{-8}	0.901	4.08
	35	0.064	0.842	0.458	3.28	0.864	3.97	2.99×10^{-1}	0.988	0.380	1×10^{-8}	0.788	4.08
	45	0.144	0.912	0.639	2.89	0.943	2.39	3.64×10^{-1}	0.942	0.560	3×10^{-8}	0.907	4.08
	25	0.003	0.844	0.063	1.82	0.782	1.92	3.74×10^{-2}	0.879	0.053	8×10^{-8}	0.750	2.50

续表

吸附剂	温度/℃	亨利模型		朗格缪尔模型			弗兰德里希模型				D-R 模型		
		K_D	r^2	Q_m	K_L	r^2	n	K_F	r^2	Q_m	β	r^2_{D-R}	E
soil+ PBC-200	35	0.006	0.944	0.103	2.20	0.857	4.22	6.31×10^{-2}	0.930	0.097	7×10^{-8}	0.700	2.68
	45	0.017	0.660	0.220	0.78	0.903	4.24	8.63×10^{-2}	0.949	0.186	1×10^{-7}	0.746	2.24
soil+ PBC-400	25	0.005	0.580	0.114	2.29	0.781	4.20	7.04×10^{-2}	0.851	0.108	7×10^{-8}	0.689	2.68
	35	0.014	0.800	0.202	1.05	0.938	2.54	8.95×10^{-2}	0.965	0.176	1×10^{-7}	0.821	2.24
	45	0.054	0.919	0.657	0.26	0.997	1.39	1.11×10^{-1}	0.952	0.320	2×10^{-7}	0.757	1.58
soil+ PBC-600	25	0.039	0.744	0.417	5.91	0.993	4.69	2.93×10^{-1}	0.983	0.398	3×10^{-8}	0.974	4.08
	35	0.075	0.801	0.465	11.21	0.969	3.14	3.58×10^{-1}	0.984	0.492	2×10^{-8}	0.931	5.00
	45	0.164	0.895	0.476	25.9	0.901	2.85	4.88×10^{-1}	0.999	0.648	3×10^{-8}	0.889	4.08

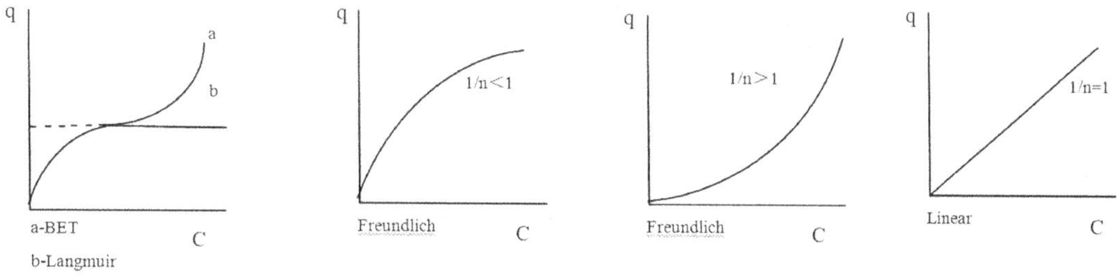

图 5.14　污染物在液相中的吸附等温线

3. 吸附热力学参数

由表 5.8 和表 5.9 可知,在系统温度 25～45 ℃范围内,添加 MBC 和 PBC 的黄土对敌草隆和西维因的吸附过程中,吉布斯自由能 ΔG^θ 均小于 0、焓变 ΔH^θ 和熵变 ΔS^θ 均大于 0,表明此吸附为自发进行且体系混乱程度增大的吸热过程,这与第 4 章单纯生物炭对敌草隆和西维因的吸附试验结论相一致,吸附量都是随着体系温度的升高而增大,而与此前在第 3 章黄土对两种有机污染物的吸附试验中的放热过程相反,这刚好能够进一步验证添加生物炭的黄土对有机污染物的吸附中,生物炭吸附起着主要作用。Tan 等[20]、谢国红等[21]和 Vonopen 等[22]指出 ΔH^θ 值在 4～10 kJ/mol,吸附以范德华力起主导;2～40 kJ/mol,氢键起主导作用;在 5 kJ/mol 左右时,疏水性键起主导作用;在 2～29 kJ/mol,取向力起主导作用;当 ΔH^θ 大于 60 kJ/mol 时,吸附中化学键起主导作用。由表 5.5、5.6 可知,添加不同热解温度的生物炭,其 ΔH^θ 由 4.87 kJ/mol 增加到 34.4 kJ/mol,表明敌草隆和西维因在添加生物炭黄土上的吸附以多种物理性作用为主,这主要是由于随着加入生物炭热解温度的升高,其吸附逐渐趋于以疏水键作用起主导,这可能是由于随着炭化温度的升高,生物炭的芳香性增加,即从"软炭"域逐渐过渡到"硬炭"域,对疏水性有机污染物的亲和力增强[23]。

表 5.8　添加生物炭黄土对敌草隆等温吸附热力学参数值

吸附剂	T	ΔG^θ	ΔH^θ	ΔS^θ
	/℃	/(kJ/mol)	/(kJ/mol)	/[J/(K·mol)]
soil＋MBC－200	25	－11.4	4.87	54.6
	35	－11.8		
	45	－12.5		
soil＋MBC－400	25	－12.1	12.2	81.1
	35	－12.8		
45	－13.6			
soil＋MBC－600	25	－12.4	34.4	157
	35	－13.9		
	45	－15.5		
soil＋PBC－200	25	－6.58	13.2	66.3
	35	－7.24		
	45	－7.91		
soil＋PBC－400	25	－12.0	22.1	114.4
	35	－13.1		
	45	－14.3		
soil＋PBC－400	25	－12.8	22.5	118.5
	35	－14.0		
	45	－15.2		

表 5.9　添加生物炭黄土对西维因等温吸附热力学参数值

吸附剂	T	ΔG^θ	ΔH^θ	ΔS^θ
	/℃	/(kJ·mol)	/(kJ·mol)	/[J/(K·mol)]
soil＋MBC－200	25	－3.75	5.71	31.7
	35	－4.06		
	45	－4.38		
soil＋MBC－400	25	－13.3	11.5	83.2
	35	－14.1		
45	－15.0			
	25	－14.0		

吸附剂	T	ΔG^{θ}	ΔH^{θ}	ΔS^{θ}
	/℃	/(kJ·mol)	/(kJ·mol)	/[J/(K·mol)]
soil＋MBC－600	35	－15.4	25.3	132
	45	－16.7		
soil＋PBC－200	25	－3.36		
	35	－4.58	33.0	122
	45	－5.79		
soil＋PBC－400	25	－4.77		
	35	－5.75	24.4	97.9
	45	－6.73		
soil＋PBC－400	25	－8.34		
	35	－9.29	20.0	95.1
	45	－10.2		

4. 添加生物炭黄土吸附敌草隆前后 FTIR 谱图

从图 5.15 可以看出，添加生物炭黄土吸附敌草隆后其吸收峰大小与吸附前样品的官能团结构和元素组成基本一致，主要存在 C＝C、C＝O 和 C－H 与 O－H 键。

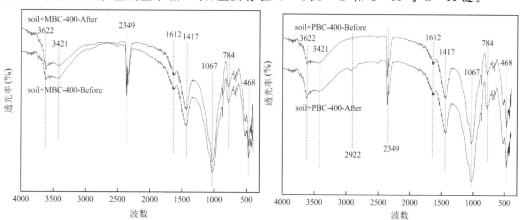

图 5.15　添加 MBC－400 和 PBC－400 黄土吸附敌草隆前后的 FTIR 谱图
注：2349 cm^{-1} 处的强峰为 CO_2 干扰峰

图谱显示添加 MBC－400 和 PBC－400 的黄土吸附敌草隆前后在高频区 3622 cm^{-1} 和 3421 cm^{-1} 处出现强度较弱的吸收峰，为 －OH 的伸缩振动引起的；在 2922 cm^{-1} 处发现只有添加 PBC－400 的黄土在吸附敌草隆后出现一个较弱吸收峰，表明吸附敌草隆后出现了较弱的 －CH_2－伸缩振动峰，这可能是与敌草隆发成离子交换而引入的峰；在中频区 1612 cm^{-1} 处较强的峰可能是羧基或分子内氢键＞C＝O 的吸收带；1417 cm^{-1} 处的吸收峰较为显著说明含有烷、烯、甲基等基团；在 1067 cm^{-1} 处的 C－O－C 伸缩振动峰较为明显,这与样品中醇、碳水化合物有关[2];在低频区 784、468 cm⁻¹附近的吸收峰主要是为黄土中石英的特征吸收双峰和 Si－O－Al(Mg)键的弯曲振动引起的[24]。

5. 生物炭含量的影响

有研究发现土壤中生物炭含量的不同对土壤吸附有机污染物有着较大的影响。以敌草隆为例,研究生物炭 MBC－400 和 PBC－400 的添加量为 0.05％、1％、3％和 5％时,土壤对敌草隆的吸附影响,吸附等温图如图 5.16 所示。由图 5.16 可知,当 MBC－400 和 PBC－400 的添加量为土壤的 0.05％时,敌草隆吸附量在一个比较低的水平上,与第 3 章不添加生物炭的土壤对敌草隆的吸附量较为接近;当黄土中分别添加 1.0％、3.0％和 5.0％ 的 MBC－400 和 PBC－400 后对敌草隆的吸附量明显增大,且随着土壤中生物炭含量的增加,敌草隆的吸附量明显变大。Sheng 等以燃烧小麦、水稻秸秆制备人工黑碳开展研究,表明土壤中添加少量的这种黑碳可使其对农药的吸附容量大大增强,而且当黑碳添加量超过 0.05％,土壤中黑碳起主要的农药吸附作用,超过 90％农药主要被添加的黑碳所吸附,并且可明显降低微生物对土壤中氰化苯的降解作用,削弱农药敌草隆的除草效果。Pignatello 等[10]报道枫树木材热解产生的黑碳对苯不仅有很强的吸附作用,而且有明显的解吸迟滞现象,并提出黑碳主要是通过微孔填充(Pore fill-ing)吸附污染物,且"微孔调节效应(Conditioning effect)"是导致解吸迟滞的主要原因。

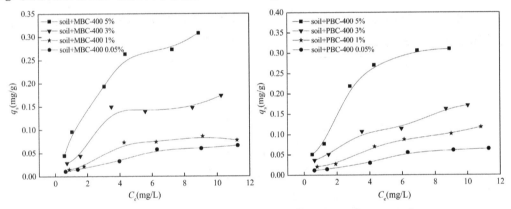

图 5.16　不同含量生物炭对敌草隆的热力学吸附曲线

6. 生物炭制备温度的影响

从图 5.17 可知,添加 MBC－600 和 PBC－600 的黄土对敌草隆的饱和吸附量分别为 0.548 mg/g 和 0.487 mg/g,相比于黄土对敌草隆的吸附量而言有很大提高,进一步表明黄土中添加生物炭可显著提高黄土对敌草隆的饱和吸附量。且随着生物炭热解温度的升高,溶液中敌草隆的平衡浓度降低,平衡吸附量增大,且添加 MBC 的黄土对敌草隆的饱和吸附量要略大于添加 PBC。这主要是因为制备温度影响生物炭表面的微观结构,随着生物炭热解温度的升高,生物炭表面的微孔数量增多,其粗糙度增加,比表面积增大,吸附位点增多,对有机污染物的吸附能力变强[24,25]。但由于 PBC 的孔径小于 MBC,在溶液中与黄土混合吸附时,黄土中的无机成分更容易对其孔道形成阻塞,阻碍了 PBC 对敌草隆分子的吸附,因此表现为 MBC 对敌草隆的吸附略高于 PBC。生物炭的孔隙结构增加了大分子有机污染物的空间位阻,生物炭多呈疏松多孔形态,粒径大小不一,大约有 50% 的微孔孔径小于 1nm,80% 的微孔孔径小于 2nm,大分子有机污染物可能受到空间位阻的影响,很难进入生物炭内部空间,从而导致生物炭对该类有机污染物的吸附能力下降。

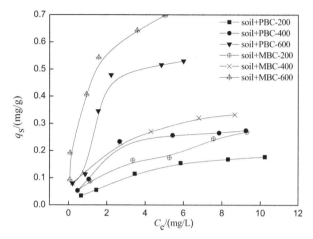

图 5.17　不同生物炭对敌草隆在黄土中的等温吸附曲线

7. 不同初始浓度的影响

从图 5.18 可知,添加 MBC-400 和 PBC-400 的黄土对敌草隆吸附量在 0.5~6 mg/L 浓度范围内迅速上升,之后随着初始浓度的继续增加,吸附量缓慢增大,最终趋于平衡。相对于敌草隆而言,两种生物炭对西维因的吸附量差距较为明显,西维因浓度从 0.5mg/L 增至 4 mg/L 时,添加 MBC-400 的黄土对其吸附量迅速从 0.055 mg/g 增加到 0.28 mg/g,而添加 PBC-400 的黄土对西维因的吸附量则呈现一个较低的变化,这种变化还主要因为不同来源生物炭之间的差异引起的。添加生物炭黄土对两种有机污染物的初始浓度影响实验表明吸附质的浓度越大,吸附质分子的动力越大,与吸附剂的有效碰撞频率越高,越能克服两相间的传质阻力,其吸附量相应增大。可见,初始浓度对黄土吸附有机污染物有着显著影响。

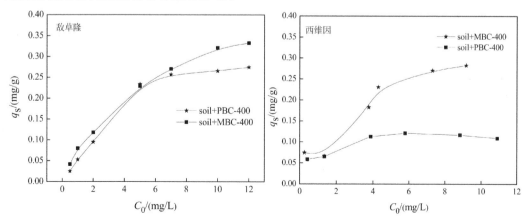

图 5.18　不同初始浓度对添加生物炭黄土吸附敌草隆和西维因的变化曲线

8. 溶液 pH 值的影响

从图 5.19 可知,当 pH 值小于 5 时,敌草隆吸附量随 pH 值的升高略微增大,当 pH 大于 8 时,吸附量随 pH 值的增大而降低,当 pH 在 5～8 范围时,吸附容量呈现凹形,且在 pH 值为 6.5 左右吸附量最小。从图 5.20 还可看出,添加 PBC-400 的黄土最大吸附量(0.401 mg/g)和最小吸附量(0.373 mg/g)差值为 0.028 mg/g,而添加 MBC-400 的黄土最大吸附量(0.405 mg/g)和最小吸附量(0.392 mg/g)差值仅为 0.013 mg/g。这说明 pH 值对添加生物炭黄土吸附敌草隆有一定的影响,但影响不大。

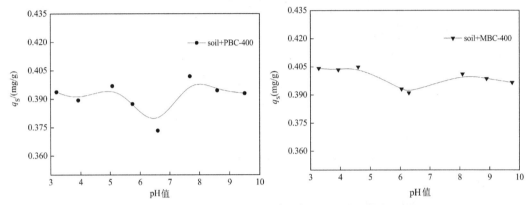

图 5.19　pH 值对添加生物炭的黄土吸附敌草隆的影响

从图 5.20 可知,pH 值从 3 增至 6 的过程中,吸附曲线呈缓慢上升趋势,吸附量变化很小,当 pH 值大于 6 时,吸附量迅速上升。研究表明,体系 pH 值会影响农药分子在溶液中的存在形态和生物炭表面的电荷分布,从而影响黄土中生物炭对敌草隆和西维因分子的吸附[26]。敌草隆是一种取代脲类除草剂,在中性条件比较稳定,在酸、碱介质中易发生水解,因此,造成酸性和碱性条件下溶液中敌草隆含量较低,在图 5.20 中反映出酸碱条件下吸附量略高于中性。西维因是一种氨基甲酸酯类杀虫剂,在中性和酸性条件下较稳定,在碱性介质中不稳定,水解速度随 pH 值和温度的升高而加快[21]。随着 pH 值的增大,西维因水解速度加快,因此造成碱性条件下溶液中西维因含量较低,在图中反映出碱性条件下黄土对西维因吸附量远远高于中性和酸性条件下。

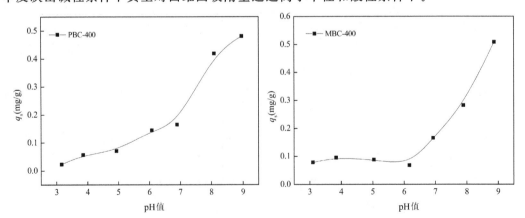

图 5.20　pH 值对添加生物炭的黄土吸附西维因的影响

5.3 生物炭对黄土吸附五氯酚钠和克百威的影响

本节主要探讨由小麦秸秆在两种温度下（400 ℃ 和 600 ℃）热解制备的生物炭作为吸附剂,对土壤中残留的五氯酚钠和克百威的吸附行为影响及其机理。

5.3.1 实验材料与方法

1. 实验材料与仪器

(1)供试生物炭:生物炭为过 100 目筛 BC - 400 和 BC - 600。
(2)供试药品:PCP - Na 为分析纯,浓度为 1 g/L;克百威为分析纯,浓度为 1 g/L。
(3)仪器:同第 3 章。

2. 实验方法

(1) 动力学吸附实验。
取 10 支 100 mL 的离心管,加入 0.0250 g BC - 400,再加入 50 mL 质量浓度为 50 mg/L 的 PCP - Na(克百威)溶液,25 ℃下恒温振荡(140 r/min)0～24 h,4000 r/min 离心 20 min,测定上清液中 PCP - Na 的浓度。3 组平行实验,蒸馏水做空白实验。BC - 600 的实验同上。
(2) 等温吸附实验。
取 10 支 100 mL 的离心管,加入 0.0250 g BC - 400,再加入 50 mL 浓度分别为 20～110 mg/L 的 PCP - Na 溶液,25 ℃下恒温振荡 16 h,静置 2 h,4000 r/min 离心 20 min,测定上清液中 PCP - Na 的浓度,3 组平行实验。在 35℃、45℃下实验方法同上; BC - 600 的实验同上。
(3)pH 值对 PCP - Na 和克百威吸附的影响。
称取 7 份 0.0250 g BC - 400 于 100 mL 离心管中,加入 50 mL 浓度为 50 mg/L 的 PCP - Na 溶液,调节溶液 pH 值为 4～10,其余同 25 ℃下吸附热力学实验,BC - 600 的实验同上。

5.3.2 结果与讨论

1. 吸附动力学

由图 5.21 可知,在初始阶段,生物炭对 PCP - Na 和克百威的吸附量随时间的增加而急剧上升,随后上升趋势则趋于缓慢,10 h 之后基本达到吸附平衡。这主要是因为在吸附过程的初始阶段,农药分子主要在生物炭的表面发生吸附,因此吸附容量上升得很快,但随着吸附反应的进行,由于农药分子扩散到多孔吸附剂生物炭的内部,使得其在生物炭中的传质速度减慢[28]。
另外,从图 5.21 还知,PCP - Na 和克百威达到平衡的时间大致相同,即 10h 之后生物炭对它们的吸附基本达到平衡状态。但是,它们的平衡吸附容量并不相同,其中 BC -

400 和 BC-600 对 PCP-Na 的平衡吸附容量各自为 6.16 mg/g 和 10.23 mg/g,而 BC-400 和 BC-600 对克百威的平衡吸附容量相对于 PCP-Na 的要高出些许,其平衡吸附容量各自为 7.06 mg/g 和 11.41 mg/g。究其原因可能是,生物炭为中性偏碱性,即吸附环境为碱性,在这种条件下 PCP-Na 并未被水解为 PCP,而主要以盐的形式存在,PCP-Na 在水中易溶解,所以其 K_{ow} 偏低;然而克百威为氨基甲酸酯类农药,其在水中溶解度要小于 PCP-Na 在水中的溶解度,故其 K_{ow} 较 PCP-Na 的要大。通常水溶解度越小的有机污染物,其疏水性越强,K_{ow} 值越大,则越容易被土壤中的有机质吸附[27]。再者,BC-400 的比表面积为 89 m²/g,而 BC-600 的比表面积则为 715 m²/g,而生物炭的比表面积越大,其对农药的吸附能力越强,所以 BC-600 对农药的吸附容量要比 BC-400 对其的吸附容量高出好多。

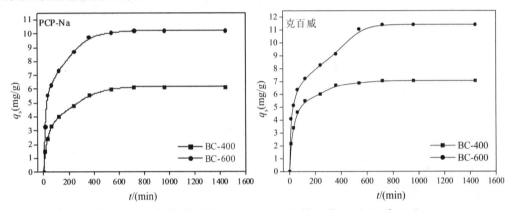

图 5.21   生物炭吸附 PCP-Na 和克百威的动力学曲线

将 PCP-Na 和克百威在生物炭中吸附的动力学实验结果分别采用准一级动力学模型、准二级动力学模型以及颗粒内扩散模型进行线性拟合,结果见表 5.10。由表5.10 可知:r_1^2 在 0.832～0.974,而 r_2^2 均为 0.999,所以 PCP-Na 和克百威在生物炭上的吸附均更加的符合准二级动力学模型。准一级动力学模型假定吸附过程以物理扩散为主,吸附行为主要受界面两侧农药分子浓度差异的影响,而准二级动力学模型则假定吸附过程包括物理扩散和化学吸附两种作用,其反应机理较准一级动力学模型要复杂得多。PCP-Na 和克百威在生物炭上的吸附均更加的符合准二级动力学模型,说明吸附过程既有物理吸附,又有化学吸附,且化学吸附为吸附速率的控制步骤[29]。

表 5.10   PCP-Na 和克百威在生物炭上吸附的动力学方程拟合特征值

吸附剂	污染物	准一级动力学模型			准二级动力学模型			颗粒内部扩散模型		
		k_1	q_1	r_1^2	k_2	q_2	r_2^2	k_p	C	r_p^2
BC-400	PCP-Na	28.84	5.57	0.960	2.88×10^{-3}	6.45	0.999	0.14	2.17	0.828
	克百威	21.81	6.74	0.974	4.21×10^{-3}	7.26	0.999	0.13	3.31	0.753
BC-600	PCP-Na	19.90	9.66	0.972	2.81×10^{-3}	10.54	0.999	0.19	4.81	0.781
	克百威	14.91	9.52	0.832	1.41×10^{-3}	11.95	0.999	0.23	4.46	0.897

2. 吸附热力学

分别采用 Langmuir 和 Freundlich 等温吸附模型拟合两种生物炭(BC-400 和 BC-600)在 25℃、35℃、45 ℃条件下对 PCP-Na 和克百威的吸附等温线,其吸附等温线图分别为图 5.22 和图 5.23,各拟合参数值列于表 5.11。其大致符合 S-型吸附等温线。因此,该吸附有以下特点:第一,吸附剂黄土和吸附质 PCP-Na 及克百威之间的作用力为中等强度的分子间作用力;第二,吸附剂黄土和吸附质 PCP-Na 及克百威之间为固定点吸持作用;第三,吸附过程中存在竞争吸附。

表 5.11 PCP-Na 和克百威在生物炭上的等温吸附方程特征值

吸附剂	T(℃)	污染物	朗格缪尔模型			弗兰德里希模型		
			Q_m	K_L	r_L^2	n	K_F	r_F^2
BC-400	25	PCP-Na	14.38	1.06×10^{-2}	0.827	1.58	1.49	0.887
		克百威	14.47	4.96×10^{-2}	0.737	1.62	1.54	0.850
	35	PCP-Na	17.58	2.83×10^{-2}	0.784	1.66	1.52	0.837
		克百威	18.84	5.52×10^{-2}	0.764	1.67	1.63	0.848
	45	PCP-Na	20.58	2.91×10^{-2}	0.811	1.78	1.58	0.853
		克百威	21.89	6.94×10^{-2}	0.811	1.93	1.70	0.861
BC-600	25	PCP-Na	46.32	2.49×10^{-2}	0.913	1.17	1.70	0.954
		克百威	48.23	0.342	0.660	2.48	2.44	0.870
	35	PCP-Na	59.45	2.76×10^{-2}	0.964	1.63	1.86	0.980
		克百威	61.79	0.364	0.852	3.06	2.67	0.981
	45	PCP-Na	60.64	3.99×10^{-2}	0.836	3.88	1.99	0.891
		克百威	68.56	0.785	0.818	3.91	2.89	0.973

由表 5.11 可知,r_F^2 均要大于 r_L^2,因此 BC-400 和 BC-600 对 PCP-Na 和克百威的吸附等温线更适合 Freundlich 等温吸附方程。其中,Freundlich 等温吸附方程是个经验方程,它描述的是多层吸附,在高浓度时吸附量依旧持续增加。BC-400 在 PCP-Na 的初始浓度为 120 mg/L 时,在 25℃、35℃、45 ℃下,吸附量分别为 15.92mg/g、21.95mg/g 和 24.06 mg/g;BC-600 在 PCP-Na 的初始浓度为 120 mg/L 时,在 25℃、35℃、45 ℃下,吸附量分别为 69.59、84.40 和 87.16 mg/g;BC-400 在克百威的初始浓度为 120 mg/L 时,在 25 ℃、35 ℃、45 ℃下,吸附量分别为 21.07 mg/g、26.12mg/g 和 30.99 mg/g;BC-600 在克百威的初始浓度为120 mg/L时,在 25 ℃、35 ℃、45 ℃下,吸附量分别为 72.07mg/g、86.41mg/g 和 87.22 mg/g,均要大于 Langmuir 等温吸附方程拟合的最大吸附量 Q_m,说明已经发生了多层吸附现象,即该吸附过程更加符合 Freundlich 等温吸附模型,它描述的是多层吸附。

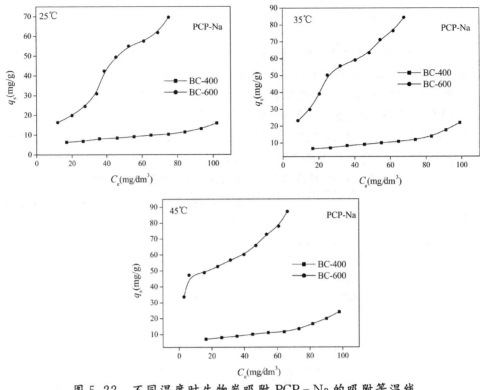

图 5.22 不同温度时生物炭吸附 PCP - Na 的吸附等温线

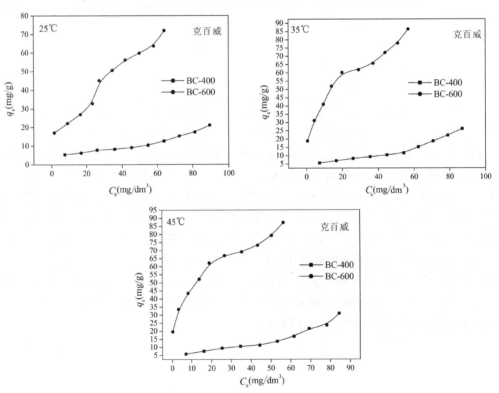

图 5.23 不同温度时生物炭吸附克百威的吸附等温线

3. 热力学参数

表 5.12 表明,在所研究的温度范围内,生物炭对 PCP-Na 及克百威的吸附过程中吉布斯自由能 ΔG^{θ} 小于 0、焓变 ΔH^{θ} 以及熵变 ΔS^{θ} 都大于 0,表明生物炭对 PCP-Na 和克百威的吸附为自发进行的吸热过程且吸附过程中体系混乱度增大。

表 5.12　PCP-Na 和克百威在生物炭上的等温吸附热力学参数值

吸附剂	T(℃)	污染物	ΔG^{θ}(kJ/mol)	ΔH^{θ}(kJ/mol)	ΔS^{θ}/[J/(K·mol)]
BC-400	25	PCP-Na	-16.96	14.35	104.34
		克百威	-18.93	10.40	97.83
	35	PCP-Na	-17.96	14.35	104.34
		克百威	-19.97	10.40	97.83
	45	PCP-Na	-19.05	14.35	104.34
		克百威	-20.88	10.40	97.83
BC-600	25	PCP-Na	-20.10	105.23	414.91
		克百威	-22.27	126.04	495.40
	35	PCP-Na	-21.55	105.23	414.91
		克百威	-28.19	126.04	495.40
	45	PCP-Na	-28.52	105.23	414.91
		克百威	-32.14	126.04	495.40

4. pH 值对吸附行为的影响

溶液 pH 值会影响农药分子在溶液中的存在形态和生物炭表面的电荷分布,从而影响生物炭对 PCP-Na 和克百威的吸附作用。生物炭表面官能团的质子化和去质子化作用使得生物炭表面形成了双电层结构[30]。pH 值在 2~8 时,随 pH 值的增大,农药分子表面官能团(羧基、羟基等)去质子化增强,将导致农药表面呈现出负电性,因此吸附容量呈缓慢降低趋势。当 pH 值增至 10 的过程中,吸附容量在很大程度上呈减小趋势,这说明主导吸附行为的主要因素是农药表面的官能团和吸附剂表面所带电荷之间的相互作用。

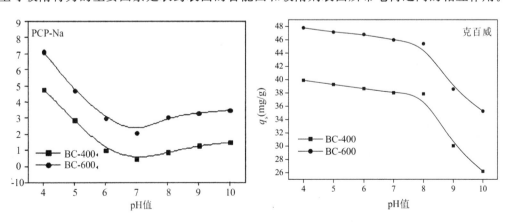

图 5.24　pH 值对生物炭吸附 PCP-Na 和克百威的影响

5.4 添加小麦秸秆生物炭对黄土吸附苯甲腈的影响

本节研究生物炭对黄土吸附杀虫剂的影响,结合吸附动力学和吸附热力学模型拟合结果,旨在揭示西部地区黄土对苯甲腈的吸附机制及规律,为治理和控制苯甲腈的污染提供理论依据。

5.4.1 实验材料与方法

1. 实验材料和仪器

(1)苯甲腈储备液:准确称取 250.0 mg 苯甲腈,用甲醇溶解,再用甲醇定容到 500 mL 容量瓶中,配成 500 mg/L 储备液。

(2)实验仪器:同第 3 章。

(3)供试黄土:天然黄土取自甘肃兰州的表层 0～25cm 土壤,经检测未受污染,风干后研碎,过 100 目筛以备用。所用土壤的性质见表 5.13。

表 5.13   土壤的基本性质

土样	pH 值	含水量(%)	干物质量(%)	有机质(g/kg)	黏粒(%)	粉粒(%)	砂粒(%)
LZ	8.02	1.85	98.15	10.84	4.51	54.33	41.16

2. 生物碳的制备与表征

采用限氧控温碳化法:将小麦秸秆粉末前期浸泡处理,称取 50 g 过 60 目筛的小麦秸秆生物质粉末于密闭坩埚,置于马弗炉中,马弗炉温度缓慢升高至 (200 ℃、400 ℃、600 ℃),将生物质秸秆粉末碳化 2h,温度缓慢降低到 200 ℃以下,取出碳化物质;用稀盐酸浸泡 2 h 除灰;用去离子水洗至中性,于 70～80 ℃过夜烘干;生物碳样品编号为 BC-200、BC-400、BC-600。采用热重分析、元素分析、红外光谱分析、比表面积分析和电镜扫描表征小麦秸秆生物碳的结构特征[31],详细结果见表 5.14。

3. 实验方法

(1)吸附动力学试验方法。

取 4 组各 9 支 50 mL 离心管,一组加入黄土 0.5000 g,另外 3 组加入 0.5000 g 土样和 0.002 g BC-200,BC-400 和 BC-600 生物炭,再加入 50 mL 质量浓度为 5 mg/L 的苯甲腈溶液,以 0.01 mol/L 的氯化钙作为稀释液,恒温振荡(200 r/min)0.5～24 h,再 4000 r/min 离心 15 min,测定上清液中苯甲腈的浓度。

表 5.14   秸秆生物碳的比表面积、孔容、孔径及元素分析

名称	BET 多点法 比表面 m²/g	总孔体积 ml/g	平均孔直径 (4V/A by BET) nm	(O+N)/C	O/C	H/C
BC-200	1.72	0.0080	18.63	0.491	0.484	0.081
BC-400	304.18	0.1758	2.81	0.293	0.278	0.041
BC-600	521.29	0.3222	2.47	0.231	0.225	0.027

（2）吸附热力学实验方法。

取 4 组各 9 支 50 mL 的离心管，1 组加入黄土 0.5000 g，另外 3 组加入 0.5000 g 土样和 0.002 g BC-200，BC-400 和 BC-600 生物炭，再加入 50 mL 浓度为 1～17 mg/L 的苯甲腈溶液，加 0.01 mol/L 的氯化钙溶液作为空白试验，恒温振荡 24h。静置 2h，4000 r/min 离心 15 min，测定上清液中苯甲腈的浓度，在 35 ℃、45 ℃条件下实验方法同上。

5.4.2 结果与讨论

1. 吸附动力学

由图 5.25 可知，在黄土中添加小麦秸秆制的生物炭可以有效地提高黄土对苯甲腈的饱和吸附量。同时可以看出，不加生物炭黄土对苯甲腈的吸附约 8 h 达到平衡，而加入生物炭后，黄土对苯甲腈的吸附时间缩短，并随着加入生物炭热解温度的升高，吸附平衡时间缩短越明显，添加生物炭黄土对苯甲腈的饱和吸附量也显著增加。当加入 BC-600 的生物炭时，苯甲腈的吸附平衡时间是 2 h，黄土对苯甲腈的饱和吸附量 0.192 mg/kg 增加到了 0.382 mg/kg，饱和吸附量增加了 98.95%。由图 5.30 可知，黄土在苯甲腈初始浓度相同时，加入不同热解温度生物炭对其饱和吸附量增加的趋势为 BC-600＞BC-400＞BC-200。

由图 5.25 可知，无论是否添加生物炭，黄土对苯甲腈的吸附都分为快慢两个过程，吸附初始约 2h 为快速吸附阶段，2～6 h 为慢速吸附阶段，超过 6 h，吸附逐渐趋于平衡。研究表明，有机污染物在土壤中的吸附可分为快慢两个阶段，其快速吸附阶段归因于其在土壤有机质中的分配作用和在矿物规则表面的物理性吸附作用。对于土壤中有机污染物的分配和吸附而言，分子间相互作用力主要表现为范德华力、偶极力、诱导偶极力以及氢键力，而这些作用通常在相当短的时间内完成[32]。有机污染物在土壤中的慢反应则是通过扩散作用由液相缓慢进入土壤微孔隙和土壤有机质等固相部分[33]，有机污染物为了能够到达所有的限速吸附位点，必须通过膜扩散穿透包裹在土壤固相表面相对静止的水分子层，然后通过孔隙扩散进入土壤微孔隙，最后通过基质扩散进入土壤固相内部，有机污染物的扩散系数按上述的扩散顺序递减[32]。

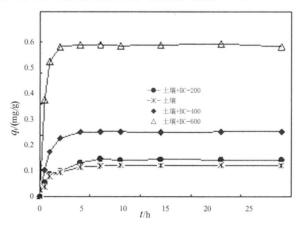

图 5.25　添加生物炭黄土对苯甲腈吸附动力学曲线

　　由表 5.15 可知,加入 BC-200、BC-400 和 BC-600 生物炭时,准一级动力学方程的 r^2 值分别是 0.755、0.621 和 0.828,准二级动力学方程拟合的 r^2 值分别为 0.951、0.958 和 0.998,而内部扩散模型拟合的 r^2 值分别为 0.832、0.942 和 0.863,说明苯甲腈在黄土上的吸附过程拟合最优方程是准二级动力学方程;动力学数据还采用内部扩散模型进行了拟合,有研究表明,当 q_t 与 $t^{1/2}$ 进行线性拟合,若呈线性且经过原点,表明内部扩散以速率控制为主[34],若是不经过原点,则表明吸附受到固体颗粒表面液膜影响,速率控制并非单独起作用[35]。拟合结果显示,黄土及添加 BC-200、BC-400 和 BC-600 的黄土对苯甲腈吸附内部扩散模型拟合的 r^2 值分别为 0.832、0.817、0.842 和 0.863,表明其呈现一定的线性,且不经过原点,因此,说明兰州黄土对苯甲腈的吸附过程包含表面吸附和颗粒内部扩散、外部液膜扩散等机制[36]。

表 5.15　添加生物炭黄土对苯甲腈吸附动力学特征参数

吸附剂	Pseudo-first-order 模型			Pseudo-second-order 模型			Intraparticle diffusion 模型		
	k_1	q_1	r_1^2	k_2	q_2	r_2^2	c	k_p	r^2
黄土	-28.36	234.3	0.821	8.562	637.52	0.956	0.025	0.00156	0.832
黄土+BC-200	-11.02	113.92	0.755	9.853	859.77	0.951	0.028	0.00172	0.817
黄土+BC-400	-140.88	1320.4	0.621	4.097	524.33	0.958	0.047	0.00356	0.842
黄土+BC-600	-2701.9	6302.2	0.828	2.050	14.71	0.998	0.072	0.00454	0.863

2. 吸附热力学

　　由图 5.26 可知,随着控制系统温度升高,加入 BC-400 的黄土对苯甲腈的饱和吸附量升高,且 45 ℃吸附量明显比 35 ℃和 25 ℃高,随系统温度升高,黄土饱和吸附量增加,表明添加生物炭的黄土对苯甲腈的吸附为吸热反应。

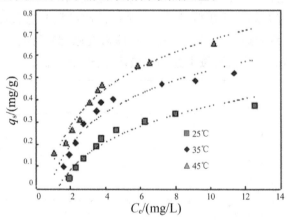

图 5.26　不同温度下添加 BC-400 黄土对苯甲腈的等温吸附曲线

表 5.16　添加生物炭黄土吸附苯甲腈热力学拟合特征值

吸附剂	温度	朗格缪尔模型			弗兰德里希模型			D-R 模型			
		Q_m	K_L	r^2	n	K_F	r^2	Q_m	$\beta \times 10^{-5}$	r^2_{D-R}	E
黄土	25℃	0.192	1.114	0.865	1.017	0.032	0.927	0.211	0.456	0.835	3.171
	35℃	0.295	0.785	0.902	1.214	0.064	0.936	0.307	0.756	0.746	2.328
	45℃	0.342	0.356	0.889	1.955	0.085	0.905	0.355	0.864	0.717	2.118
黄土+BC-200	25℃	0.201	1.094	0.982	1.028	0.048	0.998	0.182	0.564	0.685	2.854
	35℃	0.301	0.755	0.989	1.848	0.067	0.995	0.258	0.917	0.865	2.131
	45℃	0.344	0.295	0.896	2.790	0.107	0.989	0.324	0.998	0.912	1.987
黄土+BC-400	25℃	0.308	0.284	0.767	2.402	0.176	0.977	0.298	0.865	0.932	2.632
	35℃	0.426	0.255	0.854	2.652	0.205	0.985	0.411	1.027	0.845	2.078
	45℃	0.531	0.201	0.666	3.255	0.225	0.990	0.511	1.178	0.901	1.865
黄土+BC-600	25℃	0.382	0.275	0.827	2.514	0.201	0.912	0.347	0.954	0.785	2.412
	35℃	0.464	0.244	0.752	2.732	0.255	0.936	0.472	1.178	0.814	1.956
	45℃	0.582	0.198	0.669	3.418	0.321	0.944	0.531	1.235	0.832	1.457

由表 5.16 得知，Freundlich 等温吸附模型拟合 r^2 比 Langmuir 等温吸附模型拟合 r^2 值都要大，所以在 25 ℃、35 ℃、45 ℃时，加入 BC-200、BC-400 和 BC-600 生物炭，黄土对苯甲腈的吸附过程均更加符合 Freundlich 等温吸附模型，表明添加生物炭黄土颗粒表面能量分布不均匀，在吸附过程中，黄土颗粒表面的位点被苯甲腈分子占据所依照的顺序是能量由高到低的顺序，并且随着苯甲腈占据添加生物炭黄土颗粒表面位点增多，吸附热熵呈对数降低。从图 5.26 可知，几个吸附曲线大致符合 L-型吸附等温线，故此吸附有以下几个特点：首先，存在于吸附剂和吸附质之间的作用力为分子间引力，其强度较强；其次，吸附剂和吸附质之间有多种相互作用；最后，吸附过程中不存在或存在很小的竞争吸附[36]。热力学吸附结果采用 D-R 模型进行拟合，表 5.16 显示其平均自由能 E 无论是否添加生物炭，其值都介于 1.457～3.171 kJ/ mol 之间，Kiran 等[37]研究指出，若吸附过程中，$E<8$ kJ/mol，则吸附以物理吸附为主，若 $E>8$ kJ/mol，则主要表现为化学吸附。因此说明，苯甲腈在黄土上的吸附，无论是否添加生物炭，都以物理吸附为主。

3. 吸附热力学参数

由表 5.17 中可以得出，在系统温度 25～45 ℃范围内，加入 BC-200、BC-400 和 BC-600 的生物炭时，黄土土壤对苯甲腈的吸附过程中吉布斯自由能 ΔG^θ 均小于 0、熵变 ΔS^θ 和焓变 ΔH^θ 均大于 0，表明土壤对苯甲腈的吸附为自发进行的吸热过程。吸附熵 ΔS^θ 大于 0，所以在吸附过程中有序度减小。

表 5.17　添加生物炭黄土对苯甲腈等温吸附热力学参数值

吸附剂	T	ΔG^θ	ΔH^θ	ΔS^θ
	/℃	/(kJ/mol)	/(kJ/mol)	/[J/(K·mol)]
BC-200	25	-7.529		
	35	-6.942	2.77	0.975
	45	-5.917		
BC-400	25	-4.312		
	35	-2.798	4.25	1.255
	45	-3.948		
BC-600	25	-2.178		
	35	-1.756	6.34	1.521
	45	-1.037		

Tan 等[38]、谢国红等[39]和 Vonopen 等[40]指出 ΔH^θ 值在 4~10 kJ/mol,吸附以范德华力起主导;在 2~40 kJ/mol,氢键起主要作用;在 5 kJ/mol 左右时,疏水性键起主导作用;在 2~29 kJ/mol,取向力起主要作用;当 ΔH^θ 大于 60 kJ/mol 时,吸附中化学键起主导作用。由表 5.14,添加不同温度热解生物炭,其 ΔH^θ 由 2.77kJ/mol 增加到 6.34 kJ/mol,表明,苯甲腈在添加生物炭黄土上的吸附多种物理性作用为主,这主要是由于随着加入生物炭热解温度的升高,其吸附逐渐趋于以疏水键作用起主导,这可能是由于随着炭化温度的升高,生物炭的芳香性增加,即从"软炭"域逐渐过渡到"硬炭"域,对疏水性有机污染物的亲和力增强[41]。

4. 添加不同温度制备生物炭对土壤吸附苯甲腈的影响

由图 5.27 可知,在 25 ℃条件下,分别加入 BC-200、BC-400 和 BC-600 三种生物炭。当加入 BC-600 生物炭时对兰州黄土吸附苯甲腈的影响远远大于其他两种,并且随生物炭热解温度升高,黄土对苯甲腈的吸附效率和饱和吸附量都急剧增加;影响最小的是 BC-200 的生物炭,它随苯甲腈浓度的增加时,呈现微小的增长趋势,并且吸附的效率停留在一个很低的水平。研究表明[41],随着制备生物炭热解温度的升高,生物质炭 C/H 比逐渐增大,芳香性程度逐渐增加,且随着炭化温度的升高,表面孔穴逐渐增加,孔结构发生明显变化,孔隙结构愈显发达,微孔有所发展,比表面增大;同时,随着炭化温度的升高,生物炭的芳香性增加,即从"软炭"域逐渐过渡到"硬炭"域,对疏水性有机污染物的亲和力增强,生物质炭的分配介质与疏水性有机污染物之间的极性匹配性增大,分配系数 K_d 亦随之增大[42]。由表 5.15 可知,随着秸秆制备生物炭热解温度的由 200 ℃升高至 600 ℃,生物质炭 C/H 比由 0.484 下降为 0.226,生物炭比表面积由 1.72m²/g 上升至 521.29 m²/g,总孔体积由 0.008mL/g 升至 0.322 mL/g,平均孔径由 18.63nm 降至 2.47 nm,说明随着炭化温度的升高,秸秆生物炭芳香性增加,表面孔穴逐渐增加,微孔增加,比表面积增大,因此,导致添加高温度下热解生物炭对苯甲腈的吸附效率和速率都急剧增加。

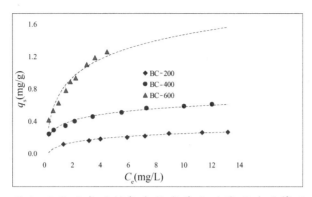

图 5.27 添加不同温度下制备生物炭黄土对苯甲腈的等温吸附曲线

5.5 生物炭对西北黄土吸附壬基酚的影响

本节以 NP 为目标污染物,采用批量法实验,从吸附动力学和吸附热力学两方面出发,对添加不同温度制备生物炭的黄土吸附 NP 的吸附行为进行研究,并对其相关影响因素进行探究,旨在揭示黄土中添加生物炭对 NP 的吸附机理,为治理和控制环境激素的污染提供理论参考和科学依据。

5.5.1 实验材料与方法

1. 实验材料与试剂

(1)生物炭的制备:制备生物炭采用限氧控温碳化法。具体是将小麦秸秆浸泡水洗后,以 75 ℃在鼓风干燥箱中烘干后,置于马弗炉中,分别加热到 200 ℃、400 ℃和 600 ℃(标识为 BC-200、BC-400、BC-600),当温度缓慢降低后取出。用 1 mg/L 的稀盐酸浸泡处理去除灰分,用蒸馏水洗至中性,在 70~80 ℃烘干后备用。

(2)供试土壤:黄土样品采自甘肃省兰州市表层 0~25 cm 的耕作土壤,去杂物,加入蒸馏水与生物炭(BC-200、BC-400、BC-600)以 100∶3 比例混合,经 1 年的充分反应和陈化,风干并研碎后,过 100、80、60 目和 40 目筛,装瓶备用。

(3)药品:NP 分析纯(纯度≥99.5%)。

(4)仪器:同第 3 章。

2. 实验方法

(1)吸附动力学实验方法。

称取 0.500 g 过 100 目筛的黄土于 4 组各 10 支 50 mL 离心管,一组加入 50 mL 浓度为 0.01 mol/L 的 $CaCl_2$ 溶液,另外 3 组加入 50 mL 质量浓度为 10 mg/L NP 溶液做平行对照,在 25 ℃恒温振荡器中以 180 r/min 振荡 0.5~24 h,4000 r/min 离心 15 min,测定上清液中 NP 的浓度。添加 BC-200、BC-400 和 BC-600 生物炭进行动力学实验同上。

（2）吸附热力学实验方法。

称取 0.500 g 黄土于 3 组各 8 支 50 mL 离心管,依次加入 50 mL 质量浓度为 0～14 mg/L 的 NP 溶液,恒温振荡 16 h,静置 2 h,4000 r/min 离心 15 min。测定上清液浓度,3 组平行实验取平均。35 ℃、45 ℃条件下,采用同样的方法对添加 BC-200、BC-400、BC-600 的黄土进行不同温度下的吸附实验。

（3）粒径对 NP 吸附影响实验方法。

准确称取 0.500 g 过 100、80、60 和 40 目筛的添加 BC-400 的黄土,其余同 25 ℃吸附热力学实验方法。

（4）pH 对 NP 吸附影响实验方法。

称取 0.500 g 加 BC-400 的黄土于 3 组各 8 支 50 mL 离心管,加入 50 mL 质量浓度为 10 mg/L 的 NP 溶液,调节溶液 pH 值分别为 4～10,CaCl₂溶液做空白样,其余同 25 ℃下吸附热力学。

5.5.2 结果与讨论

1. 土样的 pH 值和有机质含量

由表 5.18 可知,添加生物炭黄土的有机质含量明显高于不添加生物炭黄土的,且随着生物炭碳化温度越高,有机质含量越低,原因是生物炭是由生物质高温缺氧裂解而来,含有大量的有机质,添加到黄土中可以提高土样整体的有机质含量,但是碳化温度的升高,生物质中的有机成分发生高温裂解,使有机质含量降低[50]。添加生物炭黄土的 pH 值随着生物炭碳化温度的升高也略微增大,但增大趋势并不明显。是因为在低碳化温度制备下的生物炭主要是水分的蒸发以及低沸点物质的挥发,碳化温度升高,原料中高沸点物质开始挥发,无机矿物组分含量逐渐增加,生物炭的 pH 值也随之增大,但因本实验黄土中添加的生物炭含量较少且经过一年陈化,其增大趋势并不明显[45]。

表 5.18　黄土和添加生物炭黄土的 pH 值和有机质含量

吸附剂	黄土	黄土+BC-200	黄土+BC-400	黄土+BC-600
有机质（g/kg）	15.77	40.90	32.96	23.75
pH	7.59	7.61	7.63	7.66

2. 吸附动力学

由图 5.28 可知,黄土和添加生物炭黄土对 NP 的吸附可分为快反应和慢反应两个阶段。添加生物炭黄土在 0～6 h 曲线斜率较大,属于快吸附阶段,在此阶段分子间相互作用力主要表现为范德华力、偶极力以及氢键力,而这些作用通常在相当短的时间内完成。在 6 h 后曲线的斜率明显下降,进入慢反应阶段,NP 分子必须通过液膜扩散穿透吸附剂表面排列有序的水分子层,然后通过孔隙扩散进入黄土和生物炭的微孔内部,最后进入固相内,使其在生物炭中的传质速度减慢。直到 16 h,吸附达到了平衡。但黄土的慢反应阶段可达到 10 h,比添加生物炭黄土慢反应时间要长。同时在快反应阶段,添加生物炭 BC-200、BC-400 和 BC-600 的黄土对 NP 吸附容量相近,无明显差别。可能是因为随着生物炭碳化温度的升高,其有机质含量降低,有机质中的分配作用减弱;而生物炭的比表面积增大和表面吸附位点增多,表面吸附作用增强,在分配作用和表面吸附的共同作用下[46],造成快反应阶段生物炭碳化温度的不同对黄土吸附 NP 的影响不明显。在慢反应阶段,随着制备生物炭热解温度的升高,生物炭的孔隙结构愈显发达,微孔数量增多并且密集,总孔体积逐渐增大[45],则在孔隙内部的吸附显现出差别,造成 NP 的吸附量和最终饱和吸附量趋势为 BC-600>BC-400>BC-200>黄土。

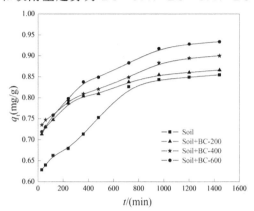

图 5.28　黄土和添加生物炭的黄土在 25 ℃下吸附 NP 的吸附动力学曲线

由表 5.19 可知,准一级吸附动力学模型的 r_1^2 值在 $0.586\sim0.740$,而准二级吸附动力学模型 r_2^2 值均大于 0.9978,因此黄土和添加生物炭的黄土对 NP 的吸附更符合准二级吸附动力学模型,说明添加生物炭黄土对 NP 的吸附过程既有物理吸附,又有化学吸附,且化学吸附为吸附速率的控制步骤。采用内部扩散模型对 $t^{1/2}$ 与 q_t 进行线性拟合,若呈线性且经过原点,表明内部扩散以速率控制为主;若不经过原点,则表明吸附受到黄土颗粒表面液膜的影响,并非以速率控制单独起作用。本实验拟合结果显示,黄土及添加 BC-200、BC-400 和 BC-600 的黄土对 NP 的吸附内部扩散模型的 r^2 值分别为 0.960 和0.964、0.992、0.980,表明其很好地符合线性关系,但截距 C 不为 0,直线并不经过原点,因此说明了黄土和添加生物炭黄土对 NP 的吸附过程不仅包括内部扩散过程,还受表面吸附、液膜扩散、分配作用等吸附作用的牵制[54]。

表 5.19　生物炭对西北黄土吸附 NP 的动力学吸附模型拟合参数表

吸附剂	准一级动力学模型			准二级动力学模型			颗粒内部扩散模型		
	k_1	q_1	r_1^2	k_2	q_2	r_2^2	C	k_p	r^2
黄土	9.69	0.786	0.586	0.0246	0.877	0.9978	0.577	0.00794	0.960
黄土+BC-200	6.13	0.832	0.740	0.0525	0.874	0.9996	0.699	0.00482	0.964
黄土+BC-400	11.7	0.866	0.710	0.0379	0.909	0.9990	0.706	0.00539	0.992
黄土+BC-600	8.40	0.878	0.690	0.0314	0.949	0.9990	0.686	0.00709	0.980

3. 吸附热力学

由图 5.29 可知,添加 BC-600 的黄土对 NP 溶液的吸附曲线大致符合 L-型吸附等温线,与高的表面积和多孔性物质对化合物的吸附作用主要表现为 L-型的研究一致,这种等温线说明了添加 BC-600 的黄土与 NP 间吸附作用力为分子间引力且强度较强,是多个作用过程综合作用的结果。由图 5.29 可知,随着系统温度的升高,添加 BC-600 的黄土对 NP 的吸附量明显增大,表明此吸附为吸热反应。其原因可能是随着温度的升高,添加生物炭的黄土在水中的分散性增加,体系的紊乱程度增大,为 NP 提供更多的吸附位点;另外分子热运动的加快,使 NP 分子与吸附剂颗粒的碰撞更加频繁,导致高温条件下的优势吸附。随着 NP 在液相中的质量浓度的增加,添加生物炭黄土对 NP 的吸附量也逐渐增加,最后趋于稳定,其原因是质量浓度较低时,NP 对添加生物炭黄土有较强的亲和力,随着溶液质量浓度的升高,吸附剂吸附点位逐渐被占满,则亲和力逐渐降低直达到吸附动态平衡[48]。

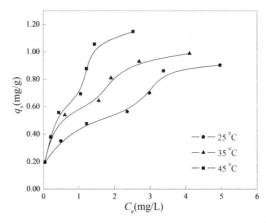

图 5.29　添加 BC-600 的黄土在不同温度下吸附 NP 的吸附热力学曲线

由表 5.20 可知,Freundlich 吸附等温模型拟合相关系数 r^2 值比 Langmuir 和 D-R 吸附等温模型 r^2 值都要大,范围在 0.904~0.988。所以在 25~45 ℃时,黄土和黄土添加 BC-200、BC-400、BC-600 对 NP 的吸附过程均符合 Freundlich 吸附等温模型,表明添加生物炭黄土颗粒表面能量分布不均匀;在吸附过程中,黄土颗粒表面的位点被 NP 分子占据所依照的是能量由高到低的顺序;并且随着 NP 对添加生物炭的黄土颗粒的占据位点的增多,吸附热熵呈对数降低。则添加生物炭的黄土对 NP 的吸附属于非均一的多分子层吸附,被吸附的量随着溶液浓度的增加而增大。在弗兰德里希模型中,n 值越大,吸附性能越强,当 $n<0.5$ 时,吸附很难进行;当 $n>1$ 时,吸附较易进行。从表 5.20 可知,添加生物炭黄土对 NP 的吸附 n 值均大于 1.44,表明吸附较易进行。Kiran 等[49] 研究指出,吸附过程中,$E<8$ kJ/mol,吸附以物理吸附为主;$E>8$ kJ/mol,则表现为化学吸附为主。表 5.20 显示平均自由能 E 无论是否添加生物炭其值均介于 2.24~5.00 kJ/mol,因此说明 NP 在黄土和添加生物炭黄土上的吸附都以物理吸附为主。

表 5.20　生物炭对西北黄土吸附 NP 的等温吸附热力学模型特征值

吸附剂	温度	朗格缪尔模型			弗兰德里希模型			D-R 模型			
		Q_m	K_L	r^2	n	K_F	r^2	Q_m	$\beta \times 10^{-7}$	r_{D-R}^2	E
黄土	25℃	0.515	1.64	0.850	2.33	0.261	0.919	0.476	0.800	0.638	2.50
	35℃	0.716	1.02	0.968	2.06	0.311	0.969	0.586	1.00	0.810	2.24
	45℃	0.584	1.71	0.805	2.37	0.361	0.904	0.571	0.500	0.630	3.16
黄土＋BC -200	25℃	0.786	0.749	0.955	1.76	0.294	0.972	0.602	1.00	0.779	2.24
	35℃	0.678	2.08	0.908	2.18	0.383	0.973	0.621	0.600	0.740	2.89
	45℃	1.01	0.755	0.911	1.44	0.397	0.935	0.731	1.00	0.729	2.24
黄土＋BC -400	25℃	1.01	0.541	0.909	2.02	0.350	0.966	0.634	0.900	0.829	2.36
	35℃	0.644	12.1	0.847	2.96	0.542	0.943	0.675	0.200	0.702	5.00
	45℃	0.777	3.40	0.902	2.06	0.553	0.959	0.745	0.400	0.747	3.54
黄土＋BC -600	25℃	0.521	16.7	0.905	3.24	0.499	0.945	0.638	0.200	0.705	5.00
	35℃	0.740	9.83	0.939	2.94	0.625	0.988	0.763	0.200	0.855	5.00
	45℃	0.826	8.46	0.930	2.35	0.784	0.981	0.858	0.200	0.835	5.00

4. 吸附热力学参数

由表 5.21 可知,在系统温度为 25~45 ℃范围内,吉布斯自由能 ΔG^θ 均小于 0,说明此吸附过程是自发进行的。焓变 ΔH^θ 大于 0,进一步证实吸附过程为吸热过程。ΔG^θ 在 $-20 \sim 0$ kJ/mol 范围内为物理吸附,而在 $-800 \sim -40$ kJ/mol 范围内为化学吸附[50],ΔG^θ 数值均在 $-20 \sim 0$ kJ/mol 内,表明黄土和添加不同温度制备的生物炭均以物理吸附为主;并且 $\Delta H^\theta < 40$ kJ/mol,同样证实了吸附过程以物理吸附为主。吸附熵变 ΔS^θ 大于 0,说明整个吸附过程中体系的混乱度增加[50]。

表 5.21　生物炭对西北黄土吸附 NP 的等温吸附热力学参数值

吸附剂	ΔG^θ/(kJ/mol)			ΔH^θ/(kJ/mol)	ΔS^θ/(kJ/mol)
	25℃	35℃	45℃		
黄土	-3.33	-2.99	-2.69	12.8	31.8
黄土＋BC200	-3.03	-2.46	-2.44	11.9	30.1
黄土＋BC400	-2.60	-1.57	-1.57	18.2	52.9
黄土＋BC600	-1.72	-1.20	-0.643	17.8	53.9

5. 添加不同温度制备的生物炭的影响

由图 5.30 可知,黄土和添加 BC-200、BC-400、BC-600 的黄土的最大平衡吸附量分别为 0.791、0.983、1.02 mg/g 和 1.15 mg/g。添加生物炭后,黄土对 NP 的吸附量升高,并且随添加生物炭热解温度的升高,NP 的吸附效率和饱和吸附量都随之增加。究其原因,随着制备生物炭热解温度的升高,生物炭的孔隙结构愈显发达,表面孔穴逐渐增加,比表面积、总孔体积逐渐增大;同时 C/H 比逐渐增大,芳香性程度逐渐增加,即从"软炭"域逐渐过渡到"硬炭"域,对疏水性有机污染物的亲和力增强,即对 NP 的吸附亲和力增强[51]。

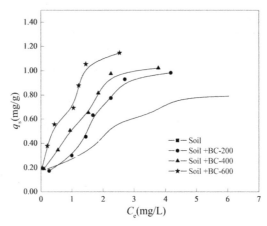

图 5.30 添加不同制备温度的生物炭对黄土吸附 NP 的影响

6. 不同粒径的影响

由图 5.31 可知,随着过筛目数的增大,吸附剂粒径的减小,NP 在黄土上的最大吸附量从 0.614 依次增加到 0.697 mg/g、0.875 mg/g 和 1.021 mg/g,增加幅度较大。主要是因为土壤粒径越小,单位质量中所含的颗粒越多,其比表面积越大,也就具有更多的可吸附位点;并且粒径越小,分散越均匀,与吸附质分子发生碰撞的机会就越大,所以被黄土吸附的疏水性污染物 NP 就越多[52]。

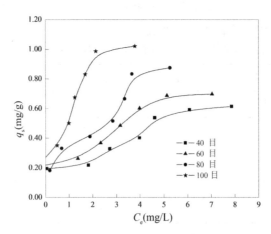

图 5.31 不同粒径对添加 BC-400 黄土吸附 NP 的影响

7. 不同 pH 值的影响

由图 5.32 可知,pH 值对吸附的影响分为两个阶段,当 pH 值在 4～7 内,NP 的吸附量随着 pH 值的增加而增大;当 pH 值在 7～10 以内,NP 的吸附量随着 pH 值的增加而迅速减小。即在中性范围内吸附效果最好,酸性和碱性都不利于 NP 的吸附。原因是 NP 呈弱酸性,带有正电的分子与酸性溶液中的 H^+ 产生吸附点位的竞争,pH 值越低,加入 H^+ 的量越多,则吸附点位的竞争越大,导致酸性条件下 NP 吸附量的降低。在碱性溶液中,生物炭表面丰富的 $-COOH$、$-OH$、$C=O$ 等含氧官能团以阴离子($-COO^-$ 和 $-O^-$)的形式存在,与经去质子化作用的 NP 分子表现相同的电性,引起排斥作用,导致添加生物炭的黄土对 NP 的吸附能力降低。碱性越大,OH^- 越多,负电性的排斥作用越强,对 NP 的吸附量则越少。最终表明添加生物炭的黄土在中性条件下更有利于对 NP 的吸附,与廖小平[53]对 NP 在污灌土壤中吸附行为及垂直分布特征研究一致。

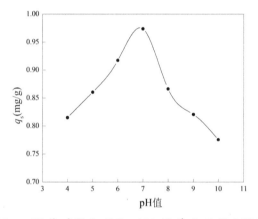

图 5.32　pH 值对添加 BC-400 的黄土吸附 NP 的影响

5.6 添加小麦秸秆生物碳对萘在黄土中吸附行为的影响

本节以不同温度条件下制备的小麦秸秆生物碳为代表,研究生物碳添加对黄土吸附萘的影响,为预测外源性物质的添加对石油污染物在黄土中的迁移转化行为的影响提供可靠数据和理论基础。

5.6.1 实验材料与方法

1. 实验材料与仪器

(1)土壤样品:采自甘肃省兰州市和嘉峪关市土壤表层(0～10 cm)小麦农田土,去除杂物,风干后研磨,过 100 目筛,装瓶备用。

(2)试剂:萘,分析纯;生物碳制备详见第 2 章。

(3)仪器:同第 3 章。

2. 实验方法

(1)动力学吸附试验。

称取土壤样品及生物碳样品分别加入 50 mL 的离心管（BC-600 使用 100 ml 离心管），依次加入 50 mL（BC-600 为 75 ml）质量浓度为 25 mg/L 的萘溶液，在 25 ℃ 条件下恒温振荡（200 r/min）0.5～72 h，4000 r/min 离心 15 min。3 组平行实验，背景吸附液为 $CaCl_2$ 和 NaN_3 混合溶液。测定上清液吸光度。

(2)等温吸附实验。

称取土壤样品和生物碳（BC-200、BC-400、BC-600）于 100 mL 的离心管，加入 50 mL 不同浓度的萘溶液，恒温振荡 24 h，静置 2 h，4000 r/min 离心 15 min，测定上清液吸光度，3 组平行实验，测定上清液吸光度，在 35 ℃、45 ℃ 吸附实验同上。

(3)溶液初始浓度对吸附的影响。

称取土壤样品和生物碳样品于 50 ml 离心管中，加入 50 ml 浓度为 20 mg/L 的萘溶液，重复动力学实验过程。15 mg/L 萘溶液实验过程同上。

5.6.2 结果与讨论

1. 吸附动力学

由图 5.33 可知，添加生物碳后黄土的动力学吸附过程与未添加相类似。初始阶段，不论添加何种生物碳，黄土对萘的吸附量随着时间的增加急剧增大，随着时间的推移，吸附速率逐渐降低。添加生物碳以后黄土对萘的吸附在 20 h 时基本达到平衡，对比第 3 章黄土对萘的动力学吸附过程分析，生物碳的添加缩短了吸附达到平衡的时间。研究土壤颗粒的动力学过程发现：一般情况下，土壤表面作用达到平衡的时间较短，而分配作用伴随整个吸附过程，且达到平衡需要较长的时间。添加生物碳黄土对萘的快速吸附过程依旧发生在 10 h 前，此过程黄土对萘的吸附量明显增加，尤其添加的生物碳制备温度越高，相同时间内吸附量越大，表明生物碳能明显影响黄土对萘的动力学过程。

研究萘初始浓度为 25 mg/L 条件下，添加生物碳黄土（LZ）的动力学吸附过程，LZ+BC-600、LZ+BC-400、LZ+BC-200 的平衡吸附量分别为 2.45、2.33、2.14 mg/g。分析动力学吸附曲线图可知，LZ+BC-600、LZ+BC-400、LZ+BC-200 在开始阶段对萘的吸附都表现为快速吸附过程，在实验开始 2h 内分别吸附了平衡吸附量的 94.1%、80.8%、59.7%，实验开始 10 h 后，其吸附量占平衡吸附量的 95.6%、93.3%、91.6%，之后吸附逐渐趋于平缓。生物碳的添加明显缩短了黄土对萘的动力学吸附过程，扫描电镜结果显示生物碳的孔主要以细长型的内部孔为主，其表面孔分布较均匀，为污染物质的进入提供了更多的通道，且生物碳有巨大的比表面积，吸附过程中孔形状、孔分布及孔径都发挥了重要的作用。生物碳的优势孔结构分布对黄土吸附萘的影响显著，可能微孔填充机制起关键作用。

由表 5.22 可知，Pseudo-second-order 模型的拟合系数达到 0.999 以上。Pseudo-first-order 模型计算出的平衡浓度远低于实验值，表明该模型并不适用于解释生物碳的添加对黄土吸附萘的动力学过程机理。添加 BC‑600 和 BC‑400 时 Intraparticle 模型平衡浓度计算结果接近于实验值,但相关性系数较低,添加 BC‑600 的黄土吸附速率常数 k_p 较低与其在较短时间内达到吸附平衡结果相一致,原因在于颗粒物扩散模型只反映了萘在颗粒内的扩散过程,而萘在该吸附体系中还包含有孔扩散、膜扩散等过程[54]。Intraparticle 模型在添加 BC‑200 时其计算结果与实验值相差甚远,且相关性系数较低,BC‑200 的比表面积表征结果显示其比表面积较小,且内部无微孔结构,BC‑200 的添加并没有在起始阶段以较强的吸附能力促进黄土的吸附,萘在吸附过程的起始阶段以表面吸附作用附着于 BC‑200 和黄土颗粒物表面,扩散进入内部的较少。

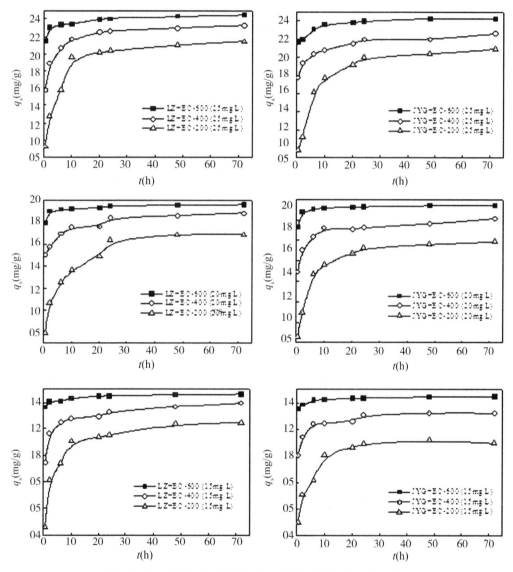

图 5.33　添加生物碳黄土对萘的吸附动力学曲线

刘忠珍[55]等认为土壤对农药丁草胺的吸附动力学过程可以用 Elovich 方程描述,结合双常数方程可以深入解释此过程;该过程的研究还表明:土壤是复杂的混合体系,有机农药在土壤上的吸附过程为一非均相扩散过程。Chien[56]等也指出,动力学吸附过程的速率可以用 Elovich 方程的常数 a、b 反应,土壤吸附过程 a 值越大,b 值越小,则土壤的吸附速率越大,研究者采用两者的比值($R_{a/b}$)比较吸附速率的大小。分析生物碳添加对黄土的动力学曲线及 Evolich 方程拟合特征值,即使土壤质地不同,土壤的快吸附过程基本相同。比较添加不同生物碳后黄土的吸附过程,发现 $R_{a/b}$(BC-600)＞$R_{a/b}$(BC-400)＞$R_{a/b}$(BC-200),结合第 2 章生物碳的结构表征分析结果,BC-600 有巨大的比表面积,能为有机污染物提供更多的吸附位点,在动力学吸附过程的起始阶段,能吸附更多的有机污染物。另外,较高温度的裂解过程,导致高的芳香性和低的极性也是动力学吸附过程速率的决定性因素。

表 5.22　添加生物碳黄土对萘的吸附动力学方程拟合特征值

吸附剂	浓度 (mg/L)	准一级动力学模型			准二级动力学模型			颗粒内部扩散模型			颗粒间扩散模型			
		k_1	q_e	r_1^2	k_2	q_e	r_2^2	k_p	C	r_p^2	a	b	r^2	$R_{a/b}$
LZ+BC600		0.0010	0.20	0.945	0.0216	2.46	1.000	0.0041	2.22	0.754	1.99	0.13	0.944	15.14
LZ+BC400	25.00	0.0011	0.42	0.864	0.0110	2.34	1.000	0.0106	1.77	0.711	1.13	0.35	0.952	3.22
LZ+BC200		0.0011	0.74	0.856	0.0051	2.31	1.000	0.0185	1.17	0.730	0.08	0.60	0.944	0.13
LZ+BC600		0.0012	0.10	0.932	0.0529	1.96	1.000	0.0021	1.85	0.637	1.72	0.07	0.877	24.28
LZ+BC400	20.00	0.0009	0.29	0.891	0.0135	1.89	1.000	0.0060	1.54	0.842	1.22	0.19	0.972	6.53
LZ+BC200		0.0017	0.87	0.901	0.0054	1.73	0.999	0.0142	0.93	0.835	0.15	0.44	0.979	0.34
LZ+BC600		0.0011	0.07	0.962	0.0673	1.47	1.000	0.0014	1.39	0.807	1.31	0.05	0.966	29.04
LZ+BC400	15.00	0.0009	0.32	0.923	0.0117	1.41	1.000	0.0066	1.03	0.818	0.66	0.21	0.974	3.21
LZ+BC200		0.0014	0.55	0.956	0.0078	1.27	0.999	0.0110	0.66	0.724	0.00	0.36	0.950	0.01
JYG+BC600		0.0014	0.23	0.936	0.0252	2.43	1.000	0.0043	2.19	0.798	1.96	0.13	0.957	14.61
JYG+BC400	25.00	0.0007	0.31	0.780	0.0113	2.26	1.000	0.0070	1.86	0.828	1.47	0.22	0.985	6.70
JYG+BC200		0.0011	0.79	0.888	0.0048	2.12	1.000	0.0181	1.12	0.779	0.10	0.57	0.953	0.17
JYG+BC600		0.0007	0.27	0.738	0.0673	1.95	1.000	0.0024	1.82	0.519	1.66	0.09	0.807	19.24
JYG+BC400	20.00	0.0012	0.08	0.860	0.0138	1.81	1.000	0.0068	1.43	0.706	1.02	0.23	0.941	4.50
JYG+BC200		0.0012	0.60	0.916	0.0069	1.62	1.000	0.0140	0.85	0.738	0.02	0.46	0.956	0.05
JYG+BC600		0.0011	0.06	0.916	0.0798	1.45	1.000	0.0014	1.38	0.730	1.29	0.05	0.954	28.04
JYG+BC400	15.00	0.0017	0.23	0.827	0.0267	1.33	1.000	0.0044	1.09	0.693	0.83	0.15	0.932	5.70
JYG+BC200		0.0033	0.71	0.949	0.0131	1.12	0.999	0.0094	0.63	0.717	0.07	0.31	0.938	0.23

2. 吸附等温线

由图 5.34 可知,曲线总体趋势是随着溶液浓度的增大,吸附量逐渐增大,添加生物碳黄土在吸附起始阶段,随着溶质浓度的增加,吸附曲线斜率逐渐增大,当溶质浓度增大到某一临界浓度时,吸附等温线的斜率随着溶质浓度的继续增加而降低,表明不同吸附温度下添加不同性质的生物碳黄土的吸附等温线都呈现出"S"形。本课题组研究添加生物碳黄土对有机氯农药的吸附时也呈现类似规律,在溶质低浓度阶段,添加生物碳黄土对萘的亲和力较低,随着萘溶液浓度的升高,固相对萘的亲和力逐渐增大。理论上,"S"形等温线表示为协同吸附,被吸附物分子之间的键结力,大于被吸附物与吸附剂之间的键结力,所以吸附过程易形成吸附物分子在固体表面的集聚。

　　由表 5.23 可知,所有方程的 r^2 都达到 0.9 以上,但朗格缪尔模型拟合时,单分子层饱和吸附量 Q_m 有部分负值,而部分值远大于实验实测数值,这种情况在陈华林[57]等研究西湖底泥对菲的吸附性能和孙亚平研究萘在偻土、紫色土上的吸附特征及其能量的分布模式时也有出现,可能是添加生物碳黄土对萘的吸附过程并不是单分子层吸附,另外,吸附等温线呈"S"形也表明吸附质分子间是有相互作用力的。

表 5.23　添加生物碳黄土对萘的吸附热力学方程拟合特征值

吸附剂	温度	亨利模型		朗格缪尔模型			Freundlich 模型			D-R 模型		
		k_D	r_H^2	Q_m	k_L	r_L^2	n	k_F	r_F^2	Q_m	β	r_{D-R}^2
LZ+BC-200-N	25℃	0.32	0.992	4.26	0.15	0.974	0.75	0.57	0.987	1.98	0.6×10^{-6}	0.976
JYG+BC-200-N		0.33	0.998	-7.16	-0.04	0.986	0.78	0.28	0.995	1.62	0.9×10^{-6}	0.964
LZ+BC-200	25℃	0.32	0.989	42.37	0.01	0.993	1	0.34	0.994	1.83	0.6×10^{-6}	0.852
JYG+BC-200		0.28	0.99	15.97	0.02	0.982	0.97	0.28	0.987	1.58	0.8×10^{-6}	0.838
LZ+BC-200	35℃	0.65	0.996	-6.45	-0.08	0.976	1	0.58	0.99	2.34	0.4×10^{-6}	0.939
JYG+BC-200		0.58	0.989	5.63	0.13	0.952	0.93	0.61	0.977	1.81	0.3×10^{-6}	0.762
LZ+BC-200	45℃	0.7	0.992	8.11	0.11	0.991	0.9	0.82	0.991	2.33	0.3×10^{-6}	0.869
JYG+BC-200		0.67	0.988	-38.61	-0.02	0.984	1	0.66	0.985	2.07	0.3×10^{-6}	0.863
LZ+BC-400-N	25℃	0.42	0.971	11.04	0.05	0.966	0.88	0.54	0.968	2.58	0.9×10^{-6}	0.867
JYG+BC-400-N		0.35	0.995	5.27	0.13	0.969	0.76	0.61	0.99	2.32	0.7×10^{-7}	0.821
LZ+BC-400	25℃	0.65	0.991	5.01	0.35	0.997	0.65	1.27	0.998	2.74	0.2×10^{-6}	0.912
JYG+BC-400		0.62	0.987	-5.76	-0.26	0.994	0.68	1.18	0.993	2.61	0.3×10^{-6}	0.961
LZ+BC-400	35℃	0.8	0.991	6.95	0.23	0.974	0.76	1.29	0.991	3.27	0.3×10^{-7}	0.896
JYG+BC-400		0.76	0.957	9.34	0.17	0.992	0.76	1.34	0.983	3.19	0.3×10^{-7}	0.981
LZ+BC-400	45℃	1.19	0.986	-192.31	-0.01	0.987	0.99	1.24	0.986	3.45	0.3×10^{-7}	0.937
JYG+BC-400		1.31	0.978	34.13	0.04	0.986	0.97	1.32	0.984	3.3	0.2×10^{-7}	0.917
LZ+BC-600-N	25℃	1.8	0.949	-2.11	-0.32	0.76	0.85	1.4	0.844	6.48	0.4×10^{-7}	0.948
JYG+BC-600-N		1.42	0.969	36.63	0.06	0.926	0.83	2.11	0.951	6.13	0.4×10^{-7}	0.954

续表

吸附剂	温度	亨利模型		朗格缪尔模型			Freundlich 模型				D-R 模型	
		k_D	r_H^2	Q_m	k_L	r_L^2	n	k_F	r_F^2	Q_m	β	r_{D-R}^2
LZ+BC-600	25℃	0.7	0.943	7.87	0.44	0.995	0.52	2.44	0.988	5.16	0.2×10^{-7}	0.891
JYG+BC-600		0.66	0.95	6.65	0.60	0.979	0.5	2.44	0.997	4.82	0.2×10^{-7}	0.822
LZ+BC-600	35℃	2.15	0.959	-7.12	-0.24	0.926	0.76	2.31	0.932	5.84	0.2×10^{-7}	0.993
JYG+BC-600		1.84	0.994	16.89	0.20	0.968	0.8	2.71	0.978	5.18	0.2×10^{-7}	0.959
LZ+BC-600	45℃	2.32	0.977	22.47	0.14	0.989	0.82	2.77	0.989	6.13	0.2×10^{-7}	0.998
JYG+BC-600		2.32	0.99	13.7	0.28	0.996	0.76	2.94	0.998	5.68	0.2×10^{-7}	0.967

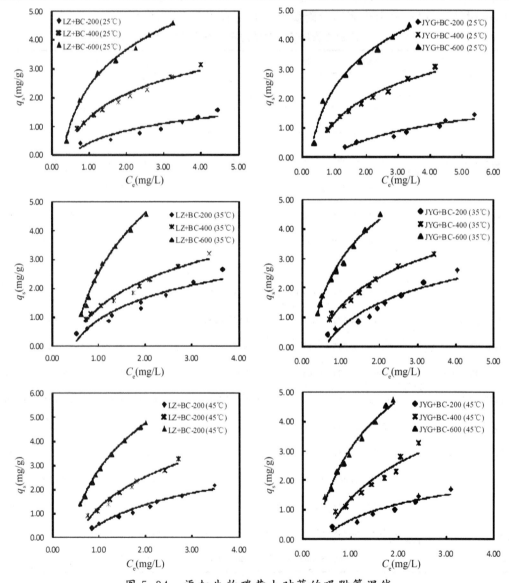

图 5.34 添加生物碳黄土对萘的吸附等温线

表 5.24　添加生物碳黄土对萘的吸附平均自由能

温度	吸附剂	β (mg²/kJ²)	E (kJ/mol)	吸附剂	β (mg²/kJ²)	E (kJ/mol)	吸附剂	β (mg²/kJ²)	E (kJ/mol)
25℃	LZ+BC-200-N	0.60	0.91	LZ+BC-400-N	0.90	0.75	LZ+BC-600-N	0.04	3.54
	JYG+BC-200-N	0.90	0.75	JYG+BC-400-N	0.07	2.67	JYG+BC-600-N	0.04	3.54
25℃	LZ+BC-200	0.60	0.91	LZ+BC-400	0.20	1.58	LZ+BC-600	0.02	5.00
	JYG+BC-200	0.80	0.79	JYG+BC-400	0.30	1.29	JYG+BC-600	0.02	5.00
35℃	LZ+BC-200	0.40	1.12	LZ+BC-400	0.03	4.08	LZ+BC-600	0.02	5.00
	JYG+BC-200	0.30	1.29	JYG+BC-400	0.03	4.08	JYG+BC-600	0.02	5.00
45℃	LZ+BC-200	0.30	1.29	LZ+BC-400	0.03	4.08	LZ+BC-600	0.02	5.00
	JYG+BC-200	0.30	1.29	JYG+BC-400	0.02	5.00	JYG+BC-600	0.02	5.00

Freundlich 模型是一个经验公式,用来描述表面不均匀吸附剂的多层吸附[58],研究萘在黄土上的等温吸附过程发现弗兰德里希模型拟合出的 n 值都小于 1,表明添加生物碳黄土对萘的吸附不仅仅是简单的线性分配作用,还存在表面吸附作用。对比黄土对萘的热力学吸附过程发现:生物碳的添加增加了吸附的非线性程度,生物碳的多孔结构显著影响整个吸附过程。添加生物碳黄土对萘的吸附平均自由能见表 5.24。

D-R 模型的基础理论是微孔吸附容积填充理论[59],其较朗格缪尔模型更普遍的应用于土壤吸附过程中,通过 D-R 模型可以计算吸附平均自由能(E)的变化(见表 5.23)。吸附平均自由能小于 8.0 kJ/mol 时,吸附是以范德华力和氢键作用为主导的物理吸附,化学吸附的平均自由能在 8.0～16.0 kJ/mol。计算得出添加生物碳黄土的(E)都小于 8.0 kJ/mol,表明萘在添加生物碳黄土上的吸附主要是物理吸附。Seredych[60]等的研究也表明萘是性质稳定的芳烃类物质,环上没有被取代的极性基团,在非极性面上主要是物理吸附。

3. 吸附热力学参数

添加生物碳黄土对萘的吸附热力学参数值见表 5.25。添加生物碳黄土对萘的吸附自由能变 ΔG^θ 均为负值,表明添加生物碳黄土吸附萘的过程是自发进行的。从热力学角度分析,吸附自由能 ΔG^θ 随着吸附温度的升高,越来越小,表明温度升高有利于吸附的进行。添加生物碳黄土对萘的吸附过程 ΔH^θ 为正值,表明黄土对萘的吸附过程是一个吸热的过程,熵变 $\Delta S^\theta > 0$ 表明吸附过程中整个体系的紊乱程度增加。

表 5.25　　添加生物炭黄土对萘的吸附热力学参数值

吸附剂	温度	ΔG^{θ} (kJ/mol)	ΔH^{θ} (kJ/mol)	ΔS^{θ} (kJ/K.mol)	吸附剂	温度	ΔG^{θ} (kJ/mol)	ΔH^{θ} (kJ/mol)	ΔS^{θ} (kJ/K.mol)
	25℃	−14.29				25℃	−13.95		
LZ+BC−200	35℃	−16.59	31.39	0.15	JYG+BC−200	35℃	−16.29	34.71	0.16
	45℃	−17.34				45℃	−17.20		
	25℃	−16.04				25℃	−15.93		
LZ+BC−400	35℃	−17.12	23.96	0.13	JYG+BC−400	35℃	−16.99	29.24	0.15
	45℃	−18.73				45℃	−18.97		
	25℃	−16.24				25℃	−16.08		
LZ+BC−600	35℃	−19.65	47.46	0.22	JYG+BC−600	35℃	−19.26	49.81	0.22
	45℃	−20.49				45℃	−20.49		

4. 初始浓度对吸附行为的影响

溶液浓度对添加生物炭黄土吸附的影响如图 5.35 所示。

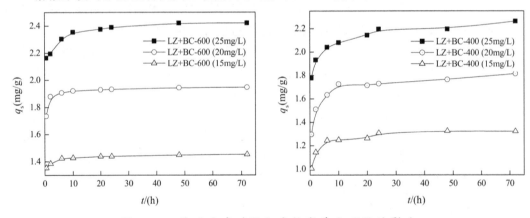

图 5.35　溶液浓度对添加生物炭黄土吸附的影响

随着吸附反应时间的增加,萘在添加生物炭黄土上的平衡吸附量逐渐增大,但反应起始浓度不同,添加生物炭黄土的吸附量也不同。LZ+BC−600 的平衡吸附量从 1.45 增到 2.42 mg/g;LZ+BC−400 的平衡吸附量也从 1.09 mg/g 增到 2.08 mg/g,表明溶液初始浓度显著影响添加生物碳黄土的吸附过程。高初始浓度的萘溶液可以为萘分子提供足够的动力,去克服溶液与吸附剂之间的传质阻力,吸附质浓度的增加同时还导致吸附质与吸附剂结合位点的碰撞频率增加,其吸附容量也随之增大。此外,万卷敏[66]等对萘和菲在塿土上的吸附特征研究表明:低浓度条件下萘和菲以分配机制在土-水体系中吸附,塿土表面的吸附位点,随着溶液浓度增大参与吸附,吸附量随之增大。生物炭的孔洞结构,为有机污染物的吸附提供了更多的吸附位点,这也可能是随着溶液浓度增加,添加生物炭黄土平衡吸附量逐渐增大的原因。

5. 生物碳制备条件对吸附行为的影响

不同采集区域黄土添加不同条件下制备的生物碳,其吸附等温线呈现相似的变化规律:随着生物碳制备温度的提高,添加此类生物碳黄土的吸附量也逐渐增大,即使吸附温度改变,添加生物碳黄土的此类吸附规律依然呈现(BC - 600＞BC - 400＞BC - 200),周丹丹等对松针生物碳吸附水中有机污染物的研究也表明类似的规律。生物碳吸附性能规律性变化主要是由于其在碳化过程中生物质结构呈现规律性变化。生物碳的制备温度影响其结构和性质,并决定其吸附能力的强弱[61,62]。不同温度条件下制备的生物碳结构表征结果显示,不同温度条件下利用相同前体材料制备的生物碳其化学组成和表面官能团基本接近,但其内部结构和孔容、孔径分布有很大差异,高温条件下制备的 BC - 600 有较多微孔结构,但 BC - 200 几乎没有,BC - 600 大的比表面积,决定其在吸附过程中能为有机污染物提供更多的吸附位点,而且较薄的孔壁结构能使污染物更快地进入微孔。周岩梅等研究西维因在活性炭及草木灰上的吸附/解吸特性时也提出表面积是影响吸附量的重要因素,对于比表面积大的物质,其吸附机理较为复杂,而比表面积较小的物质则以线性分配为主。

土壤添加不同热解温度制备的生物碳后,土壤的组成、结构会发生一定的改变,从而影响土壤对多环芳烃有机物的吸附行为,并且混合体系的性质与添加的生物碳性质有关。分析 25 ℃条件下添加生物碳黄土对萘的热力学吸附拟合特征值,弗兰德里希模型拟合的 n 值 BC - 600＜ BC - 400＜BC - 200,表明随着碳化温度的升高非线性吸附增强。生物碳碳化部分类似于"玻璃态"吸附位点,而未碳化部分类似于"橡胶态"吸附位点,碳化部分表现为非线性吸附,而非碳化部分表现为线性分配[63]。随着生物碳制备温度的提高,生物碳芳香性增强,比表面积增大,致使添加 BC - 600 黄土对萘的吸附非线性增强。本研究结果与 Chen[64]等研究不同温度条件下应用松木屑制备的生物碳在水相体系中对萘的动力学吸附过程结论相似。

6. 生物碳前处理过程对吸附行为的影响

生物碳的限氧高温热解过程会产生焦油、醋液和无机盐等热解产物,热解副产物黏附在生物碳表面影响其性质。生物碳的制备涉及盐酸溶液对灰分的去除和去离子水洗至中性的过程。

由图 5.36 可知,在 25 ℃吸附条件下,添加未酸洗 BC - 200 生物碳黄土对萘的吸附量明显大于添加酸洗 BC - 200 的,其平衡吸附量分别为 2.38 mg/g 和 2.33 mg/g。原因可能是低温条件下热解生成的生物碳含有丰富的官能团,其吸附作用甚至优于比表面积和疏水性。另外,低温条件下木质素热解较少,木质素结构中存在的芳香基、酚羟基、羧基、共轭双键等活性基团,都具有潜在的吸附能力[66]。

随着热解温度的升高,生物质表面的活性官能团逐渐遭到破坏,官能团种类也逐渐减少。对比 BC - 400 (LZ) 的吸附过程,发现添加酸洗处理的生物碳黄土的吸附量明显高于添加未酸洗生物碳的,两种土壤的吸附过程都表现为随着土-水体系萘溶液浓度的升高,添加生物碳土壤的吸附量逐渐增大,其平衡吸附量分别为 3.16、2.92 mg/g,这可能是由于 400 ℃条件下制备的生物碳灰分含量较高,生物碳未经酸洗处理,在吸附过程中灰分附着在生物碳表面,减少其表面孔穴尺寸,对有机物到达碳化吸附位点起到阻碍作用。Huang 等的研究也表明去除无机及溶解性盐类的生物碳其吸附强度显著高于未处理的。Yang 等对土壤腐殖质脱灰处理研究其对菲的吸附机制也得出一致的结论[67]。

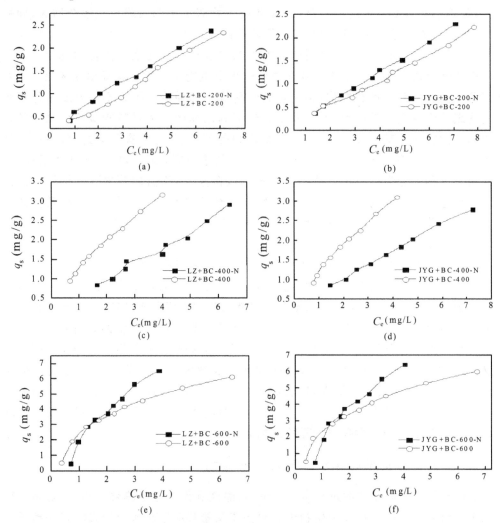

图 5.36　生物碳酸洗过程对吸附的影响

参考文献

[1] 周桂玉,窦森,刘世杰. 生物质炭结构性质及其对土壤有效养分和腐殖质组成的影响[J]. 农业环境科学学报,2011,30:2075 - 2080.

[2] 张琼,周岩梅,孙素霞,等. 农药西维因及敌草隆在草木灰上的吸附行为研究[J]. 中国环境科学,2012,32 : 529 - 534.

[3] Ho YS, McKay G. The kinetics of sorption of basic dyes from aqueous solution by sphagnum moss peat [J]. Can J Chem Eng,1998,76: 822 - 827.

[4] Ho YS, Mckay G. Sorption of dye from aqueous solution by peat[J]. Chem Eng J,1998,70: 115 - 124.

［5］吕宏虹，宫艳艳，唐景春，等 . 生物炭及其复合材料的制备与应用研究进展［J］. 农业环境科学学报，2015，34：1429 - 1440.

［6］刘宁 . 生物炭的理化性质及其在农业中应用的基础研究［D］. 沈阳：沈阳农业大学，2014.

［7］Xia G，Ball WP. Adsorption - partitioning up take of nine low - polarity organic chemicals on a natural sorbent［J］. Environ Sci Technol，1999，33：262 - 269.

［8］Braida WJ，Pignatello JJ，Lu Y，et al. Sorption hysteresis of benzene in charcoal particles［J］. Environ Sci Technol，2003，37：409 - 417.

［9］刘伟富 . 敌草隆/菲在土壤和炭质吸附剂上的吸附行为及其生物可利用性研究［D］. 北京：北京交通大学，2011.

［10］Pignatello JJ，Xing BS. Mechanism of slow sorption of organic chemicals to natural particles［J］. Environ Sci Technol，1996，30：1 - 11.

［11］邓建才，蒋新，胡维平，等 . 吸附反应时间对除草剂阿特拉津吸附行为的影响［J］. 生态环境，2007，16：402 - 406.

［12］Karapanagioti HK，Kleineidam S，Sabatini DA，et al. Impacts of heterogeneous organic matter on phenanthrene sorption：equilibrium and kinetic studies with aquifer material［J］. Environ Sci Technol，2000，34：406 - 414.

［13］Sheng GY，Yang YN，Huang MS，et al. Influence of pH on pesticide sorption by soil containing wheat residue - derived char ［J］. Environ Pollut，2005，134：457 - 463.

［14］Walter J，Werber Jr，Huang W. A distributed reactivity model for sorption by soil and sedminents：4. Intraparticle heterogeneity and phase distribution relationships under nonequilibrium conditions［J］. Environ Sci Technol，1996，30：881 - 888.

［15］Xing B，Pignatello JJ，Gigllotti B. Competitive sorption between atrazine and other organic compounds in soil and model sorbents［J］. Environ Sci Technol，1996，30：2432 - 2440.

［16］Xing B，Pignatello JJ. Dual - mode sorption of low - polarity compounds in Glassy poly（Vinyl Chloride）and soil organic matter［J］. Environ Sci Technol，1997，31：792 - 799.

［17］孙航，蒋煜峰，石磊平，等 . 不同热解及来源生物炭对西北黄土吸附敌草隆的影响［J］. 环境科学，2016，37：4857 - 4866.

［18］Delle Site A. Factor Affecting Sorption of Organic Compounds in Natural Sorbent/Water Systems and Sorption Coefficients for Selected Pollutants［J］. Journal of Physical and Chemical，2001，30：187 - 439.

［19］Liu AA，Huang Z，Deng GH，et al. Adsorption of benzonitrile at the air/water interface studied by sum frequency generation spectroscopy［J］. Chinese Science Bulletin，2013，58：1529 - 1535.

［20］Tan W，Li G，Bai M，et al. The study of adsorption mechanism of mixed pesticides prometryne - acetochlor in the soil - water system［J］. International Biodeterioration & Biodegradation，2015，102：281 - 285.

［21］谢国红，陈军，李德广，等 . 土壤吸附五氯酚钠的热力学研究［J］. 安徽农业科学，2006，34：2811 - 2812.

［22］Vonopen B，Kordel W，Klein W. Sorption of nonpolar and polar compounds to soils：Processes，measurement and experience with the applicability of the modified OECD - guideline［J］. Chemosphere，1991，22：285 - 304.

［23］余向阳，刘贤进，张兴，等 . 土壤中黑碳对农药的吸附-解吸迟滞行为研究［J］. 土壤学报，2007，44：22 - 27.

［24］范春辉，贺磊，张颖超，等 . 西北旱作农田黄土指纹图谱的光谱学鉴定［J］. 光谱学与光谱分析，

2013，33：1697－1700.

[25] 王林，徐应明，梁学峰，等．生物炭和鸡粪对镉低积累油菜吸收镉的影响[J]．中国环境科学，2014，34：2851－2858.

[26] Yu X Y, Guang G Y, Rai K. Sorption and desorption behavior of diuron in soil amended with Charcoal [J]. J. of Food and Agric. 2006，54：8545－8550.

[27] 李梦耀．五氯苯酚在黄土性土壤中的迁移转化及其废水治理研究[D]．西安：长安大学，2008.

[28] Spark KM, Wells JD, Johnson BB. Characterizing trace metal adsorption on kaolinite[J]. European Journal of Soil Science，1995，46：633－640.

[29] Ho YS, McKay G. A comparison of chemisorption kinetic models applied to pollutant removal on various sorbents[J]. Transactions of the Institution of Chemical Engineers，1998，76B：332－340.

[30] Özçimen D, Ersoy－Meriçboyu A. Characterization of biochar and bio－oil samples obtained from carbonization of various biomass materials[J]. Renewable Energy, 2010, 35：1319－1324.

[31] 蒋煜峰，Yves UJ，孙航．添加小麦秸秆生物炭对黄土吸附苯甲腈的影响[J]．中国环境学报，2016，36 1506－1513.

[32] 邓建才，蒋新，胡维平，等．吸附反应时间对除草剂阿特拉津吸附行为的影响[J]．生态环境，2007，16：402－406.

[33] Karapanagioti HK, Kleineidam S, Sabatini DA, et al. Impacts of heterogeneous organic matter on phenanthrene sorption：equilibrium and kinetic studies with aquifer material[J]. Environ Sci Technol, 2000，34：406－414.

[34] Chen JP, Wu S, Chong KH. Surface modification of a granular activated carbon by citric acid for enhancement of copper adsorption[J]. Carbon, 2003，41：1979－1986.

[35] Jiang Y F, Sun H, Yves J U, et al. Impact of biochar produced from post－harvest residue on the adsorption behavior of diesel oil on loess soil[J]. Environ Geochem Health, 2016，1：242－253.

[36] 俞花美．葛成军，邓惠，等。生物质炭对环境中阿特拉津的吸附解吸作用及机理研究[D]．中国矿业大学（北京），2014.

[37] Kiran I, Akar T, Ozcan AS, et al. Biosorption kinetics and isotherm studies of Acid Red 57 by dried Cephalosporium aphidicola cells from aqueous solutions[J]. Biochem Eng J, 2006，31：197－203.

[38] Tan W, Li G. Bai M. et al.，The study of adsorption mechanism of mixed pesticides prometryne－acetochlor in the soil－water system[J]. International Biodeterioration & Biodegradation, 2015，102：281－285.

[39] 谢国红，陈军，李德广，等．土壤吸附五氯酚钠的热力学研究[J]．安徽农业科学，2006，34：2811－2812.

[40] Vonopen B, Kordel W, Klein W. Sorption of nonpolar and polar compounds to soils：Processes, measurement and experience with the applicability of the modified OECD－guideline[J]. Chemosphere, 1991，22：285－304.

[41] 张鹏．生物炭对西维因与阿特拉津环境行为的影响[D]．天津：南开大学，2013.

[42] 张彩霞．生物炭对五氯酚钠和克百威在黄土中的吸附影响[D]．兰州：西北师范大学，2014.

[43] 时国庆，李栋，卢晓坤，等．环境内分泌干扰物质的健康影响与作用机制[J]．环境化学，2011，30：212－223.

[44] 周强，黄代宽，余浪，等．热解温度和时间对生物炭 pH 值的影响[J]．地球环境学报，2015，3：195－200.

[45] 李洋，宋洋，王芳，等．小麦秸秆生物炭对高氯代苯的吸附过程与机制研究[J]．土壤学报，2015，5：1096－1105.

[46] Chang MY, Juang RS. Adsorption of tannic acid, humic acid, and dyes from water using the composite of chitosan and activated clay[J]. J Colloid Interf Sci, 2004, 278(1): 18-25.

[47] 张小平. 胶体、界面与吸附教程[M]. 广州: 华南理工大学出版社, 2008.

[48] Kiran I, Akart, Ozcan AS, et al. Biosorption kinetics and isotherm of Acid Red 57 by dried cephalosporium aphidicola cells from aqueous solution[J]. Biochemical Engineering Journal, 2006, 31: 197-203.

[49] 仇银燕, 张平, 李科林, 等. 玉米秸秆生物炭对苯胺的吸附[J]. 化工环保, 2015, 1: 6-10.

[50] 王宁, 侯艳伟, 彭静静, 等. 生物炭吸附有机污染物的研究进展[J]. 环境化学, 2012, 31(3): 287-295.

[51] Gupta V K, Ali I, Suhas, et al. Adsorption of 2,4-D and carbofuran pesticides using fertilizer and steel industry wastes[J]. J Colloid Interf Sci, 2006, 299: 556-563.

[52] 廖小平. 壬基酚在污灌区土壤中吸附行为及垂直分布特征研究[D]. 武汉: 中国地质大学, 2013.

[53] El-Ashtoukhy ESZ, Amin NK, Abdelwahab O. Removal of lead (II) and copper (II) from aqueous solution using pomegranate peel as a new adsorbent[J]. Desalination, 2008, 223(1): 162-173.

[54] 刘忠珍, 何艳, 吴愉萍, 等. 土壤中丁草胺的吸附动力学[J]. 中国环境科学, 2007, 4: 493-497.

[55] Chien SH, Clayton WR. Application of Elovich equation to the kinetics of phosphate release and sorption in soils[J]. Soil Science Society of America Journal, 1980, 44(2): 265-268.

[56] 陈华林, 陈英旭, 沈梦蔚. 西湖底泥对多环芳烃（菲）的吸附性能[J]. 农业环境科学学报, 2003, 22(5): 585-589.

[57] 毛世慧, 郭新超, 周岩梅, 等. 四氯联苯在草木灰上的吸附/解吸特征及吸附动力学研究[J]. 环境科学与技术, 2013, 6: 42-46.

[58] 张天永, 杨秋生, 史慧贤, 等. 萘在粘胶基活性炭纤维上的吸附[J]. 物理化学学报, 2010, 02: 367-372.

[59] Seredych M, Gun'ko V, Gierak A. Structural and energetic heterogeneities and adsorptive properties of synthetic carbon adsorbents[J]. Appl Surf Sci, 2005, 242(1): 154-161.

[60] Uchimiya M, Wartelle LH, Klasson KT, et al. Influence of pyrolysis temperature on biochar property and function as a heavy metal sorbent in soil[J]. J Agr Food Chem, 2011, 59(6): 2501-2510.

[61] Chen B, Chen Z. Sorption of naphthalene and 1-naphthol by biochars of orange peels with different pyrolytic temperatures[J]. Chemosphere, 2009, 1: 127-133.

[62] Cao X, Ma L, Gao B, et al. Dairy-manure derived biochar effectively sorbs lead and atrazine[J]. Environ Sci Technol, 2009, 9: 3285-3291.

[63] Chen Z, Chen B, Chiou CT. Fast and slow rates of naphthalene sorption to biochars produced at different temperatures[J]. Environ Sci Technol, 2012, 46(20): 11104-11111.

[64] 郭悦, 唐伟, 代静玉, 等. 洗脱处理对生物质炭吸附铜离子行为的影响[J]. 农业环境科学学报, 2014, 7: 1405-1413.

[65] Oliveira EA, Montanher SF, Andrade AD, et al. Equilibrium studies for the sorption of chromium and nickel from aqueous solutions using raw rice bran[J]. Process Biochemistry, 2005, 11: 3485-3490.

[66] Yang Y, Shu L, Wang X, et al. Impact of de-ashing humic acid and humin on organic matter structural properties and sorption mechanisms of phenanthrene[J]. Environ Sci Technol, 2011, 9: 3996-4002.

第6章　秸秆焚烧物对黄土中
典型有机污染物吸附行为的影响

　　我国农作物秸秆长期以来的处理方式都是以焚烧还田为主。农业废弃物焚烧后翻耕能为微生物提供矿物元素,刺激其生长。同时,此类焚烧物有一定的孔容和孔体积,对有机污染物有很强的吸附作用,如农业秸秆焚烧物,被秸秆焚烧物固定的有机污染物很难直接为微生物利用。此外,外源性物质会改变土壤理化性质,并对有机污染物的迁移转化、滞留产生较大的影响。因此,研究添加不同外源性秸秆焚烧物土壤对污染物的环境行为,可以了解秸秆焚烧物改良农田土壤的风险。

6.1 秸秆焚烧物对黄土中萘吸附行为影响的研究

　　本节以西北黄土为例,选取多环芳烃(萘)为石油类有机污染物代表性物质,采用批量平衡法,研究添加秸秆焚烧物后黄土对多环芳烃的吸附过程。用不同吸附模型拟合吸附过程,探讨不同实验条件对吸附参数的影响,为进一步评价多环芳烃在添加秸秆焚烧物黄土中的生物有效性提供依据。

6.1.1 实验材料与方法

　　1. 实验材料与仪器

　　(1)土壤样品:采自甘肃省兰州市和嘉峪关市表层（0～10 cm）小麦农田土,去杂物,风干研磨后,过100目筛,分装备用。

　　(2)试剂:萘,分析纯;秸秆焚烧物制备详见第2章。

　　(3)仪器:同第3章。

　　2. 实验方法

　　(1)动力学吸附试验:称取土壤及秸秆焚烧物于50 mL的离心管。实验过程及数据处理同第3章。

　　(2)等温吸附实验:称取土壤和秸秆焚烧物加入50 mL的离心管,加入50 mL不同浓度的萘溶液,25 ℃下水平振荡24 h,静置2 h,4000 r/min离心15 min,测定上清液吸光度,3组平行实验。

6.1.2 结果与讨论

　　1. 吸附动力学

　　由图6.1可知,萘的快速吸附过程发生在10 h内,之后吸附速率逐渐降低,24 h以后吸附逐渐达到平衡状态(低浓度条件下,20 h 达到吸附平衡),吸附达到平衡状态后最大初始浓度下两种黄土的平衡吸附量分别为:LZ-2.23mg/L、JYG-2.11mg/L。

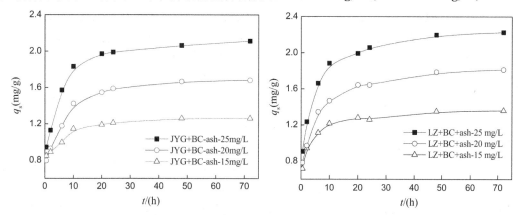

图 6.1　添加外源性秸秆焚烧物黄土(LZ)对萘的吸附动力学曲线

　　黄土对萘的吸附过程是黄土有机质和无机矿物的联合作用[2],添加秸秆焚烧物黄土对萘的吸附分为快吸附过程和慢吸附过程,吸附在 24 h 后基本达到平衡,但平衡吸附量还有一定程度的增加,这主要是因为无机矿物静电吸附在短时间内很快达到平衡,而空间位阻作用使被吸附的萘分子在黄土固体颗粒的内部迁移变得缓慢,这种情况与草木灰添加情况下土壤对敌草隆的吸附相一致[3]。添加秸秆焚烧物黄土对萘的吸附过程与黄土动力学吸附过程极其相似:动力学过程的初始浓度不同,吸附达到平衡时黄土对萘的平衡吸附量也不同,但总体呈现一定的规律性,即随着萘溶液浓度的增大,吸附过程达到平衡时萘的平衡吸附量也增大。溶液浓度的增加,增加了萘分子与黄土颗粒的有效碰撞几率,致使吸附量增加。对比黄土对萘的吸附动力学过程,发现添加秸秆焚烧物黄土(LZ、JYG)对萘的平衡吸附量都有一定程度的降低,这有可能是因为秸秆焚烧物中一部分灰分阻碍了萘分子到达土壤表面的吸附位点,也有可能是因为未经酸化处理的小麦秸秆焚烧物的溶解性盐类与萘形成竞争吸附。

表 6.1　添加秸秆焚烧物黄土对萘的吸附动力学方程拟合特征值

吸附剂	初始浓度 (mg/L)	准一级动力学模型			准二级动力学模型			颗粒内部扩散模型		
		k_1	q_e	r_1^2	k_2	q_e	r_2^2	k_p	C	r_p^2
JYG+ BC-ash	15	0.0016	0.43	0.918	0.0118	1.28	1.000	0.0074	0.87	0.831
	20	0.0015	0.81	0.991	0.0051	1.72	0.999	0.0151	0.87	0.823
	25	0.0011	0.82	0.894	0.0045	2.15	1.000	0.0191	1.10	0.777
LZ+ BC-ash	15	0.0015	0.51	0.963	0.0096	1.38	1.000	0.0095	0.86	0.762
	20	0.0013	0.88	0.979	0.0042	1.86	0.999	0.0167	0.91	0.829
	25	0.0013	0.95	0.983	0.0037	2.28	0.999	0.0206	1.12	0.803

应用准一级动力学模型方程、准二级动力学模型和 I 颗粒内部扩散模型对添加秸秆

焚烧物黄土的动力学过程进行拟合,拟合结果见表 6.1。准一级动力学模型拟合的 r2
较高,但其饱和吸附量明显低于实验值,表明萘在添加秸秆焚烧物黄土上的吸附不能用
其解释。准二级动力学模型为见表 6.1,准一级动力学模型拟合的 r^2 较高,但其饱和吸
附量明显低于实验值,表明萘在添加秸秆焚烧物黄土上的吸附不能用其解释。准二级
动力学模型为动力学过程的最优方程,表明添加秸秆焚烧物后,黄土对萘的吸附是一个
复杂的过程。颗粒内部扩散模型拟合结果较差,平衡吸附量与 $t^{1/2}$ 非线性关系,表明吸
附速率的控制因素不仅仅是颗粒内扩散,这也证明了准二级动力学模型拟合的准确性。
此外,低浓度条件下吸附速率常数 k_p 最低,其达到吸附饱和状态的平衡时间也较短,原
因在于颗粒物扩散模型只反映了添加秸秆焚烧物黄土在其内部的扩散过程,其膜扩散
和孔扩散过程却没有考虑在内。准二级动力学模型吸附速率常数随着溶液浓度的增加
而降低,Intraparticle 模型的吸附速率呈现相反的变化趋势,看似相反的变化趋势其实是
协调一致的,本节研究结果与王宇等研究改性玉米秸秆对磷酸根的动力学吸附过程相
一致[3]。

2. 吸附热力学

如图 6.2 所示,萘在添加秸秆焚烧物黄土上的吸附等温线呈"S"形,当溶液浓度较
低时添加秸秆焚烧物黄土对萘的亲和力较低,随着溶液浓度的增大,亲和力逐渐增大。
添加秸秆焚烧物黄土对萘的吸附表现出与黄土吸附相似的规律,表明秸秆焚烧物的加
入在一定程度上能影响吸附过程,但不能起到主导作用。随着温度的升高两种土壤对
萘的吸附量明显增大,表明温度升高秸秆焚烧物在水中的分散性增加,随之吸附体系的
紊乱性程度增大,吸附在固体吸附剂表面的有序水分子层逐渐分散,固体吸附剂表面为
多环芳烃提供更多的吸附位点。

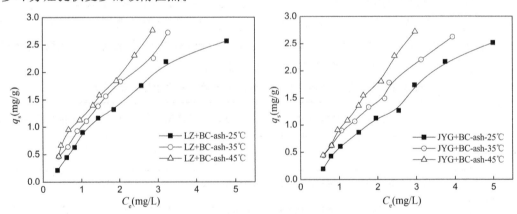

图 6.2   添加秸秆焚烧物黄土对萘的吸附等温线

表 6.2   添加秸秆焚烧物黄土对萘的吸附热力学方程拟合特征值

吸附剂	T/℃	亨利 模型		朗格缪尔模型			弗兰德里希模型			D-R 模型			
		k_D	r_L^2	Q_m	K_L	r_L^2	n	K_F	r_F^2	Q_m	β	r_{D-R}^2	E
LZ+	25	0.54	0.095	-4.65	-0.13	0.967	0.96	0.71	0.965	2.04	0.2×10^{-6}	0.939	1.58

续表

吸附剂	T/℃	亨利 模型		朗格缪尔模型			弗兰德里希模型			D-R 模型			
		k_D	r_L^2	Q_m	K_L	r_L^2	n	K_F	r_F^2	Q_m	β	r_{D-R}^2	E
BC-	35	0.75	0.987	7.15	0.17	0.993	0.85	0.99	0.998	2.23	0.2×10^{-6}	0.883	1.58
ash	45	0.87	0.090	8.45	0.16	0.956	0.81	1.15	0.978	2.51	0.1×10^{-6}	0.932	2.24
JYG+	25	0.53	0.979	6.88	0.12	0.986	0.79	0.50	0.985	1.98	0.3×10^{-6}	0.913	1.29
BC-	35	0.65	0.989	-1.37	-0.24	0.911	1.10	0.76	0.967	2.13	0.4×10^{-6}	0.956	1.12
ash	45	0.94	0.099	-7.09	-0.10	0.985	1.30	0.85	0.986	2.31	0.3×10^{-6}	0.938	1.29

表 6.2 中，4 种模型拟合的相关性系数都达到 0.9 以上，但用朗格缪尔模型拟合过程计算得出的 Q_m 为负值，表明该吸附过程并不是单分子层吸附，同样也能说明秸秆焚烧物的添加能一定程度上影响黄土吸附过程但不能起到主导作用。弗兰德里希模型适用于非均匀表面的多分子层吸附过程，其对添加秸秆焚烧物的拟合结果显示，相关性系数普遍较高，表明添加秸秆焚烧物黄土的吸附为多分子层吸附。

弗兰德里希模型参数 n 反映了萘在添加秸秆焚烧物黄土上吸附的非线性程度，萘在黄土上吸附过程 n 值介于 0.79～1.29，接近于 1，表明萘在添加秸秆焚烧物黄土上的吸附以线性分配为主，这与亨利模型拟合相关性系数较高相一致。非离子型疏水性有机物在土壤上的吸附与土壤有机质含量显著相关[4-6]，也有研究报道指出，土壤有机碳含量大于 0.1 % 时，分配作用主导多环芳烃在土壤上的吸附过程，土壤有机碳含量越高吸附分配系数越大[7]。秸秆焚烧物的添加增加了黄土有机碳含量，弗兰德里希模型和亨利模型都有较强的线性关系，表明萘在添加秸秆焚烧物黄土上的吸附以分配作用为主。

D-R 方程能确定吸附过程是以物理吸附还是化学吸附为主，应用 D-R 方程拟合求解得到常数 β，从而计算得出吸附平均自由能（E）。吸附的平均自由能表示吸附质分子在固体表面的吸附过程，计算公式如下：

$$E = \frac{1}{\sqrt{2\beta}} \tag{6-1}$$

式中，E——吸附平均自由能，kJ/mol；

　　　β——与吸附平均自由能有关的常数，mol^2/kJ^2。

E 的值能判断吸附过程是物理吸附过程还是化学吸附过程。$E < 8$ kJ/mol，表明该吸附过程是一个物理吸附过程，8 kJ/mol $< E <$ 16 kJ/mol，表明该吸附过程是一个化学吸附过程[8]。表 6.2 所示，萘在添加秸秆焚烧物黄土上的吸附平均自由能都小于 8 kJ/mol，表明该吸附是物理吸附。

3. 吸附热力学参数

表 6.3　添加秸秆焚烧物黄土对萘的吸附热力学参数值

吸附剂	温度(℃)	ΔG^θ(kJ/mol)	ΔH^θ(kJ/mol)	ΔS^θ[kJ/(K.mol)]
	25	-15.60		
LZ+BC-ash	35	-16.97	18.51	0.11
	45	-17.88		
	25	-15.55		
JYG+BC-ash	35	-16.58	22.43	0.13
	45	-18.10		

表 6.3 中,萘的黄土吸附实验研究表明:添加秸秆焚烧物黄土对萘的吸附是一个吸热过程,随着吸附温度的升高,萘的吸附量逐渐增大,318 K 时吸附量增大到最大值分别为 LZ-2.76、JYG-2.72 mg/g,热力学参数焓变 $\Delta H^\theta > 0$ 也证明这个过程是一个吸热的过程。计算结果 ΔG^θ(kJ/mol) < 0,表明该吸附过程是自发进行的。当吉布斯自由能变化 $\Delta G^\theta < 40$ kJ/mol 时土壤对有机污染物的吸附以物理吸附为主[9],添加秸秆焚烧物黄土对萘的吸附过程 ΔG^θ 均小于 40 kJ/mol,表明该吸附是物理吸附,Seredych 研究也表明萘是性质稳定的芳烃类物质,萘环上无被取代的极性基团,在非极性面上以物理吸附为主[10]。

6.2 秸秆焚烧物对黄土中五氯酚的吸附影响

本节主要采用批量法实验,以 PCP 为目标污染物,从吸附动力学,解吸动力学,吸附热力学,影响因素几个方面着手,对黄土及黄土加玉米秸秆吸附 PCP 的吸附性能进行研究,旨在揭示添加秸秆焚烧物土壤对 PCP 的吸附机理,探索治理农药对各环境媒介产生危害的防治措施以及秸秆的处理和利用

6.2.1 实验材料与方法

1. 实验药品

(1)黄土:取自甘肃省兰州市表层 0～25 cm 耕作土壤,去杂物,风化后捣碎,过 100、80 和 60 目筛,装瓶备用。

(2)秸秆焚烧物:选用玉米秸秆,经焚烧后,过 60 目筛,装瓶备用。

(3)PCP 储备液:称取 0.25 g 标准品,用少量氢氧化钠溶解,配制成 500 mg/L 的 PCP 储备液。

2. 五氯酚的测定方法

测定五氯酚的方法主要有比色法,气相色谱法和液相色谱法[11]等。比色法花费的时间较长且操作复杂,容易受其他氯酚的干扰[12];液相色谱法在实验过程中需要大量

有机溶剂,经济上不合理。气相色谱法灵敏度高,对仪器的要求也高,也需要大量有机溶剂,操作较为复杂。

本实验选用紫外分光光度法,该方法快速简单,且重复性较好,适用于实验室内研究五氯酚环境行为过程中的批量测定[13]。实验步骤可以参考紫外分光光度法测定五氯酚钠的方法[14]。

3. 波长的选择

因其溶解度较低,为 14 mg/L,故五氯酚多使用有机溶剂溶解[15]。本实验可利用五氯酚的可离子化性质,用氢氧化钠溶解,经酸化后得到五氯酚[16],确定其波长为 320 nm[17]。

4. 实验方法

(1)吸附动力学。

称取 0.5000 g。黄土于 4 组各 9 支离心管中,一组加入 50 mL 浓度为 0.01 mol/L NaCl 溶液,其他 3 组加入 50 mL 浓度为 20 mol/L 的 PCP。在 25 ℃下 180 r/min 恒温振荡 0.5~5 h,在 4000 r/min 下离心 15 min,测定其吸光度。30、40 mg/L 的 PCP 溶液实验方法同上。3 组平行实验,取平均值。

(2)解吸动力学。

称取 0.5000 g 黄土于 4 组各 9 支心管中,一组加入 50 mL 浓度为 0.01 mol/L NaCl 溶液,其他 3 组加入 50 mL 浓度为 20 mol/L、30 mol/L、40 mol/L 的 PCP 溶液。恒温振荡 4h 后,4000 r/min 离心 15 min,倒去上清液,再加氯化钠至 50 mg/L,分别振荡 0.5~4 h 后离心测量。

(3)黄土及黄土添加玉米秸秆焚烧物的吸附热力学。

称取 0.5000 g 黄土于 4 组各 8 支离心管中,加入 50 mL 浓度为 0~40 mg/L 的 PCP 溶液,恒温振荡 4 h,静置 2 h 后离心,测定其吸光度。35 ℃、45 ℃的实验方法同上。

(4)pH 的影响。

称取 0.5000 g 黄土于 4 组各 8 支离心管中,加入 50mL 质量浓度为 40 mg/L 的 PCP 溶液,调节溶液 pH 值分别为 3~10,其余同 25 ℃下吸附热力学实验。

(5)粒径的影响。

分别取 60、80、100 目黄土,其余同 25℃的吸附热力学实验。

(6)离子强度的影响。

称取 0.5000 g 黄土于 5 组各 9 支离心管中,以蒸馏水作为对照,其他 4 组分别以 0.01 mol/L、0.1 mol/L Nad、0.01、0.1 mol/L $MgCl_2$ 为背景液,其余同 25 ℃下吸附热力学实验。

添加秸秆焚烧物的实验方法均同黄土。

6.2.2 结果与讨论

1. 黄土和添加玉米秸秆焚烧物的吸附动力学

结合图 6.3～图 6.5 发现，有机物吸附分为快慢两个阶段[18]，2 h 内纯黄土及玉米秸秆焚烧物的黄土对 PCP 的吸附曲线斜率最大，为快速吸附阶段。快反应阶段分子之间的相互作用力主要以范德华力、氢键力、偶极力为主，这些作用力一般在很短的时间内完成[19]。2 h 后为慢速吸附阶段，这个阶段 PCP 分子以膜扩散和孔隙扩散为主，PCP 分子为了进入黄土内部不易吸附的疏水位点，首先必须缓慢通过膜扩散穿透黄土表面的分子层，然后通过孔隙扩散进入黄土或添加玉米秸秆焚烧物的孔隙内部，最后在基质扩散的作用下进入黄土内部[19]，形成慢吸附。在 3 h 左右时，吸附量逐渐达到平衡。即 PCP 在纯黄土及添加秸秆焚烧物上的吸附平衡时间为 3 h。

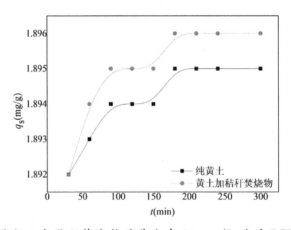

图 6.3 黄土及添加玉米秸秆焚烧物的黄土在 20 mg/L 时对 PCP 吸附动力学曲线

在整个吸附过程中，添加了玉米秸秆焚烧物促进 PCP 对黄土的吸附。玉米秸秆焚烧物表面疏松，吸附点位多，同时也增加了有机质含量，从而促进 PCP 的吸附。

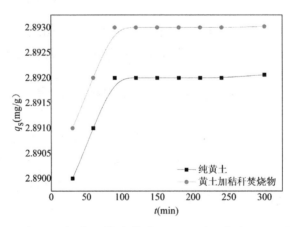

图 6.4 黄土及添加玉米秸秆焚烧物在 30 mg/L 时对 PCP 吸附动力学曲线

　　由图 6.3、图 6.4 可知,当 PCP 的初始质量浓度为 30 mg/L 和 40 mg/L 时吸附达到平衡时间比 PCP 为 20 mg/L 时的短。查阅资料推测,可能是因为起初 PCP 的初始质量浓度较低,由于黄土表面具有大量的吸附位点,少量的 PCP 分子在低浓度下缓慢的吸附到黄土颗粒表面,而随着 PCP 的初始质量浓度的升高,黄土吸附较多的 PCP 分子快速占满黄土表面的吸附位点。即在快速吸附阶段,吸附质的总分子量起主要作用,而在慢吸附阶段,随着时间的推移,表面吸附点位占满吸附质的单位分子量,即浓度梯度开始作为吸附的主要推动力[20],因而虽然高,中质量浓度的 PCP 完成快吸附阶段的时间短。但由于在慢吸附阶段的浓度梯度大,吸附速率较快,从而完成慢吸附阶段的时间短。因此,在快速和慢速吸附阶段的整个过程中,黄土对高、中低初始质量浓度的 PCP 的吸附平衡时间大致相等。

　　由表 6.4 可知。准一级动力学模型的 R^2 值在 $0.081 \sim 0.978$,准二级动力学方程的 R^2 值均大于 0.997,通过比较可以看出 PCP 在黄土加玉米秸秆焚烧物的吸附更符合准二级动力学模型,说明该模型包含外部液膜扩散,表面吸附和颗粒内部扩散等吸附所有的过程[21]。同时发现拟合颗粒内部扩散模型中,有研究表明,当 q_t 与 $t^{1/2}$ 进行线性拟合,若呈线性且经过原点,内部扩散以速率控制为主[22],若是不经过原点,则表明吸附受到固体颗粒表面液膜影响,速率控制并非单独起作用[23]。因此表明黄土加秸秆焚烧物对 PCP 的吸附不单独有颗粒内部扩散过程,还包括外部液膜扩散、表面吸附等机制。

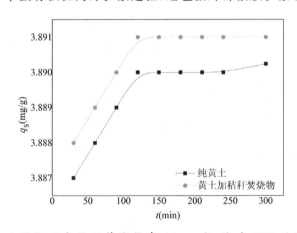

图 6.5　黄土及添加玉米秸秆焚烧物在 40 mg/L 时对 PCP 吸附动力学曲线

表 6.4　黄土及添加秸秆焚烧物的黄土对 PCP 吸附动力学特征参数

吸附剂	PCP 质量浓度 /(mg/L)	准一级动力学模型			准二级动力学模型			颗粒内扩散模型		
		k_1	q_1	R^2	k_2	q_2	R^2	c	k_p	R^2
黄土	20	0.044	1.895	0.8792	8.516	1.895	0.9999	1.892	0.0002	0.9126
	30	0.031	2.892	0.8084	0.0087	57.803	0.9998	2.8883	0.0002	0.9289
	40	0.0292	3.8911	0.8622	0.0005	92.593	0.9999	3.8858	0.0003	0.900
黄土＋秸秆焚烧物	20	0.0643	1.8961	0.9784	8.5158	1.8950	0.9999	1.8915	0.0003	0.8351
	30	0.0122	2.8935	0.9607	26.542	2.8935	0.9997	2.8918	0.0003	0.8326
	40	0.0136	3.8911	0.8832	8.5158	1.8950	0.9999	3.8890	0.0001	0.9147

2. 黄土和黄土添加玉米秸秆焚烧物的解吸动力学

从图 6.6 可知,解吸过程和吸附过程一样,也分为三个阶段:快、慢解吸以及解吸平衡。前 2 h 为快解吸,3 h 为慢解吸,之后逐渐达到解吸平衡。

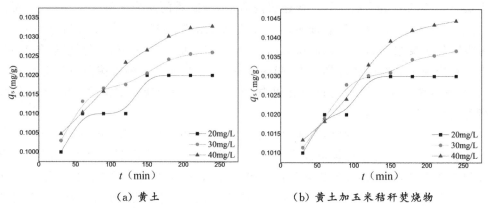

(a) 黄土　　　　　　　　(b) 黄土加玉米秸秆焚烧物

图 6.6　黄土及黄土加玉米秸秆焚烧物在不同浓度下时对 PCP 解吸动力学曲线

在不同浓度下,浓度越高,解吸量越多。与吸附量相比,解吸量大概是其十分之一,说明黄土对 PCP 的吸附能力较强,不易解吸出来。同时在加入玉米秸秆焚烧物时发现解吸量比黄土吸附 PCP 的多,说明玉米秸秆焚烧物表面疏松,有大量解吸位点,故玉米秸秆焚烧物促进解吸。将数据分别采用准一级、准二级动力学模型以及颗粒内扩散模型进行线性拟合,见表 6.5。

表 6.5　黄土及添加秸秆焚烧物对 PCP 解吸动力学特征参数

吸附剂	浓度/mg·L⁻¹	准一级动力学模型			准二级动力学模型			颗粒内扩散模型		
		k_1	q_1	R^2	k_2	q_2	R^2	c	k_p	R^2
纯黄土	20	0.698	0.102	0.8378	8.789	0.103	0.9999	0.0991	0.0002	0.9671
	30	0.758	0.103	0.9322	8.870	0.103	0.9999	0.0994	0.0002	0.9476
	40	0.977	0.103	0.8267	8.96	0.104	0.9999	0.0988	0.0003	0.9796
黄土加秸秆焚烧物	20	0.802	0.103	0.8463	7.636	0.104	0.9998	0.0997	0.0002	0.9714
	30	0.858	0.104	0.9346	8.365	0.104	0.9999	0.1001	0.0002	0.9348
	40	1.089	0.104	0.7899	9.175	0.105	0.9999	0.0993	0.0003	0.9653

3. 黄土及黄土添加玉米秸秆焚烧物的吸附热力学

由图 6.7(a)、6.7(b) 可知,在不同温度下,吸附剂对 PCP 的平衡吸附量一直随着溶液中 PCP 质量浓度的增加而增加,六条等温线都符合"C"型。黄土及添加玉米秸秆焚烧物黄土表面均有大量的孔隙能容纳大量 PCP 分子,黄土中分子与 PCP 分子间作用力很大,且随着上清液中五氯酚浓度的上升,这种作用力越大。图 6.8 还可以看出,随着系统温度的上升,PCP 对黄土及黄土加玉米秸秆焚烧物的饱和吸附量下降,归其原因可能是温度升高后,溶液中 PCP 的溶解度增大,另一方面就是减少了黄土和玉米秸秆焚烧物表面与 PCP 之间的各种作用力[24]，PCP 分子不再吸附在黄土及玉米秸秆焚烧物表面，从而吸附量下降。在吸附温度升高的过程中，PCP 的饱和吸附量由 3.890 mg/g 降到 3.887 mg/g，添加玉米秸秆焚烧物的饱和吸附量由 3.891 降到 3.887 mg/g，说明在黄土及添加玉米秸秆焚烧物的吸附过程为放热反应。图 6.8(a)、(b)、(c)三图表明玉米秸秆焚烧物对黄土吸附 PCP 有促进作用。

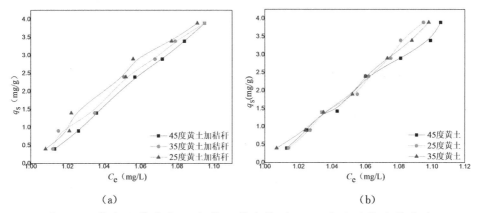

(a)　　　　　　　　　　　　(b)

图 6.7　黄土及黄土加玉米秸秆焚烧物对 PCP 的吸附热力学曲线

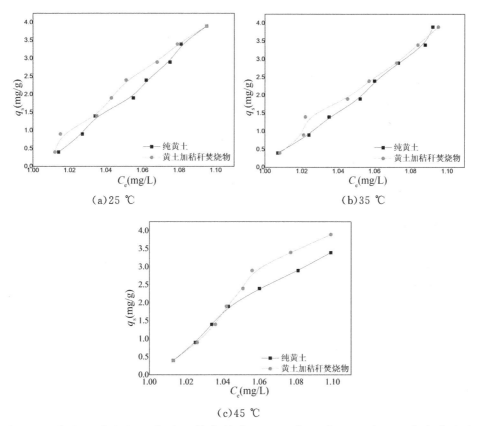

(a) 25 ℃　　　　　　　　　　(b) 35 ℃

(c) 45 ℃

图 6.8　黄土及黄土加玉米秸秆焚烧物在不同温度下对 PCP 的吸附热力学曲线

表 6.6 纯黄土对 PCP 的热力学拟合特征值

吸附剂	吸附温度/℃	Langmuir 等温吸附模型			Freundlich 等温吸附模型			D-R 等温吸附模型			
		Q_m	K_L	R^2	n	K_F	R^2	Q_m	β	R^2	E
黄土	45	1.081	29.37	0.740	1.37	2.192	0.9426	3.45	0.022	0.915	0.324
	35	1.079	32.74	0.696	1.39	2.465	0.918	3.04	0.023	0.845	0.306
	25	1.084	29.47	0.599	1.46	2.522	0.8475	3.75	0.019	0.851	0.280
黄土+秸秆焚烧物	45	1.076	30.57	0.622	1.38	1.789	0.8676	3.52	0.020	0.870	0.357
	35	1.073	33.39	0.611	1.40	1.930	0.8633	3.04	0.021	0.866	0.330
	25	1.072	36.45	0.602	1.43	2.069	0.8217	3.25	0.023	0.827	0.314

见表 6.6,结果表明,3 种等温吸附模型中 Freundlich 等温吸附模型拟合程度最高 ($R^2 > 0.8267$)。所以,黄土以及添加玉米秸秆焚烧物黄土对 PCP 的吸附过程均更加符合 Freundlich 等温吸附模型,其中非线性指数 n 在 $1.37 \sim 1.46$($n < 0.5$),说明黄土及添加玉米秸秆焚烧物黄土对五氯酚的吸附为非线性吸附。黄土或添加玉米秸秆焚烧物的黄土的 K_F 均随着温度的升高而下降,表明吸附为放热过程。通过 D-R 等温吸附模型可以计算两种吸附剂吸附 PCP 的平均自由能,当 $E > 8$ kJ/mol 时,吸附以化学离子交换吸附为主;当 $E < 8$ kJ/mol 时,吸附是物理吸附,这种吸附以范德华力和氢键为主[25]。由表 6.7 可知,不同温度范围内 PCP 在纯黄土和黄土加玉米秸秆焚烧物上的吸附平均自由能(E)在 $0.280 \sim 0.357$ kJ/mol,均小于 8,表明其吸附过程主要是物理吸附。

4. 吸附热力学参数

由表 6.7 可知,黄土及黄土加秸秆焚烧物对 PCP 的吸附自由能变 ΔG^{θ} 均小于 0,说明此吸附过程是自发进行的。吸附自由能变 ΔG^{θ} 随着温度升高,有利于吸附的进行。同时发现,在所研究的温度范围内,温度越高吸附量越小且 ΔH^{θ} 小于 0,表明该吸附是一个自发放热过程,且由表 6.4 可知黄土吸附 PCP 的作用力主要为配位基交换力。ΔS^{θ} 小于 0,说明整个吸附过程中体系的混乱度减小。

表 6.7 PCP 在纯黄土和黄土加玉米秸秆焚烧物上的等温吸附热力学参数值

吸附剂	吸附温度/℃	$\Delta G^{\theta}/kJ \cdot mol^{-1}$	$\Delta H^{\theta}/kJ \cdot mol^{-1}$	$\Delta S^{\theta}/J \cdot mol^{-1}$
黄土	25	-1.944		
	35	-2.310	-55.628	-25.31
	45	-2.445		
黄土+秸秆焚烧物	25	-1.441		
	35	-1.684	-57.288	-24.06
	45	-1.922		

5. pH 值的影响

由图 6.9 可知,pH 值对黄土及黄土加玉米秸秆焚烧物吸附 PCP 的影响图像形似一个"V",在 3～7 随着 pH 值的升高吸附量减小,7～10 则随之增大。原因可能是溶液中 pH 值可以直接影响 PCP 在水溶液中的存在形式(水溶液中 PCP 以酚盐阴离子和分子态两种形式存在)[26],当 pH 降低时,PCP 分子态比例逐渐增加,当 pH 值降低到 3 时,PCP 分子态接近 100%[27];反之,pH 值增大酚盐阴离子 PCP⁻ 比例逐渐增加,当 pH 值增至 7 时,PCP⁻ 比例接近 100%[28]。因为 PCP 是一种难溶于水的物质,疏水性较强,容易被土壤吸附,而阴离子态易溶于水,较难被土壤吸附。另一方面,溶液中氢离子和 PCP 也有竞争作用,当溶液中氢离子浓度减小时,竞争也减小,吸附量增大。故吸附容量随着 pH 值的增大先减小后增大。

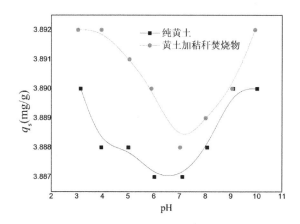

图 6.9　pH 值对黄土及黄土加玉米秸秆焚烧物吸附 PCP 的影响

6. 粒径的影响

由图 6.10 可知,过 100 目筛的黄土的吸附量最大,60 目最小。粒径越小,黄土的吸附量越大。黄土粒径越小,比表面积越大,吸附点位也就越多,被吸附的疏水性污染物也增多,黄土吸附容量增大[29]。

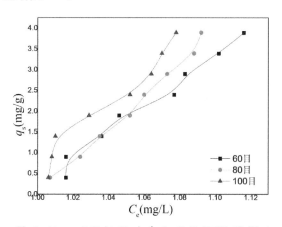

图 6.10　不同粒径对黄土吸附 PCP 的影响

7. 离子强度的影响

由图 6.11 可知,相比于一价钠离子,二价镁离子更促进黄土对 PCP 的吸附,背景液浓度 0.1 mol/L 的氯化钠和氯化镁比 0.01 mol/L 的氯化钠和氯化镁的吸附容量大点,说明浓度越高越有利于黄土吸附五氯酚。背景液为蒸馏水的 PCP 溶液被土壤的吸附能力最弱。

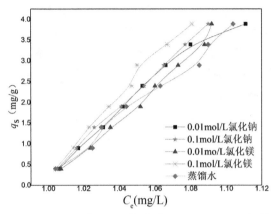

图 6.11　不同离子强度对黄土吸附 PCP 的影响

8. 初始浓度的影响

由图 6.12 可知,PCP 的吸附量随着初始浓度的增大而增加,初始浓度由 5 mg/L 增至 40 mg/L 时,PCP 在黄土的吸附量由 0.399 mg/g 增至 3.890 mg/g 说明吸附质的浓度越大,吸附质分子的动力越大,与吸附剂的有效碰撞效率越大[30],吸附量相应增大。

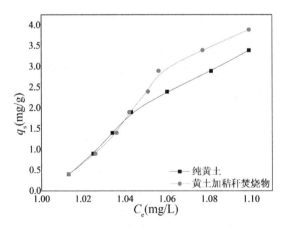

图 6.12　不同初始浓度对黄土及黄土加玉米秸秆焚烧物吸附 PCP 的影响

9. 温度的影响

由图 6.13(a)、(b)可知,随着系统温度的上升,PCP 对黄土及黄土加玉米秸秆焚烧物的饱和吸附量下降,归其原因可能是温度升高后,液相中 PCP 的溶解度增大,另一方面就是减少了黄土与秸秆焚烧物表面与 PCP 之间的各种作用力[24]，PCP 分子不再吸附在黄土及玉米秸秆焚烧物表面，从而吸附量下降。同时从图 6.13 中可以看出吸附温度由 25 ℃升到 45 ℃时，PCP 在吸附过程为放热反应。

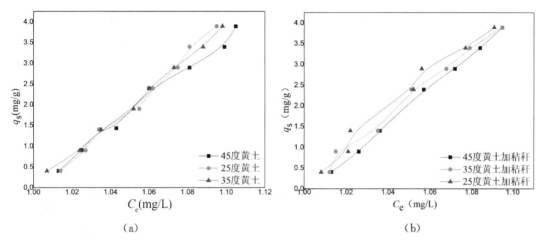

图 6.13　不同温度下黄土及玉米秸秆焚烧物对 PCP 的吸附影响

参考文献

[1] 薛晓博. 中性表面活性剂在土壤界面上的吸附机理研究 [D]. 北京：北京交通大学，2006.

[2] 孙素霞. 农药敌草隆在土壤及炭质吸附剂上的吸附机理研究 [D]. 北京：北京交通大学，2010.

[3] 王宇，高宝玉，岳文文，等. 改性玉米秸秆对水中磷酸根的吸附动力学研究 [J]. 环境科学，2008，3：703 - 708.

[4] Gao Y，Xiong W，Ling W，et al. Impact of exotic and inherent dissolved organic matter on sorption of phenanthrene by soils[J]. Journal of Hazardous Materials，2007，140：138 - 144.

[5] 陈静，王学军，胡俊栋，等. 多环芳烃(PAHs)在砂质土壤中的吸附行为 [J]. 农业环境科学学报，2005，1：69 - 73.

[6] 韩兰芳，孙可，康明洁，等. 有机质官能团及微孔特性对疏水性有机污染物吸附的影响机制[J]. 环境化学，2014，11：1811 - 1820.

[7] Ling W，Gao Y. Promoted dissipation of phenanthrene and pyrene in soils by amaranth (Amaranthus tricolor L.)[J]. Environmental Geology，2004，46：553 - 560.

[8] Özcan A，Özcan AS，Tunali S，et al. Determination of the equilibrium，kinetic and thermodynamic parameters of adsorption of copper (II) ions onto seeds of Capsicum annuum [J]. Journal of Hazardous Materials，2005，124：200 - 208.

[9] Carter MC，Kilduff JE，Weber WJ. Site energy distribution analysis of preloaded adsorbents [J]. Environmental Science & Technology，1995，29：1773 - 1780.

[10] Seredych M M，Gun'ko V M，Gierak A. Structural and energetic heterogeneities and adsorptive properties of synthetic carbon adsorbents [J]. Applied Surface Science，2005，242：154 - 161.

[11] Oubina A，Puig D，GascnI，et al. Detern ination of Pentach lorophenol in Certified Wasters，Soil Samples and Industrial Effluents Using Elisa and Liquid Soild Extraction Followed by Liquid Chromatography [J]. Analytica Chimi Acta，1997，346：49 - 59.

[12] 张宏涛. 水质分析大全 [M]. 重庆:科学技术文献出版社,1989.

[13] 谢国红,陈赐玲,闫清华,等. 阳离子表面活性剂对五氯酚钠在土壤中吸附的影响 [J]. 农业系统科学与综合研究,2005,21(3):193-195.

[14] 强志良. 紫外分光光度法测定河水中五氯酚含量 [J]. 苏州医学院学报,1994,14:79-80.

[15] Chen JL, Zhao YM, Zhu SD, et al. Study on the treatment of pentachlorophenol sodium industrial water with polyric adsorbent [J]. Ion Exchange and Adsorption,1996,12:129-135.

[16] 胡林林,李鱼,雷晶晶,等. 紫外分光光度法测定水样中五氯酚 [J]. 吉林大学学报,2007,45:321-322.

[17] Xing B, Pignatello JJ. Time dependent isothern shape of organic compounds in soil organic matter: implications for sorption mechanism [J]. Environment Toxicology and Chemstry,1996,15:1282-1288.

[18] 吴晴雯,孟梁,张志豪,等. 芦苇秸秆生物炭对水中菲和1,1-二氯乙烯的吸附特性 [J]. 环境科学,2016,37:680-688.

[19] Nzengung VA, Wampler JM. Organic co-solvent effects on sorption equilibrium of Hydrophobicorganic chemicals by organo clays[J]. Environmental Science and Technology,1996,30:89-96.

[20] Chang MY, Juang RS. Adsorption of tannic acid, humic acid, and dyes from water using the composite of chitosan and activated clay [J]. J Colloid Interf Sci,2004,278:18-25.

[21] Chen JP, Wu S, Chong KH. Surface modification of a granular activated carbon by citric acid for enhancement of copper adsorption [J]. Carbon,2003,41:1979-1986.

[22] Jiang YF, Sun H, Yves UJ, et al. Impact of biochar produced from post-harvest residue on the adsorption behavior of diesel oil on loess soil[J]. Environ Geochem Health,2016,38:243-253.

[23] 展惠英. 多环芳烃类污染物在黄土中的迁移转化[D]. 兰州:西北师范大学,2004.

[24] Kiran I, Akart, Özcan AS, et al. Biosorption kinetics and isotherm of Acid Red 57 by dried Cephalosporium aphidicola cells from aqueous solution[J]. Biochem Eng J,2006,31:197-203.

[25] 张彩霞,蒋煜峰,周敏,等. 西北黄土对五氯酚钠的吸附及影响因素的研究 [J]. 安全与环境学报,2014,14:232.

[26] Jacobsen BN, Arvin E, Reinders M. Factor affecting sorption of pentachlorophenol to suspended microbial biomass [J]. Water Res,1996,30:13-20.

[27] Park SK, Bilelefeldt AR, Aqueous chemistry and interactive effects on non-ionic surfactant and pentachlorophenol sorption to soil [J]. Water Res,2003,37:4663-4672.

[28] 王树伦,蒋煜峰,周敏,等. 天然腐植酸对黄土土壤中柴油吸附行为的影响 [J]. 安全与环境学报. 2012,12:66-70.

[29] 孙航. 生物炭对西北黄土中农药敌草隆和西维因吸附行为影响的研究 [D]. 兰州:兰州交通大学,2017.

第 7 章　石油污染黄土中的其他污染物吸附行为

目前,人们对环境化学领域的研究也发生了改变,单一的环境污染几乎不可寻了。相反,进入环境中的无机污染物和有机污染物却呈上升趋势。所以,人们已经将关注的重点转移到关于复合污染对有机污染物在土壤/沉积物中的吸附行为的影响上。而且这些污染物之间互为依存或竞争的关系,这也使得复合化学污染物对环境的影响越来越复杂多变,特别是一些比较难降解的有毒害作用的新型有机污染物,它们在转化途径和生态效应方面也发生了巨大的改变,可以说是对环境的污染程度越来越严重。但是就现在来说,我国在针对复合化学污染对难降解的有机污染物的环境吸附行为及其影响机制、控制方法等方面还缺乏全面的研究。本章的内容,主要从油污染黄土出发,以典型的有毒有机污染物,如多环芳烃萘和农药敌草隆和西维因为代表,重点研究了复合化学污染对其环境吸附行为的影响及其作用机制,结果显示,复合化学污染对有毒有机污染物的环境吸附/解吸等迁移行为有明显的影响作用。

7.1 萘在石油污染黄土上的吸附行为及添加外源性物质的影响

本节主要以萘为吸附质,再加上一年以上的陈化柴油污染黄土为当作油污染黄土的代表物,然后考察不同浓度油污染黄土对萘的吸附行为;分析小麦秸秆焚烧物、小麦秸秆生物碳等外源性添加物对萘在柴油污染黄土上的吸附行为的影响,其旨在为了考察萘在石油污染土壤中的吸附特性,并了解其作用机理。

7.1.1 实验材料与方法

1. 实验材料和仪器

(1)土壤样品:土壤采自甘肃省兰州市和嘉峪关市表层(0~20 cm)小麦农田土,去除杂物,风干后研磨,过 100 目筛,分装备用。

(2)实验试剂:萘,分析纯,Aldrich 化学试剂公司;生物碳制备详见第 2 章。

(3)实验仪器:LC981 高效液相色谱仪(北京温分分析仪器技术开发有限公司);其余仪器同第 3 章。

2. 石油污染土壤的制备

为保证柴油污染物与土壤有机质充分反应,更好地模拟石油污染土壤环境,将制好的柴油污染土壤装入棕色瓶中陈化 12 个月。制备的污染土壤含油量分别为 5 mg/g、0.1 mg/g。

3. 试验方法

（1）动力学吸附试验。

准称取柴油污染土壤样品加入 50 mL 的离心管，加入 50 mL 浓度为 25 mg/L 的萘溶液，恒温振荡（200 r/min）0.5～72 h，4000 r/min 离心 15 min。实验重复 3 次。高效液相色谱仪测定上清液中萘的液相浓度。

添加 BC-ash、BC-400 柴油污染土壤的动力学实验同上，添加 BC-600 柴油污染土壤的动力学试验在 100 ml 离心管中进行，萘溶液体积为 75 mL。

（2）等温吸附实验。

称取柴油污染黄土样品、秸秆焚烧物（BC-ash）和生物碳（BC-400）样品加入 50 mL 的离心管，加入 50 mL 不同浓度的萘溶液，水平振荡 24 h（黄土和添加秸秆焚烧物黄土吸附时间延长至 72 h），静置 2 h，4000 r/min 离心 15min，实验重复 3 次，35、45 ℃等温吸附实验方法同上。

添加 BC-600 柴油污染黄土用 100 mL 的离心管，加入的吸附溶液为 75 mL，水平振荡时间为 24 h，实验方法同上。

（3）柴油污染强度对吸附的影响。

称取不同污染强度柴油污染黄土样品加入 50 mL 的离心管，依次加入 50 mL 不同浓度的萘溶液，水平振荡 72 h，静置 2 h，4000 r/min 离心 15 min。实验设置空白样重复 3 次。

实验过程 HPLC 分析条件：液相色谱柱为 EclipseXDB-C8（150 mm×4.6 mm×5 μm），流动相为超纯水、甲醇（色谱纯），二者体积比为 20∶80，流速为 1.0 mL/min，紫外检测器激发波长为 254 nm，进样量为 20.0μL。

7.1.2 结果与讨论

1. 柴油污染强度的确定

土壤石油污染过程直接或间接影响着其他生物或非生物过程。有机污染物在有机质内的分配作用能降低其生物有效性浓度。建立有机质含量与石油污染浓度之间的关系可以更简明地表示土壤实际污染强度。研究者对石油污染强度的定义见式（7-1）和表 7-1[1]。

$$f_{om} = f/f_{oc} \times 100\% \qquad (7-1)$$

式中，f_{om}——土壤有污染强度，%；

　　f　——土壤中柴油含量，mg/g；

　　f_{oc}——土壤有机质含量，%。

表 7.1　黄土石油污染强度

土样名称	JYG		LZ	
原油含（mg/g）	5.00	0.10	5.00	0.10
f_{oc}（%）	0.92	0.92	1.08	1.08
f_{om}（%）	5.46	0.11	4.61	0.09

2. 吸附动力学

如图 7.1、图 7.2 所示,柴油污染黄土对萘的快速吸附过程发生在 10 h 前,10 h 后吸附曲线斜率降低,吸附进入慢吸附过程,24 h 后吸附量仍增大,但吸附曲线斜率明显降低;整个吸附过程持续 72 h,不同试供土壤最大平衡吸附量不同:LZ‑2.20 mg/g ＜ JYG‑2.27 mg/g。对比第 2 章黄土对萘的吸附动力学过程,柴油污染黄土的快速吸附过程持续时间与原土基本一致,但柴油污染黄土的慢吸附过程持续时间远远高于原土,出现这种现象的原因可能是原油污染土壤吸附的起始阶段萘分子迅速占据土壤表面的吸附位点,但在慢速吸附阶段,原油未与土壤有机质结合的部分单独存在,影响整个吸附过程的平衡。LZ 黄土由于其较高的有机质含量,其对多环芳烃的吸附能力明显高于 JYG 的,但研究柴油污染黄土的动力学过程发现,JYG 柴油污染黄土的吸附量略高于 LZ 的,表明油污染在一定程度上改变了黄土的理化性质,影响其吸附性能。

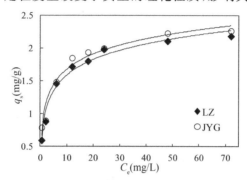

图 7.1　萘在柴油污染黄土上的动力学吸附曲线

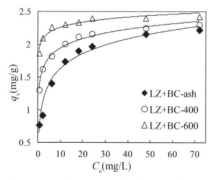

图 7.2　添加外源性物质柴油污染黄土对萘的动力学吸附曲线

添加秸秆焚烧物黄土吸附动力学过程在 72 h 内达到平衡,其平衡吸附量为 2.22 mg/g (LZ＋BC‑ash);添加生物碳 (BC‑400 和 BC‑600) 的柴油污染土壤吸附在 24 h 达到平衡,其平衡吸附量分别为 2.30 mg/g (LZ＋BC‑600)、2.25 mg/g (LZ＋BC‑400)。

生物碳的添加加速了柴油污染黄土对萘的吸附过程,使吸附平衡时间缩短,对比萘在添加生物碳原土上的吸附过程发现,油污染黄土对萘的吸附量明显降低,但其吸附平衡时间(萘在添加生物碳黄土上的吸附平衡时间)不受影响,推测可能生物碳的添加主导了萘在黄土上的吸附过程。

表 7.2　柴油污染黄土对萘的吸附动力学方程拟合特征值

吸附剂	准一级动力学模型			准二级动力学模型			颗粒内部扩散模型			颗粒间扩散模型			
	k_1	q_e	r_1^2	k_2	q_e	r_2^2	k_p	C	r_p^2	a	b	r^2	$R_{a/b}$
LZ	0.0013	1.37	0.983	0.0023	2.35	0.999	0.0253	0.88	0.837	0.48	0.78	0.959	0.62
LZ+BC-ash	0.0011	1.27	0.979	0.0023	2.30	0.998	0.0247	0.85	0.860	0.46	0.75	0.969	0.61
LZ+BC-400	0.0010	0.71	0.945	0.0053	2.32	1.000	0.0151	1.47	0.821	0.62	0.47	0.990	1.31
LZ+BC-600	0.0010	0.29	0.975	0.0151	2.43	1.000	0.0076	2.02	0.677	1.55	0.26	0.924	6.06
JYG	0.0010	1.23	0.952	0.0023	2.26	0.999	0.2255	0.78	0.828	0.62	0.79	0.980	0.78
JYG+BC-ash	0.0010	1.29	0.966	0.0022	2.30	0.998	0.0262	0.78	0.851	0.64	0.81	0.988	0.79
JYG+BC-400	0.0009	0.72	0.931	0.0049	2.32	0.999	0.0151	1.46	0.844	0.65	0.46	0.955	1.42
JYG+BC-600	0.0015	0.37	0.980	0.0153	2.42	1.000	0.0069	2.04	0.715	1.63	0.23	0.943	7.22

应用准一级动力学模型、准二级动力学模型、颗粒内部扩散模型和颗粒间扩散模型对添加秸秆焚烧物黄土的动力学数据进行拟合,结果见表 7.2。其拟合相关性系数 r^2 都大于 0.9,但用准一级动力学模型拟合出的 q_e 较小,与实验结果不符,说明吸附过程有多种机理控制。Elovich 方程计算得出 $R_{a/b}$,$R_{a/b}$ 越大,吸附速率越快。添加秸秆焚烧物柴油污染黄土对萘的动力学吸附和未添加时 $R_{a/b}$ 无太大差异,表明秸秆焚烧物的添加不能显著影响黄土对萘的吸附过程。添加 BC-400、BC-600 柴油污染黄土(LZ)的 $R_{a/b}$ 值为 1.31、6.06,表明添加 BC-600 柴油污染黄土对萘的吸附速率增大。

3. 吸附等温线

如图 7.3 所示,萘在黄土上的吸附过程都表现为随着初始浓度的增大,萘在黄土上的平衡吸附量逐渐增大。4 种条件下柴油污染土壤(LZ)的吸附量分别为:LZ+BC-ash-1.98 mg/g ＜ LZ-2.01 mg/g ＜ LZ+BC-400-2.42 mg/g ＜ LZ+BC-600-2.86 mg/g。添加 BC-600 和 BC-400 的柴油污染黄土的吸附量明显高于添加秸秆焚烧物和未添加的,这与高温条件下制备的生物碳有较高的比表面积和芳香性有关。温度升高柴油污染黄土对萘的吸附量逐渐增大,表明温度对该过程有显著的影响,其原因可能是温度升高土-水体系的混乱度增加,萘与黄土上的结合位点碰撞频率也增加。

应用亨利模型、朗格缪尔模型、弗兰德里希模型和 D-R 模型对萘在石油污染黄土上的热力学吸附数据进行拟合,两种黄土的热力学拟合特征值见表 7.1 和表 7.2。用朗格缪尔模型拟合求出的最大饱和吸附量过大,与实验实测值明显不符,表明朗格缪尔模型并不能很好地描述萘在柴油污染黄土上的吸附过程,柴油污染黄土对萘的吸附过程并不是简单的单分子层吸附,且吸附质之间可能有相互作用力。萘在柴油污染黄土及添加秸秆焚烧物和生物碳柴油污染黄土上的吸附强度(n)的拟合特征值均小于 1,且随着添加生物碳热解温度的升高其值越低,表明吸附的非线性越明显。萘在柴油污染黄土上的吸附过程是线性分配作用和表面吸附作用及微孔效应共同的结果,柴油对黄土的污染导致黄土中脂肪烃含量增加,致使吸附过程更复杂。弗兰德里希模型拟合的吸附的非线性从亨利模型的相关性系数 r^2 上也可以看出来。

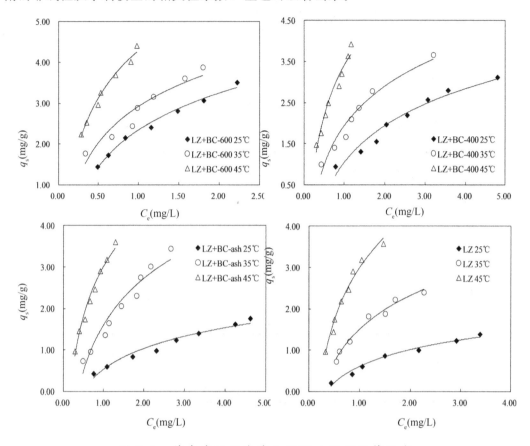

图 7.3　萘在柴油污染黄土(LZ)上的吸附等温线

表 7.3　柴油污染黄土(LZ)对萘的吸附热力学方程拟合特征值

温度	吸附剂		亨利 模型		朗格缪尔模型			弗兰德里希模型				D-R 模型		
			k_D	r_H^2	Q_m	k_L	r_L^2	n	k_F	r_F^2	Q_m	β	r_{D-R}^2
25℃	LZ	soil	0.39	0.989	8.02	0.06	0.996	0.98	0.43	0.987	1.51	0.3×10^{-6}	0.918
35℃	LZ	soil	0.67	0.932	6.90	0.20	0.873	0.71	1.12	0.900	2.08	0.1×10^{-6}	0.954
45℃	LZ	soil	0.82	0.985	3.16	0.84	0.975	0.58	1.41	0.984	2.13	0.1×10^{-6}	0.922
25℃	LZ	BC-ash	0.33	0.974	4.77	0.13	0.997	0.79	0.54	0.987	1.38	0.2×10^{-6}	0.882
35℃	LZ	BC-ash	0.85	0.968	10.58	0.12	0.963	0.97	1.07	0.952	2.39	0.2×10^{-6}	0.968
45℃	LZ	BC-ash	1.18	0.969	7.66	0.25	0.986	0.80	1.53	0.979	2.50	0.1×10^{-6}	0.985
25℃	LZ	BC-400	0.33	0.908	2.45	2.09	0.802	0.29	1.59	0.899	2.85	0.8×10^{-7}	0.704
35℃	LZ	BC-400	0.77	0.972	3.95	0.67	0.977	0.58	1.54	0.988	2.57	0.1×10^{-6}	0.920
45℃	LZ	BC-400	1.25	0.977	5.07	0.64	0.996	0.66	1.93	0.992	2.79	0.9×10^{-7}	0.977
25℃	LZ	BC-600	0.74	0.919	3.23	3.00	0.891	0.31	2.37	0.920	2.19	0.5×10^{-7}	0.875
35℃	LZ	BC-600	1.23	0.943	3.94	1.79	0.891	0.43	2.51	0.921	3.14	0.7×10^{-7}	0.893
45℃	LZ	BC-600	1.53	0.976	3.89	2.49	0.988	0.42	2.83	0.990	3.20	0.4×10^{-7}	0.969

表 7.4 柴油污染黄土(JYG)对萘的吸附热力学方程拟合特征值

温度	吸附剂		亨利模型		朗格缪尔模型				弗兰德里希模型			D-R模型	
			k_D	r_H^2	Q_m	k_L	r_L^2	n	k_F	r_F^2	Q_m	β	$r_{D\text{-}R}^2$
25℃	JYG	soil	0.39	0.984	6.45	0.09	0.936	0.89	0.5	0.968	1.47	0.3×10^{-6}	0.892
35℃	JYG	soil	1.07	0.953	12.17	0.13	0.953	0.84	1.38	0.958	2.94	0.2×10^{-6}	0.916
45℃	JYG	soil	2.36	0.908	21.46	0.17	0.937	0.80	2.95	0.926	4.70	0.2×10^{-6}	0.978
25℃	JYG	BC-ash	0.31	0.965	4.01	0.16	0.996	0.76	0.55	0.992	1.63	0.3×10^{-6}	0.885
35℃	JYG	BC-ash	1.29	0.987	19.16	0.08	0.9926	0.93	1.42	0.992	3.18	0.2×10^{-6}	0.907
45℃	JYG	BC-ash	2.6	0.986	20.45	0.18	0.987	0.85	3.03	0.989	4.07	0.9×10^{-7}	0.973
25℃	JYG	BC-400	0.57	0.963	5.81	0.24	0.974	0.70	1.11	0.983	2.91	0.3×10^{-6}	0.837
35℃	JYG	BC-400	1.01	0.918	6.04	0.45	0.970	0.69	1.81	0.969	3.30	0.1×10^{-6}	0.862
45℃	JYG	BC-400	2.73	0.987	8.05	0.72	0.986	0.71	3.42	0.989	4.35	0.8×10^{-7}	0.951
25℃	JYG	BC-600	0.93	0.943	5.37	0.76	0.996	0.53	2.23	0.985	3.64	0.1×10^{-6}	0.960
35℃	JYG	BC-600	1.5	0.974	4.47	1.83	0.889	0.48	2.84	0.952	3.64	0.6×10^{-7}	0.804
45℃	JYG	BC-600	2.92	0.978	6.63	1.78	0.989	0.52	4.39	0.990	4.95	0.5×10^{-7}	0.971

4. 吸附热力学参数

表 7.5 柴油污染黄土对萘的吸附热力学参数值

吸附剂	温度	ΔG^θ (kJ·moL)	ΔH^θ (kJ·moL)	ΔS^θ (kJ·moL)	吸附剂	温度	ΔG^θ (kJ·moL)	ΔH^θ (kJ·moL)	ΔS^θ (kJ·moL)
LZ	25℃	-14.77				25℃	-14.76		
	35℃	-16.64	29.47	0.15	JYG	35℃	-17.86	71.41	0.29
	45℃	-17.73				45℃	-20.54		
LZ+BC-ash	25℃	-14.40				25℃	-14.17		
	35℃	-17.29	50.04	0.22	JYG+BC-ash	35℃	-18.35	84.83	0.33
	45℃	-18.71				45℃	-20.79		
LZ+BC-400	25℃	-14.43				25℃	-15.70		
	35℃	-17.03	51.69	0.22	JYG+BC-400	35℃	-17.73	61.81	0.26
	45℃	-18.86				45℃	-20.92		
LZ+BC-600	25℃	-16.40				25℃	-16.94		
	35℃	-18.23	28.15	0.15	JYG+BC-600	35℃	-18.72	44.84	0.21
	45℃	-19.38				45℃	-21.10		

在表 7.5 中。添加外源性物质与否,萘在该体系中的吸附过程都是自发进行的吸热过程,ΔG^θ 小于 0,ΔH^θ 大于 0,熵增是整个吸附过程的重要驱动力。Tan 等[5]、谢国红等[6] 和 Vonopen 等[7] 指出 ΔH^θ 值在 4~10 kJ/mol,吸附以范德华力起主导;在 2~40 kJ/mol,氢键作用起主要作用;在 5 kJ/mol 左右时,疏水性键起主导作用;在 2~29 kJ/mol,取向力起主要作用;当 ΔH^θ 大于 60 kJ/mol 时,吸附中化学键起主导作用。

5. 污染强度对吸附行为的影响

如图 7.4 所示,柴油污染黄土采集区域不同,但其对萘的吸附过程表现出相似的规律:随着初始浓度的增大,柴油污染黄土对萘的吸附量逐渐增大;低浓度柴油污染黄土的吸附量比高浓度柴油污染黄土的吸附量大,这可能是由于低油污染浓度条件下黄土对柴油污染物的吸附并未完全占据土壤的吸附位点,在高浓度条件下柴油类污染物与萘形成竞争吸附降低了萘在柴油污染黄土上的平衡吸附量,另外,高浓度柴油污染条件下,柴油单独存在于黄土颗粒表面阻碍了萘与黄土吸附点位的接触。Chen[2] 等对菲在原油污染土壤上的吸附研究也表明:当油浓度增加至 1 g/kg 时,土壤对菲的吸附有所降低,在油-土-水体系中,吸附作用和竞争作用并存。Walter[3] 等在研究石油污染土壤体系对多环芳烃的吸附过程中也发现:亲脂相的存在对该系统中多环芳烃的吸附有很大影响;增加石油污染浓度,多环芳烃的吸附量急剧下降。

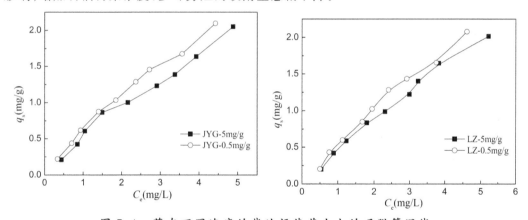

图 7.4　萘在不同浓度的柴油污染黄土上的吸附等温线

6. 柴油污染黄土吸附萘的作用机理

对于柴油污染黄土体系而言,柴油的进入能改变黄土体系的理化性质,进而影响黄土对有机污染物多环芳烃的吸附性能。深入分析柴油污染黄土对有机污染物的吸附机理对理解有机污染物在石油污染黄土中的阻控机制有重要的作用。

有机污染物的吸附分为两部分,公式表达如下:

$$q_s = q_p + q_a \tag{7-2}$$

$$q_p = k_p \times C_e \tag{7-3}$$

式中,q_s——总吸附量(mg/g),是线性分配和非线性表面吸附作用吸附量的总和;

q_p——线性分配作用贡献量（mg/g）；

q_a——非线性表面吸附作用贡献量（mg/g）；

k_p——有机污染物在黄土上的分配作用系数；

C_e——土-水体系有机污染物的吸附平衡浓度（mg/L）。

根据土-水体系黄土吸附特征,低浓度条件下表面吸附作用使有机污染物分子迅速占据吸附位点,吸附位点随液相体系浓度升高达到饱和;高浓度条件下以分配作用为主的吸附决定饱和吸附量的大小。对高浓度范围内的吸附等温线做线性拟合,线性方程为:

$$q_s = aC_e + b \qquad (7-4)$$

式中,a——线性方程斜率,高浓度条件下为线性分配系数 k_p;

b——有机物污染物在黄土上表面吸附的理论饱和吸附量(q_m)。

表面吸附作用的贡献量为:

$$q_a = q_s - q_p = q_s - k_p C_e \qquad (7-5)$$

根据式(7-2)～(7-5)绘制总吸附量与表面作用吸附量和分配作用吸附量分配示意图,分析吸附作用机理。

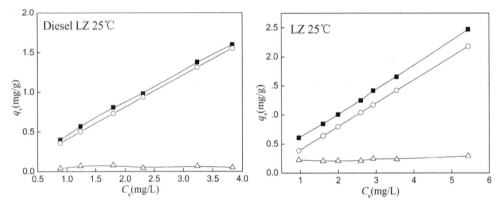

图 7.5　分配作用(o)和表面吸附(△)对萘在柴油污染黄土上的吸附作用的贡献量

由图 7.5 可知萘在天然黄土和柴油污染黄土上表面吸附和分配作用的贡献量大小,柴油污染黄土上表面吸附的贡献量明显低于天然黄土,表明柴油污染黄土上一部分吸附位点被占用,这也是柴油污染黄土上萘的吸附量明显降低的原因。

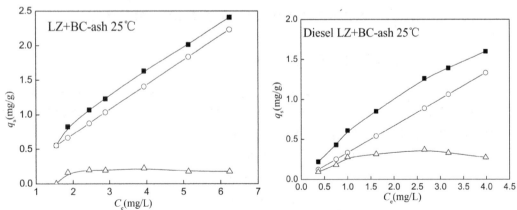

图 7.6　分配作用(o)和表面吸附(△)对萘在添加秸秆焚烧物黄土上的吸附作用的贡献量

　　由图7.6可知,表面作用的贡献量明显提高,主要是秸秆焚烧物的孔结构提供了吸附位点,柴油污染黄土在此条件下,表面吸附的贡献量明显高于未污染的,原因是柴油中一些有机组分对秸秆焚烧物副产物有一定的吸附溶解作用,该作用使灰分所占据的颗粒物表面位点释放出来,从而增加了表面吸附的贡献率。

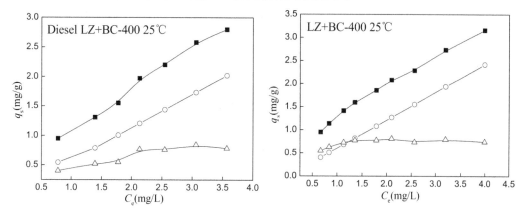

图7.7　分配作用(o)和表面吸附(△)对萘在添加 BC - 400 黄土上的
吸附作用的贡献量

　　如图7.7所示,400 ℃制备的生物碳其比表面积增大还出现微孔结构,表面吸附对整个吸附的贡献量明显增大。天然黄土上,低浓度吸附阶段表面作用的贡献率＞分配作用的,而在柴油污染黄土上表面作用的贡献比分配作用的低。柴油的主要成分是饱和链烃和芳香烃[4],这些组分在吸附过程中与萘竞争添加生物碳黄土上的吸附位点,导致低浓度阶段石油污染黄土上萘的表面作用吸附量降低。

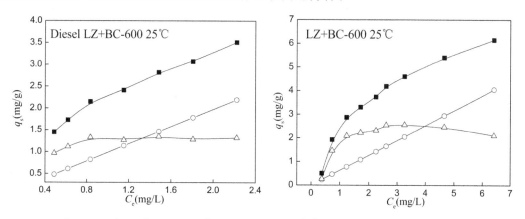

图7.8　分配作用(o)和表面吸附(△)对萘在添加 BC - 400 黄土上的
吸附作用的贡献量

　　如图7.8所示,BC - 600 有较高的芳香性和较大的比表面积及大量微孔,低浓度吸附阶段黄土和柴油污染黄土上表面吸附的贡献较显著,随着浓度的升高,黄土和生物碳颗粒表面的吸附位点占满,表面作用吸附量达到平衡。柴油污染黄土上表面作用的贡献量较原土低,主要原因是柴油污染物占据表面吸附位点,降低了表面作用对萘的吸附量。

7.2 柴油污染黄土对敌草隆和西维因的吸附行为

本节以陈化一年以上的柴油污染黄土为油污染土壤代表考察不同浓度油污染黄土上敌草隆和西维因的吸附行为;分析添加外源性生物炭对两种有机污染物在柴油污染黄土上的吸附行为的影响,分析不同组成和结构的生物炭对有机污染物的吸附规律、机理、竞争吸附作用及其影响因素,明确生物炭的结构特征与其吸附性能和作用机理之间的关系。

7.2.1 实验材料与方法

1. 实验药品及仪器

(1)供试土样:天然黄土取自甘肃兰州农耕田表层 0～25 cm 土壤,风干后研碎,过 0.15 mm 筛以备用,土样 pH 值为 7.56,有机质含量为 15.77 g/kg。

(2)试剂和仪器。

试剂:敌草隆分析纯(纯度不低于 99.5%),甲醇溶解,配成 100 mg/L 的饱和水溶液[3];西维因分析纯(纯度不低于 99%);柴油为兰州炼油厂 0 号柴油,密度:0.85 g/cm。

仪器:LC981 液相色谱仪(北京温分分析仪器技术开发有限公司);JSM－5600LV 低真空扫描电子显微镜(日本 JEOL 公司);Prestige－21 型傅里叶变换红外分光光度计(日本岛津公司);3H－2000 PS4 孔径分析仪(贝士德仪器科技(北京)有限公司)。

2. 石油污染土壤的制备

为保证柴油污染物与土壤有机质充分反应,更好地模拟石油污染土壤环境,将制好的柴油污染土壤装入棕色瓶中陈化 12 个月。制备的污染土壤含油量分别为 15mg/g、5mg/g、1mg/g。

3. 实验方法

(1)吸附动力学试验。

取 4 组各 9 支 50 mL 离心管,一组加入 0.5000 g 柴油污染的黄土,另外 3 组分别加入 0.5000 g 柴油土样和 0.025 g MBC－200、MBC－400 和 MBC－600,再加入 50 mL 质量浓度为 7 mg/L 的敌草隆溶液,实验过程中以 0.01 mol/L 的 $CaCl_2$ 和 100 mg/L NaN_3 混合溶液作为稀释液,在 25 ℃下恒温振荡(140 r/min) 0.5～24 h,4000 r/min 离心 15 min,测定上清液中敌草隆的浓度,3 组平行实验,求均值。PBC－200、PBC－400 和 PBC－600 的吸附动力学同上。

(2)吸附热力学实验。

取 4 组各 7 支 50 mL 离心管,一组加入 0.5000 g 柴油污染的黄土,另外 3 组分别加入 0.5000 g 柴油污染土样和 0.025 g MBC－200、MBC－400 和 MBC－600,再加入 50 mL 浓度分别为 0～12 mg/L 的敌草隆溶液,恒温振荡 16 h,静置 2 h,4000 r/min 离心 15 min,测定上清液中敌草隆的浓度。在 35 ℃、45 ℃条件下等温吸附实验同上,3 组平行实验,求均值。PBC－200、PBC－400 和 PBC－600 的吸附热力学同上。

西维因的热力学吸附实验同上。

实验过程 HPLC 分析条件:液相色谱柱为 EclipseXDB‐C8(150 mm×4.6 mm× 5 μm),流动相为超纯水、甲醇(色谱纯),二者体积比为 20∶80,流速为 1.0 ml/min,紫外检测器激发波长为 254 nm,进样量为 20.0 μL。

7.2.2 结果与讨论

1. 柴油污染强度的确定

土壤石油污染过程直接或间接影响着其他生物或非生物过程。有机污染物在有机质内的分配作用能降低其生物有效性浓度。建立有机质含量与石油污染浓度之间的关系可以更简明地表示土壤实际污染强度。研究者对石油污染强度的定义如下[8]:

$$f_{om} = f / f_{oc} \times 100\% \tag{7-6}$$

式中,f_{om}——土壤有污染强度,%;

f　——土壤中柴油含量,mg/g;

f_{oc}——土壤有机质含量,%。

表 7.6　黄土柴油污染强度

土样	原油含量(mg/g)	f_{oc}	f_{om}
	1.00	1.58	0.63
兰州农耕土壤	5.00	1.58	3.16
	15.00	1.58	9.49

2. 吸附动力学

从图 7.9 可知,当加入的柴油量为 1mg/g 时,黄土对敌草隆和西维因的饱和吸附量分别为 0.162 mg/g 和 0.176 mg/g,当柴油量增加到 15mg/g 时,饱和吸附量分别降低至 0.121 mg/g 和 0.125 mg/g,由第 3 章知,未经柴油污染的黄土的饱和吸附量分别为 0.220 mg/g和 0.231 mg/g,可见被柴油污染的黄土吸附量明显下降。

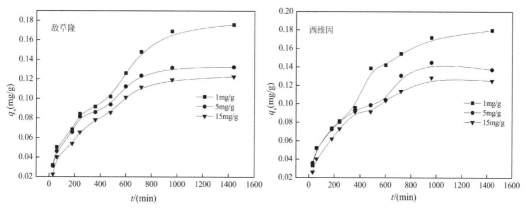

图 7.9　敌草隆和西维因在柴油污染黄土上的吸附动力学

与第 3 章黄土对敌草隆和西维因的动力学吸附相比较,柴油污染黄土对其的吸附平衡时间基本无太大变化,但随着土壤污染强度的增加,吸附量降低。

由图 7.10 可知,生物炭的添加加速了柴油污染黄土对两种污染物的吸附过程,缩短了吸附平衡时间。对照第 5 章敌草隆和西维因在添加生物炭的黄土上的吸附过程发现,柴油污染黄土对两种有机物的吸附量明显降低,但吸附平衡时间影响不大,推测可能是生物炭的添加主导了有机污染物在黄土上的吸附过程。从图中还可观察到,MBC和 PBC 对西维因的吸附量跟前几章内容一样还是略高于对敌草隆的吸附,没有因为柴油污染物的加入而对其吸附量大小顺序发生改变。进一步说明有机物的吸附量与分子的最大横截面积呈负相关关系:有机污染物分子越大,饱和吸附量越小,这可能与孔填充机制导致的位阻效应有关。

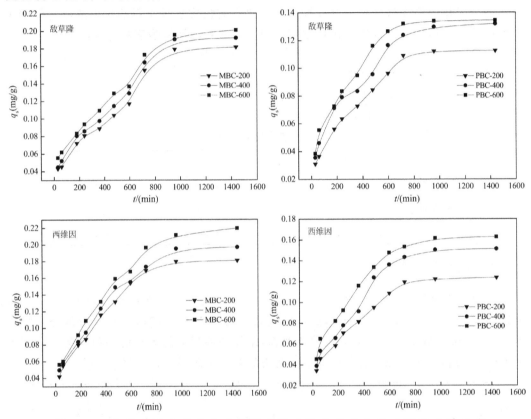

图 7.10　生物炭对敌草隆和西维因在柴油污染黄土上的吸附动力学曲线

吸附过程跟前几章一致,明显地分为快慢速吸附阶段,但是达到平衡时的饱和吸附量较前几章来说大大降低了。被柴油污染的土壤中仍然存在一些吸附位点,但由于柴油中有机污染物占据了大量位点,导致土壤颗粒表面吸附位点减少,且土壤中有机质的组成是高度不均一的,分为溶解相和孔隙填充相两个部分,吸附反应刚开始时在溶解相中进行的,溶解相是高度膨胀、无定形的橡胶态,在橡胶态溶解相中,单一溶质的吸附是分配过程,吸附是线性,反应速率快,不发生滞后现象(如图 7.10 所示)。达到表观平衡后,吸附进入慢反应阶段,反应主要在孔隙填充相中进行,孔隙填充相是呈凝聚的玻璃态,此时孔隙填充机制的贡献增大,较无机矿物表面和溶解相相比扩散速度明显缓慢。吸附质在玻璃态上是非线性和竞争的吸附,动力学上有吸附延滞现象,扩散速度进行较慢,这也是造成慢吸附的主要原因。

采用 Pseudo-first-order 模型、Pseudo-second-order 模型、Intraparticle diffusion 模型以及 Elovich 方程分别对敌草隆和西维因在柴油污染黄土上的吸附动力学吸附过程进行回归分析,各拟合参数结果见表 7.7、表 7.8 和表 7.9,从中可以看出,相比于准一级动力学方程,准二级动力学方程和内部扩散方程对吸附数据的拟合系数 r^2 更高,说明吸附过程有多种机理控制。Elovich 方程中,b 值可以反映有机污染物在吸附剂上的吸附速率,从表 7.6 拟合参数 b 值计算结果来看,随着柴油污染强度的增加,b 值减小,即黄土对西维因和敌草隆的吸附速率随着柴油污染强度的增加而降低。表 7.8、7.9 中 b 值随着加入生物炭热裂解温度的升高,b 值呈增大趋势,但是对西维因的吸附过程中 MBC - 400 和 MBC - 600 的 b 值都为 0.39,PBC - 400 和 PBC - 600 的 b 值都为 0.33,并没有因为生物炭热裂解温度的升高,b 值发生明显改变,这说明 400 ℃ 和 600 ℃ 条件下制备的生物炭对柴油污染黄土吸附有机物的吸附速率影响不大。

表 7.7　柴油污染黄土对敌草隆和吸附动力学特征参数

污染物	柴油含量	Pseudo-first-order 模型			Pseudo-second-order 模型			Intraparticle diffusion 模型			Elovich 方程		
		k_1	q_1	r_1^2	k_2	q_2	r_2^2	k_p	c	r^2	a	b	r^2
敌草隆	1 mg/g	118	0.129	0.934	3.47×10^{-2}	0.199	0.943	0.003	0.024	0.951	-0.071	0.037	0.858
	5 mg/g	94.2	0.119	0.968	2.97×10^{-2}	0.150	0.983	0.003	0.015	0.937	-0.077	0.028	0.958
	15 mg/g	88.5	0.112	0.935	1.45×10^{-2}	0.143	0.981	0.004	0.009	0.947	-0.111	0.027	0.955
西维因	1 mg/g	128	0.138	0.926	1.47×10^{-2}	0.209	0.951	0.004	0.012	0.953	-0.054	0.038	0.875
	5 mg/g	68.8	0.115	0.958	4.57×10^{-2}	0.141	0.980	0.003	0.032	0.900	-0.074	0.029	0.936
	15 mg/g	83.8	0.118	0.982	3.53×10^{-2}	0.133	0.987	0.002	0.020	0.930	-0.107	0.028	0.969

表 7.8　添加不同生物炭的柴油污染黄土对敌草隆吸附动力学特征参数

吸附剂	Pseudo-first-order 模型			Pseudo-second-order 模型			Intraparticle diffusion 模型			Elovich 方程		
	k_1	q_1	r_1^2	k_2	q_2	r_2^2	k_p	c	r^2	a	b	r^2
MBC - 200	67.8	0.124	0.802	1.32×10^{-2}	0.217	0.903	0.004	0.011	0.942	-0.112	0.038	0.843
MBC - 400	70.5	0.137	0.851	1.35×10^{-2}	0.229	0.920	0.005	0.015	0.948	-0.116	0.040	0.862
MBC - 600	55.5	0.143	0.795	1.52×10^{-2}	0.233	0.938	0.004	0.024	0.961	-0.105	0.041	0.866
PBC - 200	70.5	0.095	0.894	4.02×10^{-2}	0.129	0.981	0.002	0.020	0.935	-0.081	0.034	0.939
PBC - 400	72.7	0.115	0.939	3.78×10^{-2}	0.148	0.982	0.003	0.027	0.928	-0.065	0.037	0.951
PBC - 600	90.0	0.131	0.880	3.67×10^{-2}	0.155	0.989	0.003	0.026	0.860	-0.060	0.038	0.960

表 7.9　　添加不同生物炭的柴油污染黄土对西维因吸附动力学特征参数

吸附剂	Pseudo-first-order 模型			Pseudo-second-order 模型			Intraparticle diffusion 模型			Elovich 方程		
	k_1	q_1	r_1^2	k_2	q_2	r_2^2	k_p	c	r^2	a	b	r^2
MBC-200	79.9	0.144	0.912	1.76×10^{-2}	0.212	0.953	0.004	0.020	0.947	-0.108	0.038	0.902
MBC-400	66.9	0.147	0.867	1.99×10^{-2}	0.215	0.960	0.004	0.027	0.951	-0.102	0.039	0.912
MBC-600	61.1	0.153	0.843	2.41×10^{-2}	0.222	0.975	0.004	0.037	0.944	-0.091	0.039	0.932
PBC-200	67.5	0.106	0.907	3.89×10^{-2}	0.140	0.981	0.003	0.024	0.936	-0.087	0.031	0.934
PBC-400	72.3	0.126	0.885	2.67×10^{-2}	0.176	0.970	0.003	0.024	0.922	-0.077	0.033	0.905
PBC-600	68.9	0.145	0.930	3.40×10^{-2}	0.183	0.988	0.003	0.037	0.924	-0.062	0.033	0.948

3. 吸附热力学

　　如图 7.11 所示,随着体系温度的升高,柴油污染黄土对两种有机物的吸附量都呈下降趋势。随着溶液中初始浓度的增大,敌草隆和西维因在柴油污染黄土上的平衡吸附量也逐渐增大。

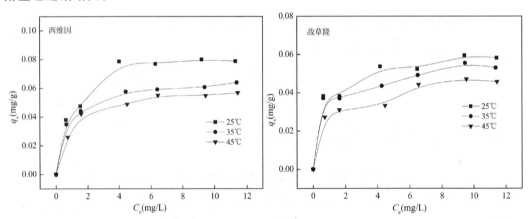

图 7.11　　柴油污染黄土吸附西维因和敌草隆的热力学等温线

　　由图 7.12、图 7.13 可知,随着添加生物炭热裂解温度的升高,柴油污染黄土对敌草隆和西维因的吸附量增大,随着体系温度的升高,呈现黄土饱和吸附量增加的趋势,表明添加生物炭的柴油污染黄土对敌草隆和西维因的吸附过程为吸热反应。

　　从图 7.11 中可以明显看出,在低浓度时吸附等温线的线性要优于高浓度时吸附等温线的线性。这说明有机质的不均匀性致使存在着不同吸附力强度的吸附位点。低浓度条件下,有机污染物首先占据吸附力较高的吸附位点,即分配作用占主导地位,此时表现为线性吸附;而当溶液中污染物浓度升高时,吸附力较高的点位都已经被污染物所占据,剩余的是一些吸附力较小的吸附点位,因此等温吸附线呈一定程度的非线性。"两相"吸附模型认为:土壤中的有机质可分为无定形有机质区域("橡胶态")和致密的有机质区域("玻璃态")两个区域,发生在"橡胶态"有机质上的吸附容量低,速率快,是无竞争的线性吸附;而发生在"玻璃态"有机质上的吸附容量较高,但是吸附速率缓慢,是有竞争的非线性吸附[9]。在溶液中敌草隆和西维因浓度较低时,两种有机污染物的分子可能更容易被表层的"橡胶态"有机质所吸附,故表现为良好的线性;当溶液浓度增加后,有机物分子进入到内层"玻璃态"从而引起非线性[10]。因此,图 7.12 中表现出低浓度时的吸附等温线明显优于高浓度时的吸附等温线的线性。

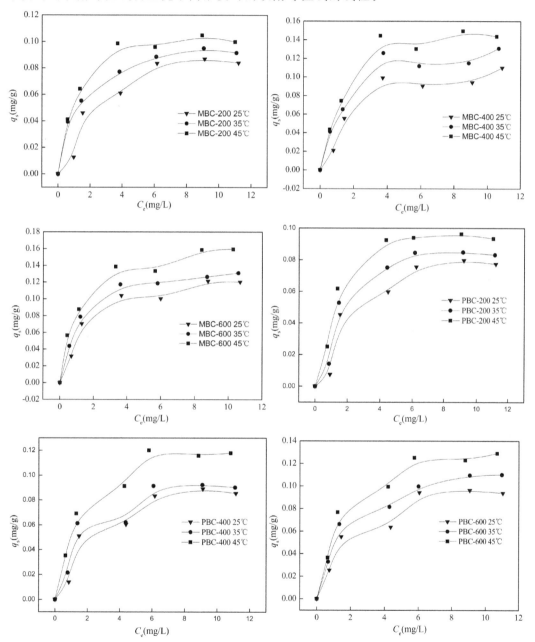

图 7.12　生物炭对石油污染黄土吸附敌草隆的热力学吸附曲线

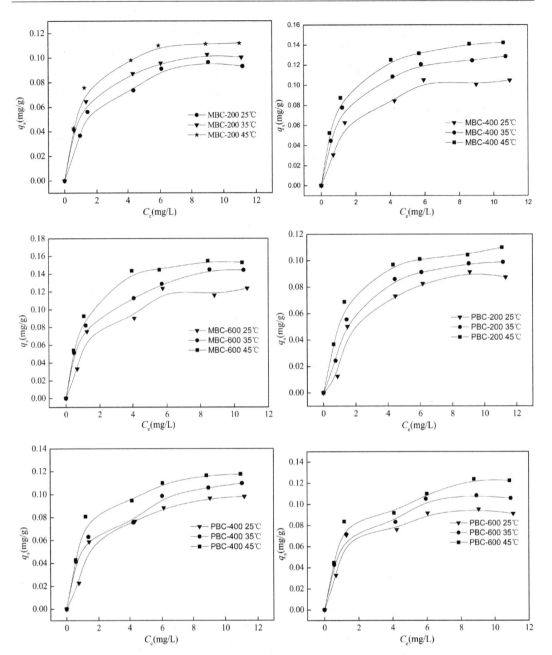

图 7.13　生物炭对石油污染黄土吸附西维因的热力学吸附曲线

表 7.10　生物炭对柴油污染黄土敌草隆的热力学拟合特征值

吸附剂	温度/℃	亨利模型		朗格缪尔模型			弗兰德里希模型				D-R 模型		
		k_D	r^2	Q_m	K_L	r^2	n	K_F	r^2	Q_m	β	r^2_{D-R}	E
soil+ MBC-200	25	0.005	0.640	0.124	0.493	0.818	2.82	7.46×10^{-3}	0.678	0.121	1×10^{-7}	0.881	2.24
	35	0.006	0.712	0.114	0.903	0.923	3.24	5.15×10^{-2}	0.741	0.175	2×10^{-7}	0.821	1.58
	45	0.004	0.748	0.109	0.847	0.942	3.25	5.70×10^{-2}	0.722	0.195	2×10^{-7}	0.812	1.58
soil+ MBC-400	25	0.006	0.609	0.256	0.125	0.901	1.69	3.56×10^{-2}	0.716	0.111	4×10^{-7}	0.943	1.12
	35	0.007	0.658	0.183	0.558	0.981	2.61	5.68×10^{-2}	0.886	0.119	2×10^{-7}	0.914	1.58
	45	0.009	0.656	0.147	0.651	0.989	2.43	6.41×10^{-2}	0.890	0.141	2×10^{-7}	0.941	1.58
soil+ MBC-600	25	0.007	0.573	0.192	0.314	0.930	2.23	5.03×10^{-2}	0.788	0.125	3×10^{-7}	0.958	1.29
	35	0.007	0.603	0.177	0.653	0.975	2.75	6.51×10^{-2}	0.842	0.132	2×10^{-7}	0.957	1.58
	45	0.009	0.644	0.166	1.06	0.965	2.98	8.28×10^{-2}	0.875	0.153	1×10^{-7}	0.876	2.24
soil+ PBC-200	25	0.005	0.747	0.239	0.052	0.792	1.29	1.52×10^{-2}	0.735	0.080	7×10^{-7}	0.919	0.85
	35	0.005	0.709	0.178	0.086	0.829	1.72	2.44×10^{-2}	0.758	0.084	4×10^{-7}	0.918	1.12
	45	0.005	0.732	0.129	0.359	0.884	2.32	3.73×10^{-2}	0.807	0.091	2×10^{-7}	0.909	1.58
soil+ PBC-400	25	0.006	0.751	0.309	0.064	0.846	1.63	2.38×10^{-2}	0.788	0.087	5×10^{-7}	0.948	1.00
	35	0.005	0.700	0.143	0.259	0.853	2.17	3.40×10^{-2}	0.769	0.089	3×10^{-7}	0.912	1.29
	45	0.007	0.761	0.134	0.581	0.920	2.51	4.91×10^{-2}	0.856	0.107	2×10^{-7}	0.857	1.58
soil+ PBC-600	25	0.006	0.784	0.127	0.358	0.939	2.20	3.56×10^{-2}	0.879	0.089	3×10^{-7}	0.931	1.29
	35	0.005	0.744	0.118	0.621	0.930	2.82	4.60×10^{-2}	0.849	0.094	2×10^{-7}	0.933	1.58
	45	0.008	0.782	0.149	0.550	0.912	2.52	5.32×10^{-2}	0.847	0.116	2×10^{-7}	0.885	1.58

表 7.11　生物炭对柴油污染黄土吸附西维因的热力学拟合特征值

吸附剂	温度/℃	亨利模型		朗格缪尔模型			弗兰德里希模型				D-R 模型		
		k_D	r^2	Q_m	K_L	r^2	n	K_F	r^2	Q_m	β	r^2_{D-R}	E
soil+ MBC-200	25	0.007	0.701	0.095	0.956	0.831	4.02	5.07×10^{-2}	0.735	0.086	3×10^{-7}	0.630	1.29
	35	0.006	0.682	0.099	1.22	0.922	3.61	5.18×10^{-2}	0.867	0.089	1×10^{-7}	0.832	2.24
	45	0.007	0.654	0.116	1.07	0.928	3.52	5.79×10^{-2}	0.833	0.101	1×10^{-7}	0.892	2.24
soil+ MBC-400	25	0.008	0.757	0.131	0.472	0.951	2.44	4.33×10^{-2}	0.882	0.099	2×10^{-7}	0.944	1.58
	35	0.007	0.837	0.133	0.933	0.949	3.02	6.08×10^{-2}	0.908	0.115	1×10^{-7}	0.879	2.24
	45	0.008	0.851	0.142	1.23	0.947	3.31	7.19×10^{-2}	0.916	0.127	1×10^{-7}	0.864	2.24

吸附剂	温度/℃	亨利模型		朗格缪尔模型			弗兰德里希模型			D-R模型			
		k_D	r^2	Q_m	K_L	r^2	n	K_F	r^2	Q_m	β	r^2_{D-R}	E
soil+MBC-600	25	0.009	0.737	0.163	0.423	0.923	2.40	5.09×10^{-2}	0.846	0.118	2×10^{-7}	0.957	1.58
	35	0.011	0.805	0.141	1.15	0.945	3.08	6.87×10^{-2}	0.936	0.125	1×10^{-7}	0.830	2.24
	45	0.012	0.762	0.157	1.17	0.955	3.16	7.66×10^{-2}	0.917	0.138	1×10^{-7}	0.879	2.24
soil+PBC-200	25	0.006	0.664	0.288	0.062	0.820	1.68	2.24×10^{-2}	0.716	0.081	5×10^{-7}	0.903	1.00
	35	0.007	0.733	0.117	0.379	0.900	2.28	3.46×10^{-2}	0.816	0.085	3×10^{-7}	0.880	1.29
	45	0.007	0.647	0.107	0.883	0.895	3.29	5.01×10^{-2}	0.788	0.092	1×10^{-7}	0.854	2.24
soil+PBC-400	25	0.006	0.696	0.134	0.296	0.886	2.26	3.49×10^{-2}	0.788	0.088	3×10^{-7}	0.944	1.29
	35	0.007	0.717	0.118	1.067	0.970	3.34	5.24×10^{-2}	0.936	0.093	1×10^{-7}	0.880	2.24
	45	0.007	0.664	0.105	1.103	0.918	3.65	5.98×10^{-2}	0.818	0.103	1×10^{-7}	0.913	2.24
soil+PBC-600	25	0.006	0.638	0.115	0.661	0.897	3.13	4.81×10^{-2}	0.776	0.093	2×10^{-7}	0.948	1.58
	35	0.007	0.701	0.116	1.047	0.976	3.40	5.57×10^{-2}	0.914	0.101	1×10^{-7}	0.937	2.24
	45	0.008	0.678	0.126	1.073	0.932	3.58	6.29×10^{-2}	0.840	0.109	1×10^{-7}	0.931	2.24

研究者认为,土壤中有机质对污染物的吸附主要有两种机理,线性分配和 Langmuir 吸附,表观吸附为两者总和,慢吸附是一个速率控制过程。目前的吸附机理认为不同吸附剂与有机污染物吸附,表现出不同的吸附特性,比如非线性、吸附容量和吸附速率的不同。快吸附通常出现在无定形的有机组分,能视为用线性方程描述的分配过程;而慢吸附可能归因于致密的、老化的以及成熟的有机组分的作用,是能使用非线性模型描述的诸如孔填充过程。

采用亨利模型、朗格缪尔吸附模型、弗兰德里希吸附模型及 D-R 吸附模型分别对所得数据进行拟合,拟合结果见表 7.10 和表 7.11。通过比较可以发现弗兰德里希吸附模型和 D-R 吸附模型有着较高的拟合值,但是朗格缪尔模型拟合算出的最大饱和吸附量与实验测试值差别较大,明显不符合,表明 Langmuir 吸附模型不能很好地描述敌草隆和西维因在柴油污染黄土上的吸附过程,柴油污染黄土对有机污染物的吸附过程并不是简单的分子层吸附,且吸附质之间存在着竞争吸附的关系。

Chen 等[11]研究了不同温度下制备的松针叶生物炭对多环芳烃的吸附机理,结果显示较低温下制得的生物炭中无定型有机质含量高,对多环芳烃的等温吸附曲线线性相关性高,分配作用起主导作用,呈非竞争吸附;随着裂解温度升高,芳香碳含量较多,对有机物的吸附规律呈非线性吸附,表面吸附起着主导性作用,呈现竞争吸附;除了分配作用和表面吸附作用外,还存在一些微观吸附机制影响生物炭对有机物的吸附[12]。文献指出在 Freundlich 方程中,$1/n<1$,吸附等温线为非线性,表明污染物在较低浓度下与吸附剂有较强的亲和力,而随着溶液浓度的增加,其亲和力降低。从表 7.11 中看出,添加 MBC 和 PBC 的柴油污染黄土对敌草隆和西维因两种有机污染物的吸附过程中,$1/n$

均小于1,表明在吸附过程中溶液中敌草隆和西维因分子与黄土有着较强的亲和力。一般认为,吸附常数 K_F 代表着土壤对有机污染物吸附能力的强弱,K_F 值越大,则意味着土壤吸附能力越强,则农药移动性越弱;K_F 值越小,意味着土壤吸附能力越弱,则农药迁移性越大[13]。

4. 吸附热力学参数

表 7.12　生物炭对柴油污染黄土吸附敌草隆的等温吸附热力学参数值

污染物	吸附剂	T /℃	ΔG^{θ} /(kJ/mol)	ΔH^{θ} /(kJ/mol)	ΔS^{θ} /[J/(K·mol)]
敌草隆	MBC-200	25	-17.3		
		35	-17.8	19.6	58.2
		45	-18.4		
	MBC-400	25	-19.7		
		35	-20.3	21.4	66.1
		45	-21.1		
	MBC-600	25	-24.6		
		35	-25.5	27.6	82.8
		45	-26.3		
敌草隆	PBC-200	25	-10.9		
		35	-11.4	26.3	37.0
		45	-11.7		
	PBC-400	25	-23.1		
		35	-23.9	33.2	77.6
		45	-24.7		
	PBC-600	25	-23.8		
		35	-24.6	49.8	80.1
		45	-23.4		

由表 7.12、表 7.13 可知,不论是对敌草隆还是对西维因的吸附,其吉布斯自由能 ΔG^{θ} 均小于 0、焓变 ΔH^{θ} 和熵变 ΔS^{θ} 均大于 0,表明此吸附为自发进行且体系混乱程度增大的吸热过程,随着体系温度的增加,吸附量不断增大。文章前面有提到过,有研究表明吸附热 ΔH^{θ} 判断吸附反应为物理吸附还是化学吸附,当 ΔH^{θ} 小于 40 kJ/mol 时,以物理吸附为主,由表中结果可以分析,添加 MBC-200、MBC-400 和 PBC-200、PBC-400 的柴油污染黄土吸附敌草隆和西维因的 ΔH^{θ} 均小于 40 kJ/mol,但 MBC-600 和 PBC-

600 的吸附热 ΔH^θ 大于 40 kJ/mol,这说明实验中添加生物炭的柴油污染黄土对两种有机污染物的吸附除了物理吸附为主外,还有其他作用力的存在,可能是由于柴油的加入使黄土对敌草隆和西维因的吸附产生了变化,形成了竞争吸附的结果,使得吸附热增大。

表 7.13　生物炭对柴油污染黄土吸附西维因的等温吸附热力学参数值

污染物	吸附剂	T/℃	ΔG^θ/(kJ/mol)	ΔH^θ/(kJ/mol)	ΔS^θ/[J/(K·mol)]
西维因	MBC-200	25	-9.52		
		35	-9.84	9.66	31.9
		45	-10.2		
	MBC-400	25	-36.2		
		35	-37.5	37.9	121
		45	-38.7		
	MBC-600	25	-38.0		
		35	-39.3	40.1	127
		45	-40.6		
西维因	PBC-200	25	-18.3		
		35	-18.9	10.5	61.4
		45	-19.5		
	PBC-400	25	-34.9		
		35	-36.3	29.2	117.1
		45	-37.2		
	PBC-400	25	-36.8		
		35	-38.2	52.3	123.6
		45	-39.3		

5. 污染强度对吸附行为的影响

从图 7.14、图 7.15 可知,不同污染强度的黄土对两种有机污染物的吸附过程都呈现相似的规律,吸附曲线基本呈现"L-型"。图 7.15 中看出,添加 MBC-400 的不同柴油污染强度的黄土对敌草隆的吸附量有所提高,但还是受到柴油污染强度的影响,吸附量随着污染强度的增加而降低。

从图 7.16 可知,随着生物炭热裂解温度的升高,吸附量呈上升趋势,这与前几章研究结果相一致;但在同一温度下,柴油污染黄土中添加不同生物炭对敌草隆的吸附饱和量的实际值分别为：0.147(MBC - 200)、0.161(MBC - 400)、0.203 mg/g(MBC - 600)，对照第 5 章添加生物炭 MBC 的黄土吸附敌草隆的吸附饱和量来说，随着柴油的加入，降低了黄土对有机污染物的吸附饱和量。共存离子对生物炭吸附有机污染物的研究较少，续晓云等人[14]研究了生物炭对两种有机污染物的吸附，发现两者共存时会有明显的竞争吸附，且相互抑制，制约吸附速率和吸附量。柴油中含有大量烃类有机污染物，在吸附过程中与敌草隆和西维因形成了竞争吸附关系而吸附剂表面的可吸附位点有限，一部分吸附位点被柴油中的烃类有机物分子所占据，这就导致溶液中敌草隆和西维因的可占据吸附位点急速减少，因此表现出吸附量大大地降低。但有研究表明，共存的胡敏酸和金属阳离子均能增大生物炭对多氯联苯的吸附，是由于胡敏酸的吸附作用和金属阳离子的络合作用[15]。

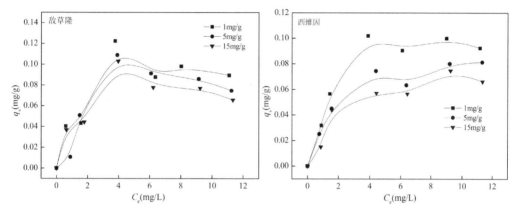

图 7.14　被不同浓度的柴油污染的黄土吸附敌草隆和西维因的热力学等温线

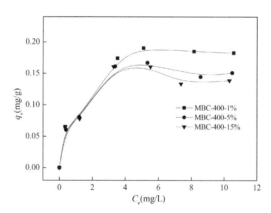

图 7.15　添加外源生物炭 MBC - 400 对不同浓度的柴油污染黄土吸附敌草隆
的热力学等温线

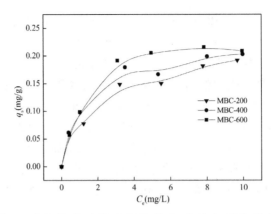

图 7.16　添加不同生物炭对柴油污染黄土吸附敌草隆的热力学等温线

参考文献

[1] 沈亚琴. 原油污染对土壤性能的影响及评价方法研究[D]. 乌鲁木齐:新疆大学,2012.

[2] Chen H, Chen S, Quan X, et al. Sorption of polar and nonpolar organic contaminants by oil–contaminated soil[J]. Chemosphere, 2008, 73: 1832–1837.

[3] Walter T, Ederer H J, Först C, et al. Sorption of selected polycyclic aromatic hydrocarbons on soils in oil–contaminated systems[J]. Chemosphere, 2000, 41: 387–397.

[4] 蔡智鸣,张俊勇,杨科峰,等. 色谱-质谱测定市售 0 号柴油成分[J]. 同济大学学报(自然科学版),2002, 1: 124–126.

[5] Huang W, Chen B. Interaction mechanisms of organic contaminants with burned straw ash charcoal[J]. J Environ Sci, 2010, 22: 1586–1594.

[6] Braida WJ, Pignatello JJ, Lu Y, et al. Sorption hysteresis of benzene in charcoal particles[J]. Environ Sci Technol, 2003, 37: 409–417.

[7] Gustafsson Ö, Bucheli T D, Kukulska Z, et al. Evaluation of a protocol for the quantification of black carbon in sediments[J]. Global Biogeochemical Cycles, 2001, 15: 881–890.

[8] 沈亚琴. 原油污染对土壤性能的影响及评价方法研究[D]. 乌鲁木齐:新疆大学,2012.

[9] Walter T, Ederer H J, Först C, et al. Sorption of selected polycyclic aromatic hydrocarbons on soils in oil–contaminated systems[J]. Chemosphere, 2000, 41: 387–397.

[10] Chen B, Yuan M. Enhanced sorption of polycyclic aromatic hydrocarbons by soil amended with biochar[J]. Journal of Soils and Sediments, 2010, 11:62–71.

[11] Chen H, Chen S, Quan X, et al. Sorption of polar and nonpolar organic contaminants by oil–contaminated soil[J]. Chemosphere, 2008, 73: 1832–1837.

[12] 胡雪菲. 生物碳对寒旱区石油污染黄土中多环芳烃吸附行为影响的研究[D]. 兰州:兰州交通大学,2015.

[13] Yang YN, Yuan C, Sheng GY, et al. pH–dependence of pesticide adsorption by wheat–residue–derived black carbon [J]. Longmuir, 2004, 20:6736–6741.

[14] 续晓云. 生物炭对无机污染物的吸附转化机制研究[D]. 上海:上海交通大学,2015.

第 8 章　　展望

随着世界范围内环境污染新问题的出现,环境科学与工程学科的研究对象向复杂化的方向发展,从单一的某种污染物转化为多污染物相互作用的复杂系统,从传统的一次污染物转化为二次或新兴污染物,重点研究的科学问题包括多种污染物间相互作用、耦合机制、联合效应等[1,2]。

针对环境过程的研究空间尺度跨越很大,从尺度为几公里的点源污染到几百公里的面源污染,再到全球性污染物跨越上万公里的洲际传输等。国外一些发达国家在土壤和地下水污染环境的风险管理方面已经研究了很长的时间,积累了丰富的经验。目前,国际土壤环境科学的研究重心正转向环境应用,指导土壤环境净化,保护土壤功能,削减污染风险;从微观层面的分子土壤环境学、生物科学等基础研究到宏观层面的集成化的地球系统科学和圈层理论研究;与信息技术相结合,发展大尺度土壤环境质量动态监测与数值模拟,建立土壤环境污染控制和修复技术[1]。

本书就近年来作者得出的结论进行总结,并对未来研究方向进行了归纳,表述如下。

8.1 研究结论

8.1.1 黄土对典型有机污染物的吸附行为及机理

(1)寒旱区黄土对典型有机污染物(多环芳烃、阿特拉津、PCP - Na 和克百威、西维因和敌草隆、环丙沙星)的吸附分为快、慢两个反应阶段;汽油在黄土中的吸附能在 6 h 左右达到吸附平衡,黄土吸附敌草隆、PCP - Na 和克百威的平衡吸附时间为 16h,黄土吸附多环芳烃、环丙沙星、西维因、阿特拉津的平衡时间为 24 h、10 h、14 h、20 h,进一步说明寒旱区黄土对典型有机污染物(萘、阿特拉津、五氯酚钠、克百威、西维因、敌草隆、汽油、环丙沙星)的吸附包含了表面吸附、外部液膜扩散和颗粒内部扩散的所有吸附过程。

(2)寒旱区黄土对多环芳烃、PCP - Na、克百威、敌草隆的动力学吸附最优模型为 Pseudo-second-order 模型,阿特拉津、环丙沙星在土壤上的动力学吸附更符合准二级动力学方程,Elovich 方程为汽油对黄土的最优动力学吸附方程,双常数方程次之,西维因吸附过程较符合 Intraparticle diffusion 吸附模型;弗兰德里希模型能很好地解释多环芳烃、PCP - Na 和克百威、敌草隆和西维因、汽油的热力学吸附过程,对阿特拉津的热力学吸附其较好地符合亨利模型,多环芳烃、西维因、阿特拉津在黄土颗粒上的吸附参数拟合 n 值更接近于 1,表明此吸附过程以线性分配作用为主。

(3)黄土对萘、阿特拉津、PCP - Na 和克百威、敌草隆和西维因、汽油、环丙沙星的吸附是一个自发进行的吸热过程,整个吸附的过程中体系的混乱度是增加的,而 PCP - Na 和克百威在黄土上的吸附过程中体系混乱度是减小的。

（4）萘、PCP-Na、克百威和阿特拉津的饱和吸附量随着其初始浓度的增大而增大；汽油在黄土中的吸附量随着腐植酸浓度的增大而呈现出先增大后减小的趋势；黄土对阿特拉津的饱和吸附量随着 pH 值的增加而逐渐减小；若 pH 值的变化范围为 4～10，PCP-Na 平衡吸附量会呈现先减小后增大的趋势，并且减小和增大的过程都比较缓慢；克百威的吸附量在 pH 值为 4～10 的范围内呈减小趋势；敌草隆的吸附量在 pH 3～10 范围内变化趋势不大，但西维因在黄土上的吸附变化量却发生着明显改变；溶液 pH 的增大不利于汽油在黄土中的吸附；黄土吸附环丙沙星的最适 pH 值为 5，过酸过碱都不利于吸附反应的进行，会使其对环丙沙星的吸附量降低；随着供试土样颗粒粒径的减小，PCP-Na 和克百威、敌草隆和西维因、汽油、环丙沙星在黄土中的吸附量逐渐增大。

8.1.2 天然有机质（腐植酸）对黄土吸附石油污染物的影响

（1）汽油和柴油在西北黄土中的吸附会受到腐植酸浓度的影响。汽油、柴油在黄土上的吸附量会随着腐植酸浓度的增大而呈现先增大后减小的趋势。当腐植酸浓度为 20 mg/L 时，汽油在黄土上的吸附达到最大吸附量；当腐植酸浓度为 40 mg/L 时，柴油在黄土上的吸附量达到最大吸附量。

（2）在短时间内汽油对黄土的吸附就可以达到平衡状态，不论加入腐植酸与否，大约 6 h 就可以达到吸附平衡。黄土、添加腐植酸黄土对敌草隆的吸附过程符合内部扩散模型，达到吸附平衡需要 12 h。Elovich 方程为汽油、柴油的最优动力学吸附方程，双常数方程次之。未加入腐植酸时，柴油在黄土上的吸附方程为 Freundlich 方程；加入腐植酸后，柴油在黄土上的吸附量会减小，此时的吸附方程为 Linear 方程；汽油和敌草隆的吸附方程为 Freundlich 方程。

（3）溶液 pH 值和土壤粒径的增大，均不利于汽油在黄土上的吸附，溶液酸碱性的变化对黄土、添加腐植酸黄土吸附敌草隆有一定的影响，但影响不大；初始浓度对敌草隆在黄土和添加腐植酸黄土上吸附的影响较为显著，黄土和添加腐植酸的黄土对敌草隆的吸附量随着敌草隆初始浓度的增加而增加。

8.1.3 生物炭对黄土吸附典型污染物的影响研究

（1）黄土中添加生物炭对敌草隆、西维因、苯甲腈、萘的吸附呈现一个快速吸附和慢速吸附的过程，分别约在 12 h、10 h、6 h、16 h 达到吸附平衡；添加生物炭黄土对敌草隆、西维因、PCP-Na 和克百威、苯甲腈、壬基酚的吸附更符合准二级动力学方程，萘在添加生物碳黄土上的动力学吸附过程符合 Pseudo-second-order 模型，包含了表面吸附和颗粒内部扩散、外部液膜扩散等所有吸附过程；PCP-Na 和克百威、苯甲腈、壬基酚、萘在生物炭上的吸附等温线更适合 Freundlich 等温吸附模型，且吸附都以物理吸附为主。

（2）添加生物炭的黄土对敌草隆和西维因、PCP-Na 和克百威、苯甲腈、NP、萘的吸附过程为自发进行且体系混乱程度增大的吸热过程。

（3）生物炭添加量和热裂解温度的不同对黄土吸附敌草隆、苯甲腈、NP、萘有着较大的影响；溶液的初始浓度和 pH 值对黄土吸附敌草隆、萘也有着显著影响，污染物浓度增大，黄土吸附敌草隆的吸附量相应增大；若 pH 值的变化范围为 4～10，PCP-Na 平衡吸附量会呈现先减小后增大的趋势；而克百威的吸附量在 pH 为 4～10 的范围内呈减小趋势;添加生物炭黄土在中性范围内对 NP 的吸附量最大,酸性和碱性都会造成吸附量的降低;添加生物炭的黄土颗粒粒径越小,NP 的吸附量越大;生物碳的添加会改变土壤的理化性质,使黄土对多环芳烃的吸附能力增强,因此影响了多环芳烃在黄土中的迁移转化行为。

8.1.4 秸秆焚烧物对黄土中典型有机污染物吸附行为影响

(1)黄土对萘及五氯酚的吸附分为快慢吸附两个阶段,添加秸秆焚烧物的黄土对萘及五氯酚的吸附也分为快慢两个阶段,萘在 24 h 内基本达到平衡,而五氯酚则在 3h 内达到平衡,且萘与五氯酚的动力学吸附均符合准二级动力学吸附模型。

(2)萘及五氯酚在黄土与添加秸秆焚烧物的黄土上的热力学吸附过程较好地符合弗兰德里希模型,吸附过程是非均匀表面的多分子层吸附,线性分配作用主导整个吸附过程。

(3)萘及五氯酚在黄土上的吸附为物理吸附,在添加秸秆焚烧物的黄土上的吸附也为物理吸附,萘的吸附属于自发进行的吸热且熵增大的过程;而五氯酚的吸附则属于自发放热且紊乱度减小的过程。

(4)黄土粒径越小,其对萘及五氯酚的吸附量则越大。中性条件下五氯酚的饱和吸附容量最小,酸性和碱性均促进其吸附;另外,二价阳离子比一价阳离子更能促进五氯酚的吸附。

8.1.5 天然有机肥对黄土中典型污染物吸附行为及机理

(1)黄土与添加天然有机肥黄土对金霉素与双酚 A 的吸附过程均含快慢吸附两个阶段,金霉素在黄土上 3 h 左右达到吸附平衡,而其在添加天然有机肥的黄土上 2 h 达到平衡;双酚 A 在黄土上 1h 达到吸附平衡,而在添加天然有机肥的黄土上 40 min 达到平衡。金霉素的吸附符合准二级吸附动力学模型,双酚 A 的吸附也符合。

(2)对于金霉素和双酚 A 来说,黄土与添加天然有机肥黄土对其吸附过程均较好地符合 Freundlich 等温吸附模型;吸附过程均为自发放热混乱度减小的过程,且以物理吸附为主。

(3)黄土粒径越小,其对金霉素及双酚 A 的吸附量就越多;初始浓度越高,黄土与添加天然有机肥对金霉素及双酚 A 的吸附量就越多;温度越高,黄土与添加天然有机肥对金霉素及双酚 A 的吸附量就越少。

(4)加入阳离子,黄土与添加天然有机肥黄土对金霉素及双酚 A 的吸附量均减少,且随着离子浓度的增加,吸附量减少。当 pH 值在 3~10 时,黄土与添加天然有机肥黄土对金霉素的吸附量随着 pH 值的增加而增大;而 pH 值在 3~7 时,随着 pH 值的增大黄土与添加天然有机肥黄土对双酚 A 的吸附量增大,当 pH 值在 7~10 时,双酚 A 的吸附量变小。

8.1.6 石油污染黄土中的其他污染物吸附行为

(1)萘、敌草隆及西维因在柴油污染黄土上的吸附,均随着土壤污染强度的增加,吸附量明显降低;萘、敌草隆及西维因动力学吸附过程均符合准二级动力学模型。

（2）萘、敌草隆及西维因在柴油污染黄土上的吸附过程属于放热反应，可自发进行；且热力学过程均符合弗兰德里希模型；吸附过程以物理吸附为主，还有其他作用力外的存在。

（3）萘、敌草隆及西维因的吸附均受到柴油污染强度的影响，吸附量随着柴油污染黄土强度的增加而降低，随着柴油的加入，大大降低了黄土对有机污染物的吸附饱和量。随着添加生物炭热裂解温度的升高，柴油污染黄土对萘、敌草隆及西维因的吸附量增大。

8.2 未来的研究方向

8.2.1 土壤资源领域发展

1. 土壤过程、演变和功能研究

土壤过程与演变研究向地球临界带扩展，成为地球系统科学的组成部分。在基础创新上，三维自然体的概念和定量土壤科学具有明显的土壤学基础理论创新的特点。例如，开展黄土土壤结构成分和微生物活性相互作用与生态系统机能联系的新研究，并应用现代分子技术和生物化学技术，研究黄土土壤中微生物群落空间变异及其生态学特征，研究黏土－腐殖质复合体及其交互作用；通过矿物质与有机质的交互作用研究，进一步明确了腐殖质对有机污染物的吸附、有机质－黏土复合物的分子机制及其在多环芳烃吸附中的作用等。在土壤利用与管理研究中，土壤科学正在向农业和环境领域转移；采用降低重金属的生物有效性改良、修复污染的黄土，并可通过无机－有机复合物控制降低其化学和生物移动性来实现。

土壤利用与管理方面，农业和环境领域是土壤科学研究的新方向；用降低重金属的生物有效性的手段来改良、修复污染的黄土，降低重金属的生物有效性可通过无机－有机复合物控制其化学和生物移动性来实现。在黄土土壤结构成分和微生物活性相互作用与生态系统机能联系方面开展了新的研究，在研究黄土土壤中微生物群落空间变异及其生态学特征和黏土－腐殖质复合体及其交互作用中应用了现代分子技术和生物化学技术；在矿物质与有机质的交互作用研究的基础上，更加明确了腐殖质对有机污染物的吸附作用，也进一步明确了有机质－黏土复合物的分子机制以及该分子机制在多环芳烃吸附中的作用等。

2. 新技术、新方法在土壤科学中的应用研究

当前国际土壤学研究，已采用了许多新技术与新方法。同步辐射技术被广泛应用于黏土矿物和有机质相互作用机制及其对有机化合物吸附的影响，以及黄土分布区域金属和非金属的物理、化学和生物界面交互作用等研究中。新的遥感遥测与制图技术被应用于土壤调查和土壤－作物系统动态变化的监测与制图。

同步辐射技术应用广泛。例如，黏土矿物含量以及矿物成分的测定；有机质的相互作用机制和有机质对于有机化合物吸附作用的影响；除此之外，同步辐射技术还被应用

于黄土分布区域中对于金属和非金属的理化性质以及界面相互作用的研究。同时,制图技术和遥感遥测技术在土壤调查与土壤作物系统动态变化的检测以及制图功能上得到了积极广泛的应用。

3. 土壤科学方面

进入 21 世纪,环境污染、全球性气候变化以及国际履约等问题日益凸显,对区域黄土环境污染及其修复以及应对全球环境变化的土壤学研究更加受到重视。在土壤污染与修复方面,近年来我国的进展主要体现在以下几个方面:典型区域黄土污染的人体健康与生态风险评估;黄土环境质量基准与标准;区域黄土污染修复原理及技术研究。

4. 土壤环境科学技术方面

近年来,我国针对不同的区域重金属和有机污染物污染、农田氮磷面源污染和土壤酸化等土壤环境问题,在土壤污染分布与成因、重金属、农药、POPs 的黄土的环境化学行为、根土界面的迁移转化和交互作用、土壤生物生态与生态毒理、土壤－植物－污染物互作关系有内制等方面开展了大量的研究,取得了显著进展。在区域污染生物生态效应与过程方面,开展了土壤中生物个体水平上的有毒物质剂量－效应关系、污染对微生物群落结构和生物多样性的影响及其生态机制等研究,但对污染物的天然黄土颗粒表面、溶液和固－液界面的过程与机制研究甚少,有待在分子水平上认识黄土固相表面、溶液和固－液界面的污染过程和动力学机制,在纳米尺度认识胶体组成、形状及其污染物共迁移性,在复合体层面上认识污染物及其中间产物间的相互作用和污染与土壤酸化、盐渍化的回馈关系。但有关植物对天然黄土重金属等污染物吸收和富集过程机制的认识仍然停留在经验迁移模型的水平,对根际黄土中污染物与微生物、动物的相互作用机制特别是根际化学和生物学过程耦合机制的认识更加缺乏。要加强开展污染物之间的相互作用机制研究,为复合污染物黄土修复和农产品安全生产原理建立提供科学依据和技术原理。

近年来,我国针对土壤环境问题如分布区域重金属污染和有机污染物,土壤氮磷元素污染和土壤酸化,在重金属、农药、持久性有机污染物的土壤污染与分布环境化学行为,根系土壤表面迁移和相互作用,土壤生物生态学和生态毒理学,土壤－植物－污染物相互作用系统已经进行了大量的研究,取得了长足的进步。根据典型污染地区的生物生态效应和过程,研究了有毒物质在土壤生物学水平上的剂量效应关系,并对污染对微生物群落结构和生物多样性的影响进行了研究。然而,天然土壤颗粒污染物的表面、溶液和固－液界面的过程和机理很少研究,要进一步了解分子水平的固体表面、溶液和固－液界面的污染过程和动力学机理,了解纳米级胶体组成、形态和污染物共迁移情况,了解复合水平的污染物和中间产物之间的相互作用与污染与土壤酸化和盐碱化的关系。然而,了解植物对重金属等污染物的吸收和富集机制仍处于经验迁移模式的水平,对根际污染物和微生物与动物之间的相互作用机制缺乏了解,特别是根际化学和生物学过程耦合机制。加强对污染物相互作用机制的研究,为建立复合污染土壤恢复和农产品安全生产原则提供科学依据和技术依据。

8.2.2 黄土污染与修复

科学目标:瞄准黄土－作物污染过程与农产品质量、黄土－生物毒理与生态安全、黄土－水污染物迁移与水环境质量、黄土－大气污染物交换与健康风险、黄土分布区域环境质量演变与标准、黄土污染控制与修复及技术的前沿问题,建立现代土壤环境学和修复土壤学,为改善土壤环境质量、确保农产品质量安全、保障生态安全和人体健康以及区域可持续发展提供决策依据和关键技术。建立现代土壤环境和恢复土壤科学,以提高土壤环境质量,保证农产品质量安全,保障生态安全和人体健康,并且为区域可持续发展提供决策依据。

研究方向:黄土分布区域的污染过程与生态效应;黄土污染监测与风险评估;污染黄土修复的新原理与新技术;土壤圈污染物循环与土壤质量演变。黄土分布区域的污染过程与生态效应、污染黄土修复的新原理与新技术、黄土污染监测与风险评估及土壤圈污染物循环与土壤质量演变将成为新的研究方向。

8.2.3 关键科学问题

研究黄土界面污染物物理、化学反应及传输、迁移和分配过程,污染物在土壤胶体－土壤溶液－生物界面的化学和物理形态及分布,污染物的跨膜运输、化学态分布及亚细胞分配过程与机理,污染物的人体健康风险与生态风险,揭示区域黄土污染修复机理,建立污染区域黄土修复技术原理。

该领域的科学目标是,以天然黄土的形成、演变及其自然和人为驱动力的研究为重点,深化对土壤和土地资源的生产力与生态系统服务功能的形成演化机制及其本质的认识,提高区域黄土和土地资源质量及其演变的系统分析、监测和模拟预测的研究水平,揭示区域黄土和土地资源利用及对于我国生态、环境和食物安全的重大影响及区域布局,为我国土壤和土地资源与环境管理和治理提供科学对策与技术支持。

黄土环境污染与生态系统和人类健康,包括区域黄土污染过程、健康风险与修复原理;复合、新型污染的生态效应与风险评估就是我们未来重要的研究方向。

8.3 重点关注领域

土壤化学中重要研究领域的研究进展,为 21 世纪土壤科学的长远发展提供基础学科分支的理论依据。对土壤进行宏观调控要以土壤微观性质的认识为前提。新近基于分子尺度微观光谱技术对土壤微观性质的原位观测及认识的飞跃是近年来我国土壤化学研究领域迅速发展的基础;近代土壤学、环境科学、生态学、生物地球化学、化学、生物学以及地质医学等多学科的交叉与渗透又进一步拓展了传统土壤化学研究的领域,促进了土壤化学多个分支学科的形成和发展;立足农业生产,同时着眼于人类生存环境转变,建立具有中国特色的可变电荷土壤化学理论与技术体系,完善现代土壤学理论,是今后中国土壤化学研究的重要关注领域。

8.3.1 土壤演变过程对土壤质量的影响

其影响主要有以下几个方面:

(1)黄土土壤的生物类群特征及与环境因子关系:主要功能黄土土壤生物类群特征与黄土土壤类型的关系,影响黄土生物特征的气候与植被因子,环境变化条件下黄土生物响应过程。

(2)黄土分布区域中微生物、矿物、有机物的相互作用过程:黄土中微生物与矿物、腐殖质的界面行为和交互作用对土壤物理、化学性质形成及土壤养分转化、动态与有效性的影响。

(3)区域黄土微生物与污染物转化和自然消纳:黄土中微生物群体结构及其对环境变化的反应动力过程,不同空间和时间尺度上污染物质和生物组分的生物地球化学转化和传输,黄土中微生物对污染物的活性影响和固定机理。

(4)区域黄土污染环境的生物修复:作物根系黄土土壤系统中的微生物和根系分泌物对土壤中污染物生物有效性的影响和制约机理,污染物在根－土界面的形态、迁移、转化和固定作用及其污染过程的微观机理,土壤－植物－微生物交互效应诱发的污染物根基快速降解机理,污染黄土土壤修复技术。

8.3.2 持久性毒害污染物的环境地球化学过程

该领域研究的主要内容包括:

(1)持久性毒害污染物在黄土分布区域范围内传输的过程机制,特别关注污染物在不同环境界面之间的迁移机理与通量强度、环境赋存状态和生物可利用性。

(2)持久性毒害污染物环境质量演变规律及调控对策。

(3)典型城市环境持久性毒害污染物污染的分布特征及过程机制。

(4)人为因素对黄土分布区域环境持久性毒害污染物污染的影响。

(5)持久性毒害污染物生态毒性效应的定量表征。

(6)持久性毒害污染物环境地球化学过程的实验室模拟与数值模拟。

(7)结合环境化学、生物化学,地球物理、地理学、环境医学和统计学等学科对持久性毒害污染物开展综合研究。

参考文献

1. 国家自然科学基金委员会,中国科学院. 未来 10 年中国学科发展战略:资源与环境科学[M]. 北京:科学出版社,2011.
2. 国家自然科学基金委员会,中国科学院. 未来 10 年中国学科发展战略:地球科学[M]. 北京:科学出版社,2011.

附录

参与本项目人员及编写人员

一、参与项目工作人员

第 1 章：蒋煜峰　胡雪菲　孙　航　吴应琴　展惠英

第 2 章：蒋煜峰　吴应琴　展惠英

第 3 章：蒋煜峰　胡雪菲　孙　航　王树伦

第 4 章：王树伦　胡雪菲　周　敏

第 5 章：蒋煜峰　孙　航　张彩霞　张振国　胡雪菲

第 6 章：赵燕侠　张娟香　蒋煜峰

第 7 章：胡雪菲　孙　航　蒋煜峰

第 8 章：蒋煜峰　展惠英　吴应琴

二、参与书籍编写人员

蒋煜峰　吴应琴　展惠英　周敏　刘兰兰　原陇苗　石磊平